教育部高等学校航空航天类专业教学指导委员会推荐教材

科学出版社“十四五”普通高等教育本科规划教材
航 空 宇 航 科 学 与 技 术 教 材 出 版 工 程

飞行器结构力学

Structural Mechanics of Aircraft

刘　莉　孟军辉　岳振江　编著

科 学 出 版 社
北 京

内 容 简 介

本书系统介绍了飞行器结构力学相关的基本原理和分析方法。全书共7章，主要包括飞行器结构的定义及飞行器结构力学的任务、弹性力学基本方程及能量原理、杆系结构的静力分析、板杆结构的静力分析、薄壁梁的自由弯曲和自由扭转、板壳的小挠度弯曲与稳定性、有限元法简介。

本书既可以作为航空航天类专业本科生的教材，也可供从事航空航天领域工作的技术人员参考。

图书在版编目(CIP)数据

飞行器结构力学 / 刘莉，孟军辉，岳振江编著. —北京：科学出版社，2022. 8

航空宇航科学与技术教材出版工程　科学出版社"十四五"普通高等教育本科规划教材

ISBN 978-7-03-072724-4

Ⅰ. ①飞…　Ⅱ. ①刘…②孟…③岳…　Ⅲ. ①飞行器—结构力学—高等学校—教材　Ⅳ. ①V414

中国版本图书馆 CIP 数据核字(2022)第 122104 号

责任编辑：徐杨峰 / 责任校对：谭宏宇
责任印制：黄晓鸣 / 封面设计：殷　靓

科学出版社 出版
北京东黄城根北街 16 号
邮政编码：100717
http：//www. sciencep. com

南京展望文化发展有限公司排版
广东虎彩云印刷有限公司印刷
科学出版社发行　各地新华书店经销

*

2022 年 8 月第　一　版　开本：787×1092　1/16
2023 年11月第四次印刷　印张：15
字数：345 000

定价：70.00 元

（如有印装质量问题，我社负责调换）

航空宇航科学与技术教材出版工程
专家委员会

丛 书 序

我在清华园中出生,旧航空馆对面北坡静置的一架旧飞机是我童年时流连忘返之处。1973 年,我作为一名陕北延安老区的北京知青,怀揣着一张印有西北工业大学航空类专业的入学通知书来到古城西安,开始了延绵 46 年矢志航宇的研修生涯。1984 年底,我在美国布朗大学工学部固体与结构力学学门通过 Ph. D 的论文答辩,旋即带着在 24 门力学、材料科学和应用数学方面的修课笔记回到清华大学,开始了一名力学学者的登攀之路。1994 年我担任该校工程力学系的系主任。随之不久,清华大学委托我组织一个航天研究中心,并在 2004 年成为该校航天航空学院的首任执行院长。2006 年,我受命到杭州担任浙江大学校长,第二年便在该校组建了航空航天学院。力学学科与航宇学科就像一个交互传递信息的双螺旋,记录下我的学业成长。

以我对这两个学科所用教科书的观察:力学教科书有一个推陈出新的问题,航宇教科书有一个宽窄适度的问题。20 世纪 80~90 年代是我国力学类教科书发展的鼎盛时期,之后便只有局部的推进,未出现整体的推陈出新。力学教科书的现状也确实令人扼腕叹息:近现代的力学新应用还未能有效地融入力学学科的基本教材;在物理、生物、化学中所形成的新认识还没能以学科交叉的形式折射到力学学科;以数据科学、人工智能、深度学习为代表的数据驱动研究方法还没有在力学的知识体系中引起足够的共鸣。

如果说力学学科面临着知识固结的危险,航宇学科却孕育着重新洗牌的机遇。在军民融合发展的教育背景下,随着知识体系的涌动向前,航宇学科出现了重塑架构的可能性。一是知识配置方式的融合。在传统的航宇强校(如哈尔滨工业大学、北京航空航天大学、西北工业大学、国防科技大学等),实行的是航宇学科的密集配置。每门课程专业性强,但知识覆盖面窄,于是必然缺少融会贯通的教科书之作。而 2000 年后在综合型大学(如清华大学、浙江大学、同济大学等)新成立的航空航天学院,其课程体系与教科书知识面较宽,但不够健全,即宽失于泛、窄不概全,缺乏军民融合、深入浅出的上乘之作。若能够将这两类大学的教育名家聚集于一堂,互相切磋,是有可能纲举目张,塑造出一套横跨航空和宇航领域,体系完备、粒度适中的经典教科书。于是在郑耀教授的热心倡导和推动下,我们聚得 22 所高校和 5 个工业部门(航天科技、航天科工、中航、商飞、中航发)的数十位航宇专家为一堂,开启"航空宇航科学与技术教材出版工程"。在科学出版社的大力促进下,为航空与宇航一级学科编纂这套教科书。

考虑到多所高校的航宇学科，或以力学作为理论基础，或由其原有的工程力学系改造而成，所以有必要在教学体系上实行航宇与力学这两个一级学科的共融。美国航宇学科之父冯·卡门先生曾经有一句名言："科学家发现现存的世界，工程师创造未来的世界……而力学则处在最激动人心的地位，即我们可以两者并举！"因此，我们既希望能够表达航宇学科的无垠、神奇与壮美，也得以表达力学学科的严谨和博大。感谢包为民先生、杜善义先生两位学贯中西的航宇大家的加盟，我们这个由18位专家（多为两院院士）组成的教材建设专家委员会开始使出十八般武艺，推动这一出版工程。

因此，为满足航宇课程建设和不同类型高校之需，在科学出版社盛情邀请下，我们决心编好这套丛书。本套丛书力争实现三个目标：一是全景式地反映航宇学科在当代的知识全貌；二是为不同类型教研机构的航宇学科提供可剪裁组配的教科书体系；三是为若干传统的基础性课程提供其新貌。我们旨在为移动互联网时代，有志于航空和宇航的初学者提供一个全视野和启发性的学科知识平台。

这里要感谢科学出版社上海分社的潘志坚编审和徐杨峰编辑，他们的大胆提议、不断鼓励、精心编辑和精品意识使得本套丛书的出版成为可能。

是为总序。

2019年于杭州西湖区求是村、北京海淀区紫竹公寓

前　言

飞行器结构力学是研究飞行器结构在外载荷作用下受力和传力规律的一门学科，是开展飞行器结构设计的理论基础。通过合理的假设，对于复杂的飞行器结构及其承受的载荷进行简化，建立满足工程计算精度和效率要求的计算模型，研究飞行器结构在外载荷作用下的结构内力、变形及稳定性的计算和分析方法。

本书由编者在多年《飞行器结构力学》课程教学和相关领域科研实践的基础上编写而成，教材内容以内部讲义的形式已经多次在课程教学过程中进行实践，并经过了不断的补充和完善。本书在全面介绍飞行器结构力学知识的同时，力求在内容编排和例题选择方面进行一些探索，例如，在介绍能量原理时，选用同一例题分别采用不同方法进行求解，提高学生对于原理的认知并培养灵活的应用能力；在介绍静定和静不定结构的静力分析方法时，精心设计相关例题，生动揭示静定和静不定结构在承力和传力能力方面的不同。

本书共分 7 章。首先，介绍飞行器结构及飞行器结构力学的任务；之后，概要介绍弹性力学基本概念和基本方程，重点介绍能量原理及其应用；概要介绍结构的几何不变性和不可移动性，并以桁架和刚架为例重点介绍结构静力分析的力法和位移法；重点介绍板杆结构的承力和传力特点及其静力分析方法；重点介绍采用工程梁理论求解薄壁结构正应力和剪应力的方法；重点介绍硬板和圆柱壳的弯曲理论及其稳定性分析方法；最后，概要介绍有限元法的基本思路、求解步骤及结构分析应用实例。

承蒙西北工业大学杨智春教授、王生楠教授和北京航空航天大学关志东教授审阅了全稿，并且提出了许多宝贵的意见，在此表示衷心感谢。

在本书的编写过程中，得到了王正平、周思达老师的大力支持和帮助，历届学生也指出了讲义中存在的问题，还参阅了相关的文献资料，在此向给予帮助的老师、学生及文献资料的作者一并致谢。

由于编者水平有限，书中难免存在不足，恳请广大读者和专家予以批评指正。

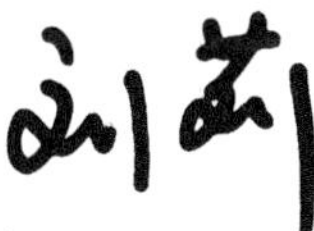

2022 年 3 月

目　录

第1章 绪 论

学习要点

(1) 掌握(飞行器)结构的定义,了解(飞行器)结构力学的任务。

(2) 掌握飞行器结构及主要功能,了解飞行器承受的典型载荷形式。

(3) 掌握结构力学所依据的基本规律,了解构建计算模型的准则和方法。

(4) 掌握飞行器结构力学的主要计算模型。

1.1 飞行器结构及其分类

在地球大气层内部或外部空间飞行的器械可通称为飞行器。按照飞行器的飞行环境和工作方式,通常可将其分为航空器、火箭和导弹、航天器三大类。航空器是指主要在大气层内部飞行的飞行器,包括轻于空气的航空器(如气球和飞艇等)和重于空气的航空器(如飞机和直升机等);火箭与导弹较为相似,火箭是指通过火箭发动机提供动力,可在大气层内外飞行的飞行器(如探空火箭和运载火箭等),导弹是指带有战斗部、通过制导系统控制飞行轨迹的飞行武器(如弹道式导弹和巡航导弹等);航天器是指主要在大气层之外的空间飞行的飞行器,包括无人航天器(如人造地球卫星和空间探测器等)和载人航天器(如载人飞船和空间站等)。随着人类对自然界探索的不断深入和科学技术的逐渐发展,不同类别的飞行器的界限正在被打破,同时新型飞行器不断出现。然而,飞行器的基本组成、飞行器的设计分析方法及其所需基础知识是基本相同的。

飞行器主要的组成部分包括能源与动力分系统、结构分系统、有效载荷分系统、探测与控制分系统等。飞行器结构力学的任务是研究飞行器结构分系统在外载荷作用下的力学性能,具有较强的工程和应用背景,是飞行器设计与工程等专业的基础课程。为了明确学习目的并掌握学习方法,首先需要对飞行器结构力学的研究对象及其特点进行一定的了解。

1.1.1 飞行器结构及其主要功能

"结构"是工程上常用的术语,但在不同的学科却有着不同的含义,总的来说,结构是一些用于受力和传力的元件和构件的综合。不同的综合就形成了不同的传力路线,或者体现了某种设计思想和设计概念,而结构设计师的任务就是通过不同的综合方式来实现其所希望的传力路线(或者承力方式)。“传力路线”是一种形象化的描述,是指作用点处的外载荷经过结构内部传递给支座或由结构一部分传递给另一部分的传递路线。

飞行器结构是指飞行器中能够承受和传递载荷,并能够保持一定的刚度、强度和稳定性的机械系统的总称。因此,只用于维持外形或仅供装饰用的元件并不能称为结构,如民航客机客舱内的装饰板等。实际工程问题中,根据结构设计、加工工艺和使用维护等方面的要求,通常将飞行器结构分系统划分为不同的部件结构,如飞机的机身、机翼、发动机等,部件结构又可进一步分解为组件结构、构件结构和零件。

飞行器结构分系统是飞行器重要的组成部分。飞行器种类和飞行任务不同,其结构分系统也有不同的特点,但结构的主要功能、设计思想及基本概念有着相同之处。一般情况下,结构的主要功能在于支撑和传递外载荷到反作用力点。但是对于空中飞行器,在飞行过程中可将其看作自平衡系统,反作用力点并不是必需的,可以根据情况任意选取。飞行器结构在支撑和传递外载荷过程中,同时还将能源与动力、探测与控制、有效载荷等分系统连接在一起,相当于整个飞行器的主体骨架或框架,从而实现有效工作。

1.1.2 典型飞行器结构及分类

按照不同的分类方式,飞行器结构有着不同的分类方法。一般情况下,可根据不同类别的飞行器部件结构功能对其进行分类。由于航空器、火箭和导弹、航天器所承受的外部载荷不同,不同类别的飞行器部件结构组成也有一定的差别。由于不同类别的飞行器所承担的任务不同,其采用的承力和传力的结构形式多种多样。飞行器的结构分类方式可以按照飞行器的种类划分,也可以根据受力和传力的形式划分。

1. 按照飞行器的种类划分

1) 航空器的结构组成及其功能

飞机是使用最广泛、最具代表性的航空器,这里以固定翼飞机为例简单介绍航空器的典型结构及其功能,其他(如直升机和轻于空气的航空器)结构组成可参考飞行器结构设计等相关书籍。飞机结构主要组成部件包括机翼、机身、尾翼和起落装置等。机翼是飞机产生升力的主要部件,同时与尾翼一起保证飞机具有良好的稳定性和操纵性。另外,机翼为起落装置、动力系统、武器系统等提供挂载和安装位置,其内部空间也可用于装载燃油、设备等。机翼支撑在机身上,如同悬臂梁(大展弦比)或悬臂板(小展弦比),在气动力和其他外载荷作用下,发生弯曲、扭转和剪切变形。典型的机翼为蒙皮骨架式结构,主要由蒙皮、横向翼肋、纵向翼梁、纵墙和桁条等组成。机身可用于装载人员、货物、燃油等物品,同时连接机翼、尾翼、起落装置等,典型的机身也是蒙皮骨架式结构,主要由纵向的桁梁和桁条、垂直于机身纵轴的隔框及蒙皮等组成。尾翼通常布置在飞机的尾部,可分为水平尾翼和垂直尾翼两部分,其主要功能是保证飞机纵向和横向的平衡,同时保证飞机在纵向和横向两方面具有必要的稳定性和操纵性。对于低速飞机,通常水平尾翼由水平安定面和升降舵组成,垂直尾翼由垂直安定面和方向舵组成,尾翼的结构形式与机翼类似。起落装置是飞机起飞、着陆、滑跑及在地面停放时支撑飞机的装置,主要功能包括吸收着陆冲击能量、减少冲击载荷和改善滑行性能等。一般情况下,起落装置主要由承力支柱、减振器、带刹车的机轮和收放机构等部件组成。另外，在冰面或雪地上起降的飞机用滑橇代替机轮，水上飞机则通常采用浮筒代替机轮。

2）火箭和导弹的结构组成及其功能

火箭和导弹的受力结构比较类似，在不考虑助推器的情况下，主要包括有效载荷舱（包括整流罩或者弹头）、箭身（包括液体火箭发动机的贮箱）或者弹身、翼面（包括稳定翼）和舵面等。有效载荷舱是指用于装载有效载荷的结构部件，其主要的承力结构包括外部舱体和内部的安装骨架，以保证载荷正常工作所需的环境和力学性能要求。火箭和导弹的种类不同，有效载荷代表不同的含义，例如，对于运载火箭，人造地球卫星、载人飞船和空间站等航天器是其有效载荷；对于弹道式导弹，可将弹头理解为有效载荷；对于探空火箭，各种探测仪器则属于有效载荷。箭身或者弹身结构主要是用于安装和连接火箭和导弹的不同部件，并保持一定的气动外形，其功能和飞机机身结构较为类似，也较多采用加筋薄壁结构和蜂窝夹层结构等。为了增加静稳定性，部分火箭尾段设计有尾翼。导弹翼面通常是一个统称，包含主翼、尾翼、前翼及舵面等，主要功能如下：① 产生升力以平衡导弹的重量；② 产生法向力以实现导弹的机动飞行；③ 通过调整弹翼的几何参数和布局，保证导弹的压心位置及其变化规律，使导弹具有必要的操纵性和稳定性。由于火箭和导弹的飞行速度相对较高，翼面通常采用整体壁板结构，舵面也较多采用整体实心板结构。

3）航天器的结构组成及其功能

根据不同分系统的功能，航天器通常可分为专用系统和保障系统。专用系统用于执行特定的航天任务，不同种类的航天器有着较大的差别，如天文卫星的天文望远镜、侦察卫星的可见光照相机等。各类航天器的保障系统较为类似，一般包括结构分系统、热控分系统、电源分系统、姿态和轨道控制分系统等。

（1）无人航天器结构分系统。

按照是否环绕地球运行，无人航天器可以分为人造地球卫星和空间探测器等。从功能上看，人造地球卫星结构分系统通常由主结构和次结构组成。主结构（或称为主承力结构）与运载火箭相连，承受火箭发射时产生的推力，因此对结构强度和刚度的要求较高，通常采用铝合金、钛合金或纤维增强复合材料等，结构形式主要有中心承力筒式结构、箱形板式结构和杆系结构等。次结构是指由主结构分支出来的卫星上的其余各种结构，主要包括卫星外壳结构、仪器设备的安装结构及太阳能电池阵结构和天线结构等。美国的“旅行者”号探测器是典型的空间探测器之一，其主体属于环状十边形结构，主体结构上布置有 3.7 m 的大型高增益天线，采用 3 台放射性同位素热电发生器作为电源。

（2）载人航天器结构分系统。

按照飞行和工作情况，载人航天器可分为载人飞船、空间站和航天飞机等。根据功能，载人飞船一般可分为乘员返回座舱、轨道舱、服务舱、对接舱、太阳能电池板、应急救生装置等部分。其中，返回舱、轨道舱等属于密封结构，而推进舱和仪器舱等通常为非密封结构。结构分系统的主要任务是为航天员提供密封的压力舱，为仪器设备、流体管道和线缆等提供放置空间和连接支架等。舱体结构与飞机机身结构类似，受力元件主要是蒙皮、隔框和桁条等。空间站是供多名航天员巡访、长期工作的航天器，其基本组成与载人飞船类似，但由于空间服役时间相对较长，需要有保障航天员长期生活和工作的设施。航天飞机是一种可从空间轨道上整体返回、可在指定机场跑道上着陆、带翼的可多次重复使用的航天器，通常由轨道器、外挂贮箱和火箭助推器组成，类似于飞机、运载火箭和飞船的混合体。以美国航天飞机为例，其中火箭助推器和外挂贮箱的构造与弹道式导弹和火箭的构造类似，轨道器结构主要包括机身、机翼、尾翼和着陆装置等，是航天飞机的核心部分。由于需要经历大气环境下的高超声速、超声速、亚声速和水平着陆时的低速飞行等过程，其还应同时抵抗气动加热。结构大部分采用铝合金或复合材料，多为蒙皮骨架式薄壁结构，升降舵、副翼采用铝蜂窝结构。

2. 按照受力和传力形式划分

随着航空航天技术的发展，不同种类飞行器之间的区别界限越来越模糊，同时也在不断地涌现出越来越多的新型飞行器，如临近空间高超声速飞行器、跨介质飞行器和仿生飞行器等。但是，不同种类的飞行器结构采用的承力和传力形式有着相似之处。在满足力学性能的基础上，飞行器结构对重量要求较为严格，因此为了便于进行结构力学研究和模型简化，按照承力和传力形式，飞行器结构可分为蒙皮骨架式结构、整体结构、夹层板结构和杆系结构等。

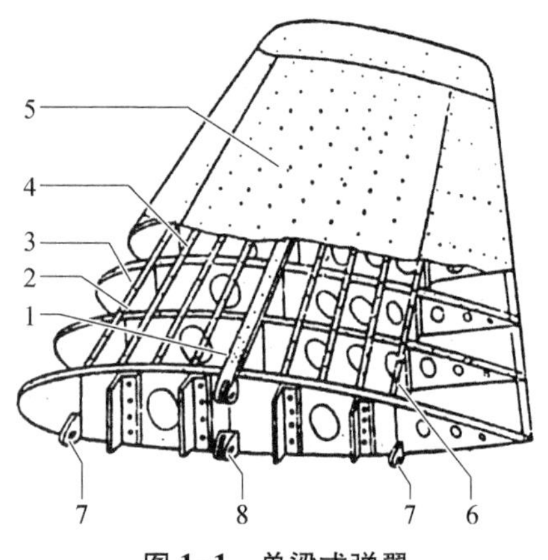

图 1-1　单梁式弹翼

1-翼梁；2-前墙；3-翼肋；4-桁条；5-蒙皮；6-后墙；7-辅助接头；8-主接头

蒙皮骨架式结构主要是由外部蒙皮和内部纵横交错的骨架组成的加筋薄壁结构，飞行器的机翼、尾翼、机身、舱体等大多采用此类结构（图 1-1）。结构的弯矩和轴向力主要由纵向骨架承受和传递，剪力与扭矩主要由横向骨架和蒙皮来承受和传递。

整体结构是指将蒙皮和骨架合为一个整体的结构，通常采用整体毛坯加工而成，如整体壁板翼面等（图 1-2）。一般情况下，为了减小阻力，通常采用相对厚度较小的翼型，同时为了提高翼面承载能力，需要增加蒙皮的厚度，因此可采用若干整体件铆接装配而成的整体结构，如整体壁板翼面等。

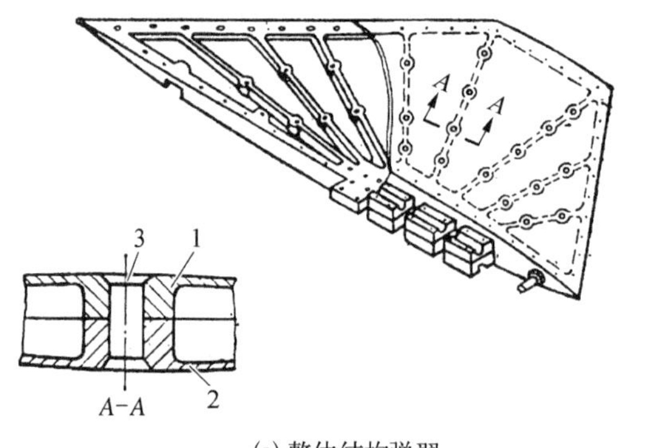

(a) 整体结构弹翼

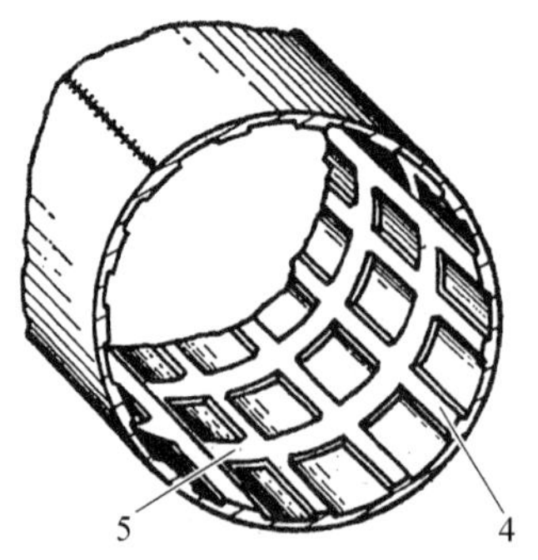

(b) 整体结构舱段

图 1-2　典型飞行器整体结构

1-上壁板；2-下壁板；3-铆钉；4-纵向加强筋；5-横向加强筋

夹层板结构通常由上下两层薄面板和中间所夹芯层组成(图 1-3)。芯层一般是轻质材料,如硬泡沫塑料、波纹板、蜂窝格等,面板通常采用金属材料和各种复合材料等,芯层和面板黏结或焊接成一个整体。夹层板结构依靠内外层面板承受载荷,中间所夹芯层则起到支撑的作用。与同等质量的单层蒙皮结构相比,夹层板的结构强度和刚度较大,同时面板之间充满空气和绝热材料,结构耐热绝热性能较好。整体壁板式和夹层结构翼面在飞机和导弹上得到了越来越广泛的应用,特别是蜂窝夹层结构等。

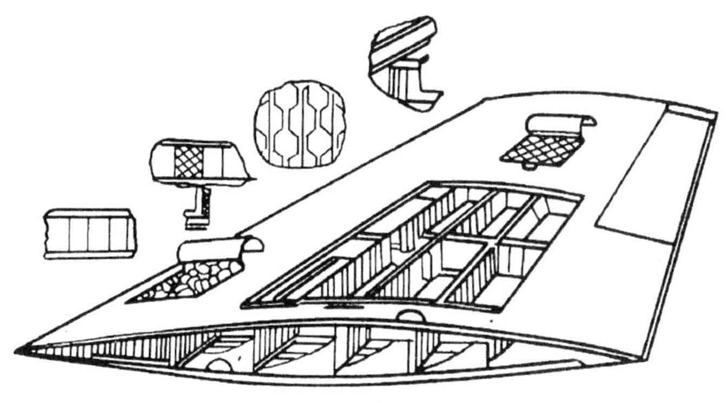

图 1-3　蜂窝夹层翼面

杆系结构是由一定数量的不同方向的杆件连接而成的可用于承力和传力的构架,如图 1-4 所示为桁架式起落架结构。根据节点形式,杆系结构可分为由直杆和铰节点组成的桁架、由梁和刚节点组成的刚架,以及两种形式并存的混合型构架。桁架结构仅能承受作用在节点上的集中载荷,而刚架结构可以承受任何形式的载荷。

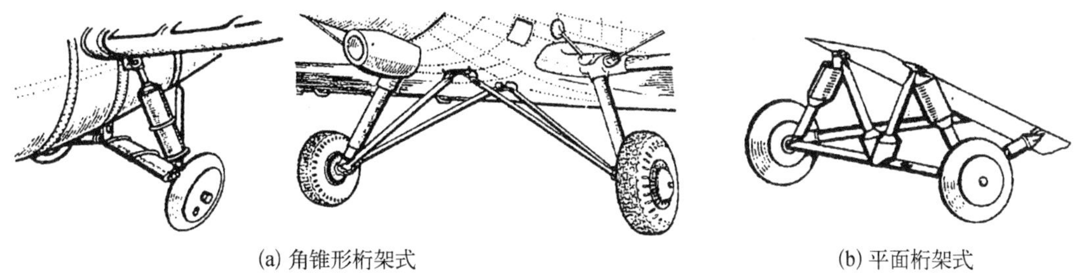

(a) 角锥形桁架式　　(b) 平面桁架式

图 1-4　桁架式起落架结构

1.1.3　飞行器结构承受的典型载荷形式

飞行器结构所承受的外载荷是指飞行器在地面运行、起飞(发射)、飞行、着陆及运输和装卸等过程中,其结构所承受外载荷的总称。为了保证飞行器在使用过程中既能满足设计要求,同时又使结构质量最小,作为结构设计和强度分析的重要依据和输入条件,必须进行正确的载荷分析与计算。根据类别及飞行状态等条件,飞行器结构所承受的载荷状态也有较大的差别,总结起来主要可分为以下几种。

(1) 空气动力载荷。对于大气层内飞行的飞行器,与气流的相对运动会产生空气动力。在结构分析中,空气动力需要以分布力的形式给出。

(2) 质量力。与飞行器结构部件质量有关的质量力,即由重力加速度决定的重力和由运动加速度决定的惯性力。根据质量分布不同,需要考虑分布质量力和集中质量力。

(3) 发动机推力。对于有动力飞行的飞行器,发动机推力指发动机作用在发动机支架或其他形式连接处的载荷。

(4) 内压力。对于高压气罐、气囊等压力容器,内压力指以均匀内压的形式作用在容器内表面上的载荷。

(5) 支反力。飞行器在地面滑跑、起飞、着陆、吊装、运输,以及在上架发射过程中,地面或发射架等提供的支反力。

(6) 温度载荷。飞行器结构表面由于温度分布不均匀引起温度载荷,主要由大气层内飞行器高速飞行时造成的气动加热及大气层外飞行器不均匀太阳辐射引起。

(7) 冲击载荷。飞行器飞行过程中,飞鸟或陨石等外来物引起的冲击载荷;或由于器件分离引起的冲击载荷;或由于在星球表面着陆引起的冲击载荷。

在结构力学分析过程中,对以上实际工况下结构承受的载荷,可以进行不同的分类。例如,按照作用状态可将其分为静载荷和动载荷;按照载荷的分布形式,可将其分为集中载荷和分布载荷;按照作用位置,可将其分为体力和面力等。

1.2 结构力学在飞行器结构分析与设计中的任务

一般来说,飞行器结构力学的内容主要涉及三个方面: ① 把实际的飞行器结构抽象为力学模型(即计算模型);② 对力学模型进行力学分析;③ 把结构分析结果应用于结构设计。其中,对力学模型进行力学分析是飞行器结构力学的核心内容,但是,在进行力学模型数学运算的过程中需要同时重视力学模型的抽象与简化,以及如何将力学分析结果应用于指导结构设计。本节通过简单介绍飞行器结构分析与设计的过程与思想,进一步指出飞行器结构力学的任务。

1.2.1 飞行器结构分析与设计

随着科学技术的飞速发展,人们对飞行器的要求不断提高,飞行器的结构形式日趋复杂,同时新材料和新加工工艺也在不断地涌现,这就要求飞行器结构设计的思想和结构分析的方法也要与时俱进,具有更高的精度和计算效率。

飞行器结构分析的主要目的如下。

(1) 了解飞行器结构在外载荷、位移约束、温度环境下的变形和应力状态,以便检验是否满足各种设计准则。

(2) 通过对结构进行分析,进一步获知设计的结果是否满足设计意图(即设计要求)。

(3) 通过对分析结果进行研究,了解并掌握各设计参数对各种结构响应(如应力、应变、位移等)的影响和敏感程度,从而使设计者在以后的设计中主动调节各种参数,以有效地达到预期的设计目标(优化设计)。

飞行器结构设计是指在原始条件的基础上,按照结构设计的基本要求提出合理的设计方案，完成强度计算和必要的试验，进而将设计方案转化为结构图纸和相应的技术文件，以指导生产加工的过程。飞行器的理想结构应该是能满足全部有关的设计准则而质量最小，主要的基本设计准则包括以下几点。

(1) 强度：飞行器结构具有能够承受一定的载荷并且不发生破坏的能力。

(2) 刚度：飞行器结构具有以限定的变形来抵抗载荷的能力。

(3) 稳定性(静)：飞行器结构在载荷作用下具有维持一定平衡形状的能力。

随着飞行器性能要求的不断提高、设计手段的不断发展，飞行器结构设计思想已经从最初仅考虑静强度和刚度要求，逐渐发展为增加了动强度、疲劳寿命、损伤容限、耐久性等要求。

1.2.2 飞行器结构力学的任务

结构力学是一门研究结构在外载荷作用下的变形和受力(传力)规律的学科，与其他学科一样，结构力学也是随着生产的发展和社会的进步而发展起来的一门学科。结构力学属于应用力学的范畴，直接面对的是实际工程中的结构力学问题。不同的工程领域内的结构有着不同的特点，也就会有不同的假设和力学模型，进而有着不同的研究思路和方法，如建筑结构多涉及梁、拱和杆系结构，因此 19 世纪出现的建筑结构力学的主要研究内容是杆系结构的强度、刚度和稳定性问题。20 世纪 30 年代以后，由于舰船、飞机性能的提高，以及火箭、导弹技术的出现和发展，板、壳及薄壁板杆的计算模型得到大量研究，相应出现了船舶结构力学和飞行器结构力学。

结构力学属于固体力学范畴，固体力学中研究固体材料及由其构成的物体结构在弹性变形阶段的力学行为属于弹性力学，研究塑性变形阶段的力学响应行为则属于塑性力学。材料力学是研究杆状弹性体在外载荷作用下的应力和变形的一门学科，可认为是弹性力学的近似理论，而弹性力学是材料力学的基础。结构力学则在材料力学的基础上，研究工程实际中的整体结构，并且随着最新研究思路和方法的发展，结构力学的分析精度在不断地提高。

飞行器结构力学作为结构力学重要的应用方向，主要研究作用在飞行器结构上的外载荷的传递及其作用效应。在飞行过程中，以固连在飞行器上的坐标系为参考，飞行器结构自身的外载荷构成一个平衡力系，不同部件之间的力进行传递，实现不同部分外载荷的平衡。飞行器不同部件的传力路径并不是单一的，并且结构部件的传力是以其受力为代价的，而这个过程就牵涉到结构的强度、刚度和稳定性等问题。因此，需要根据传力规律寻求满足结构设计要求和加工工艺要求的最优传力路径。通常来说，结构内部力的传递越直接，传力的路线越短，结构的质量就会越小。为了实现结构设计的目的，有必要研究结构力学的基本规律，掌握结构分析的基本原理和计算方法。

1.3 飞行器结构力学计算模型的构建

1.3.1 飞行器结构力学所依据的基本规律

飞行器结构力学所研究的飞行器结构是可变形的固体，应服从以下三个基本的客观规律。

(1) 平衡条件：所有的力(包括惯性力)是平衡的。

(2) 连续性假设：变形体应该是连续的,即物体变形后,既不断开也不重叠。

(3) 应力-应变关系：应力和应变之间存在着一定的反映材料特性的关系。

1.3.2 构建计算模型的准则和方法

从前几节内容可知,飞行器结构元件的种类虽然不多,但是飞行器设计工况不同,不同飞行器元件的受力及其传力过程非常复杂。为了能够采用已有的结构分析理论和方法对结构在载荷作用下的效应进行分析,有必要通过简化或忽略次要的影响因素,重点保留和研究起主要作用的影响因素,从而构建飞行器结构力学研究中的计算模型。具体来说,飞行器结构力学的计算模型是一种与飞行器原结构不尽相同,但又保持了原结构在受力和传力过程中主要力学特征的另一种理想化的结构。在飞行器结构设计的不同阶段,结构分析的目的和精度要求不同,所简化的计算模型也各有不同。

为了建立计算模型,首先需要对结构进行理想化,再在此基础上建立结构力学计算模型。而结构的理想化是指对实际结构的元件在受力和传力过程中的作用、结构及其元件的几何形状和尺寸及其材料特性等做出假设,从而使结构模型简单,保证分析切实可行。

建立结构力学计算模型一般采用以下准则：

(1) 计算模型的主要力学特征应该与原结构十分接近;

(2) 计算模型应该尽可能简单;

(3) 建立的计算模型需要能够利用现有的分析手段和方法进行求解;

(4) 计算模型可以通过试验进行修正,使之更加真实地反映实际情况;

(5) 根据载荷状态和分析内容,可以有不同的计算模型。

总的来说,飞行器结构力学中计算模型的简化主要从以下几个方面考虑：

(1) 结构承受外载荷的简化;

(2) 结构几何形状的简化;

(3) 结构连接关系的简化;

(4) 结构受力和承力系统的简化。

1.3.3 飞行器结构力学的主要计算模型

根据飞行器典型结构和所承受载荷的特点,飞行器结构力学中采用的主要计算模型有以下几种：

(1) 杆系结构模型;

(2) 板杆结构模型;

(3) 薄壁结构模型;

(4) 板壳结构模型。

1.4 小　　结

为了明确课程学习目的并掌握学习方法,本章首先介绍飞行器结构含义及功能,重点介绍按照飞行器种类和受力、传力形式给出的结构分类。然后概述飞行器结构承受的典型载荷形式，在此基础上，通过介绍飞行器结构分析与设计的过程和思想，进一步指出飞行器结构力学的任务。最后，重点介绍飞行器结构力学的主要计算模型，为本书后续章节的安排做铺垫。

第 2 章
弹性力学基本方程及能量原理

学习要点

(1) 掌握弹性力学的基本概念和基本假设，了解理想弹性体和线弹性问题的概念。

(2) 掌握弹性力学的基本方程及其物理含义，了解三类边界条件的特点。

(3) 掌握虚功原理(虚位移原理)和最小势能原理，了解单位位移定理及应用范围。

(4) 掌握余虚功原理(虚力原理)和最小余能原理，了解单位载荷定理及应用范围。

(5) 了解瑞利-里兹法和伽辽金法等能量法的应用。

2.1 引　　言

结构力学主要研究结构在外载荷作用下的变形和受力(传力)的规律，为了分析结构元件外载荷与应力的关系、应力与应变的关系及应变与位移的关系，需要利用弹性力学的基本知识作为研究基础。本章首先概要介绍弹性力学基本概念和基本假设，给出平衡方程、几何方程和物理方程等基本方程，并重点介绍虚功原理、最小势能原理、余虚功原理、最小余能原理等能量原理，以及单位位移定理、单位载荷定理、瑞利-里兹法、伽辽金法等能量原理的推广与应用。

2.2 弹性力学的基本概念和基本假设

2.2.1 弹性力学的基本概念

弹性力学是弹性体力学的简称，是固体力学的一个重要分支，研究弹性体由于受外载荷作用或者温度改变等而产生的应力、应变和位移。弹性力学中的基本概念包括外载荷、应力、应变和位移等，在此加以简要说明。

作用于物体上的外载荷可以分为体积力和表面力，或者简称为体力和面力。其中，体力是指分布在物体体积内的力，如重力和惯性力；面力是指分布在物体表面上的力，如流体压力和接触力等。物体受到外载荷作用，或者由于温度发生变化时，其内部将产生内力，在所考察的截面上，某一点单位面积上的内力称为应力。对于物体内任一点 P（图 2-1），应力 $\boldsymbol{p}$ 可分解为与截面垂直的应力即正应力（或法向应力）σ，以及与截面相切的应力即切应力（或剪应力）τ。

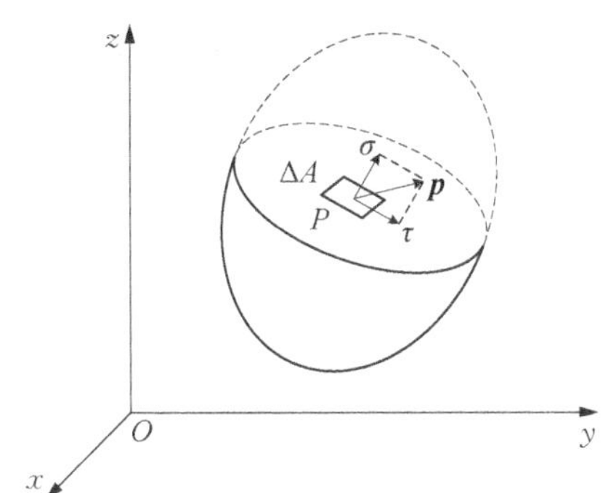

图 2-1　弹性体内任意一点 P 应力示意

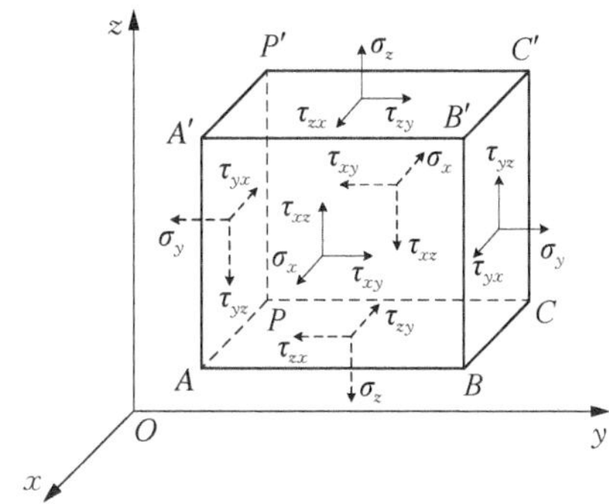

图 2-2　弹性体内任意微小单元应力状态示意

对于物体内同一点 P，沿不同方向的应力是不同的，为了表示此点的应力状态，以此点为顶点，在物体体内任意取出一个微小的平行六面体 $PABC-P'A'B'C'$（图 2-2），其棱边 $\overline{PA}=\Delta x$，$\overline{PC}=\Delta y$，$\overline{PP'}=\Delta z$，且分别平行于 x 轴、y 轴和 z 轴。将每一个面上的应力分解为一个垂直于截面的正应力和两个在截面内且平行于坐标轴的切应力。应力的正负按以下准则定义：如果截面上外法线沿坐标轴的正方向，则此截面为正面，与坐标轴同向的应力分量为正；反之，外法线与坐标轴反向的截面为负面，此时与坐标轴反向的应力分量为正。点 P 处的应力状态可以用互相垂直的三个截面上的 9 个应力分量来完全确定：

$$\begin{bmatrix} \sigma_{xx} & \sigma_{xy} & \sigma_{xz} \\ \sigma_{yx} & \sigma_{yy} & \sigma_{yz} \\ \sigma_{zx} & \sigma_{zy} & \sigma_{zz} \end{bmatrix} \tag{2-1}$$

由于应力分量下标中两个字母相同的对角线分量表示为正应力，其余为切应力，可明确区分正应力和切应力，同时表示为 3×3 的矩阵形式为

$$\boldsymbol{\sigma} = \begin{bmatrix} \sigma_x & \tau_{xy} & \tau_{xz} \\ \tau_{yx} & \sigma_y & \tau_{yz} \\ \tau_{zx} & \tau_{zy} & \sigma_z \end{bmatrix} \tag{2-2}$$

由切应力互等定理可知，在物体内任一点处互相垂直的截面上，与截面交线互相垂直的切应力分量总是同时存在且大小相等，同时方向共同指向或共同背离截面的交线，因此应力状态可进一步描述为

$$\boldsymbol{\sigma}=\begin{bmatrix}\sigma_x & \tau_{xy} & \tau_{xz}\\ & \sigma_y & \tau_{yz}\\ & & \sigma_z\end{bmatrix} \tag{2-3}$$

物体形状的改变称为应变，可用物体各部分长度和角度的变化来表示。对于图 2-2 所示微小的平行六面体，各线段每单位长度的伸缩量称为线应变 ε，如 ε_x 表示 x 方向线段 PA 的线应变，以线段伸长时为正，缩短时为负；各线段之间所夹角度用弧度表示，其相对初始角度大小的变化称为切应变 γ，如 γ_{xy} 表示 x 和 y 两个方向的线段（即 PA 和 PC）之间的夹角的变化，以夹角变小时为正，变大时为负，线应变和切应变均表示相对变化量。与应力状态类似，对于物体内任一点的应变状态，均可以用六个应变状态分量 ε_x、ε_y、ε_z、γ_{xy}、γ_{xz}、γ_{yz} 完全确定。

物体内任意一点位置的移动称为该点的位移，可用其沿 x、y、z 三个坐标轴上的分量 u、v、w 表示，其中沿坐标轴正方向时为正，沿坐标轴负方向时为负。

以上的弹性力学基本概念中，物体内不同点的体力分量、面力分量、应力分量、应变分量和位移分量都是该点位置坐标的函数。

2.2.2 弹性力学的基本假设

在弹性力学的问题中，通常是已知物体的形状（几何尺寸）、边界条件、弹性常数及物体所受的体力或面力，求解应力状态、应变状态和位移参数。求解过程中如果完全考虑物体所有的真实条件，势必会导致求解过程烦琐，甚至无法求解。因此，一般根据所研究对象的性质和求解范围按照合理的假设对某些因素进行适当的忽略，从而使得复杂问题的求解成为可能。

弹性力学所研究的对象一般是弹性固体，采用的基本假设如下。

(1) 连续性假设。假设物体是连续的，即整个物体的体积都被组成这个物体的介质所填满，不留下任何空隙，也不会重叠。

(2) 弹性假设。假设物体是弹性的，即物体的变形与载荷在整个加载过程中存在一一对应的单值函数关系，且当载荷卸去后变形完全消失，弹性体恢复其初始形状和尺寸。如果弹性体完全服从广义胡克定律（应变分量与应力分量之间存在线性关系），反映这种线性关系的常数（弹性常数）并不随应力或应变分量的大小和符号的变化而变化，此时称为完全弹性体，例如，脆性材料的物体在应力未超过比例极限以前、塑性材料的物体在应力未达到屈服极限以前，都可作为近似的完全弹性体；但也有一些材料具有非线性的弹性性质，如橡胶和某些有色金属，前者是物理线性的，而后者是物理非线性的。

(3) 均匀性假设。假设物体是均匀的，即整个物体是由同一种材料组成的，此时物体各个部分具有相同的弹性常数。

(4) 各向同性假设。假设物体是各向同性的，即物体内任意一点的弹性在各个方向都相同。

(5) 小变形假设（又称为几何线性假设）。假设位移和应变是微小的，即物体受外载荷作用以后，整个物体所有各点的位移都远远小于物体原来的尺寸，因而线应变和切应变都远小于 1，这样在施加物体变形后的平衡方程时，就可以用变形前的尺寸来代替变形后的尺寸，而不致引起显著的误差，并且考察物体的变形及位移时，线应变和转角的二次幂或乘积都可以略去不计。

满足以上(1) ~ (4)假设的物体，称为理想弹性体；满足以上(1) ~ (5)假设的完全弹性体，且为线性材料的问题，称为线弹性问题。

2.3　弹性力学基本方程

为了能够通过已知量(弹性体的几何形状和尺寸、物体所受的外载荷和约束等)求出应力、应变和位移等未知量，首先要从问题的静力学、几何学和物理学三方面入手，建立这些未知量所满足的弹性力学基本方程和相应的边界条件，在线弹性问题的假设基础上，再完成问题的求解。

2.3.1　平衡方程

平衡方程研究的是弹性体的内力与所承受的外载荷之间的关系。对于物体内的任何一点 P，取一个微小的平行六面体 $PABC\text{-}P'A'B'C'$(图 2-3)，假设六面体的棱边长度非常小，可将其长度分别表示为 $\overline{PA} = \mathrm{d}x$，$\overline{PC} = \mathrm{d}y$，$\overline{PP'} = \mathrm{d}z$，微体上仅作用有体力。考虑到应力分量是位置坐标的函数，因此作用在六面体两个平行的对面上的应力分量实际上应该具有微小的差量，如果作用在 $PP'C'C$ 截面上的平均正应力 σ_x 表示为

$$\sigma_x = f(x,\ y,\ z) \tag{2-4}$$

由于坐标轴 x 的变化，在平行截面 $AA'B'B$ 上的平均正应力应表示为

$$\sigma'_x = f(x + \mathrm{d}x,\ y,\ z) \tag{2-5}$$

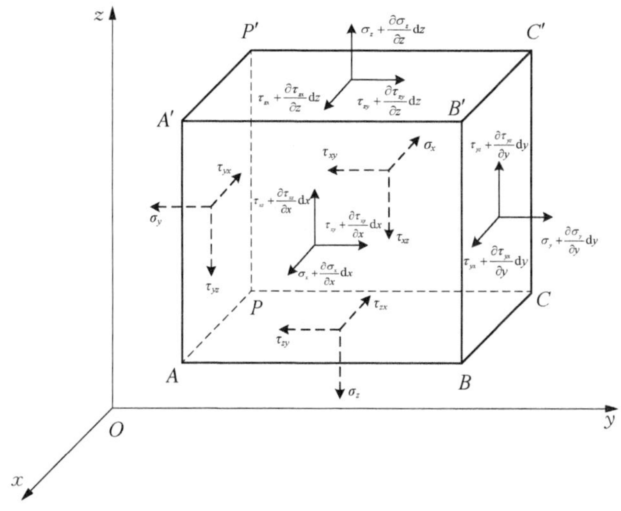

图 2-3　弹性体内任意微小六面体各截面应力状态示意

对式(2-5)进行泰勒级数展开,有

$$\sigma'_x(x+\mathrm{d}x,\ y,\ z)=\sigma_x(x,\ y,\ z)+\frac{\partial\sigma_x}{\partial x}\mathrm{d}x+\frac{1}{2!}\times\frac{\partial^2\sigma_x}{\partial^2 x}(\mathrm{d}x)^2+\cdots \tag{2-6}$$

略去含有二阶及以上的高阶微量的所有项,则有

$$\sigma'_x=\sigma_x+\frac{\partial\sigma_x}{\partial x}\mathrm{d}x \tag{2-7}$$

其余不同截面的应力分量的关系类似可推导得到:

$$\sigma'_y=\sigma_y+\frac{\partial\sigma_y}{\partial y}\mathrm{d}y,\quad \sigma'_z=\sigma_z+\frac{\partial\sigma_z}{\partial z}\mathrm{d}z$$

$$\tau'_{xy}=\tau_{xy}+\frac{\partial\tau_{xy}}{\partial x}\mathrm{d}x,\quad \tau'_{xz}=\tau_{xz}+\frac{\partial\tau_{xz}}{\partial x}\mathrm{d}x$$

$$\tau'_{yx}=\tau_{yx}+\frac{\partial\tau_{yx}}{\partial y}\mathrm{d}y,\quad \tau'_{yz}=\tau_{yz}+\frac{\partial\tau_{yz}}{\partial y}\mathrm{d}y$$

$$\tau'_{zx}=\tau_{zx}+\frac{\partial\tau_{zx}}{\partial z}\mathrm{d}z,\quad \tau'_{zy}=\tau_{zy}+\frac{\partial\tau_{zy}}{\partial z}\mathrm{d}z$$

弹性体内任意微小六面体各截面的应力状态,如图 2-3 所示。

对于处于平衡状态的空间六面体,应该满足三个力平衡条件和三个力矩平衡条件,即

$$\begin{cases}\sum F_x=0, & \sum F_y=0, & \sum F_z=0\\ \sum M_x=0, & \sum M_y=0, & \sum M_z=0\end{cases} \tag{2-8}$$

下面由以上六个平衡条件,推导平衡方程。

由平衡条件 $\sum M_x=0$, 以连接微小六面体单元的前后面中心的直线作为矩轴,可得

$$\left(\tau_{yz}+\frac{\partial\tau_{yz}}{\partial y}\mathrm{d}y\right)\mathrm{d}x\mathrm{d}z\frac{\mathrm{d}y}{2}+\tau_{yz}\mathrm{d}x\mathrm{d}z\frac{\mathrm{d}y}{2}-\left(\tau_{zy}+\frac{\partial\tau_{zy}}{\partial z}\mathrm{d}z\right)\mathrm{d}x\mathrm{d}y\frac{\mathrm{d}z}{2}-\tau_{zy}\mathrm{d}x\mathrm{d}y\frac{\mathrm{d}z}{2}=0$$

整理上式,并略去高阶微量,可得

$$\tau_{yz}=\tau_{zy}$$

同理,分别采用平衡条件 $\sum M_y=0$、$\sum M_z=0$, 可以得到相应的结果,整理后可得

$$\tau_{zx}=\tau_{xz},\quad \tau_{xy}=\tau_{yx} \tag{2-9}$$

这就是切应力互等定理。

由平衡条件 $\sum F_x=0$, 可得

$$\left(\sigma_x + \frac{\partial \sigma_x}{\partial x}\mathrm{d}x\right)\mathrm{d}y\mathrm{d}z - \sigma_x \mathrm{d}y\mathrm{d}z + \left(\tau_{yx} + \frac{\partial \tau_{yx}}{\partial y}\mathrm{d}y\right)\mathrm{d}x\mathrm{d}z - \tau_{yx}\mathrm{d}x\mathrm{d}z$$
$$+ \left(\tau_{zx} + \frac{\partial \tau_{zx}}{\partial z}\mathrm{d}z\right)\mathrm{d}x\mathrm{d}y - \tau_{zx}\mathrm{d}x\mathrm{d}y + X\mathrm{d}x\mathrm{d}y\mathrm{d}z = 0$$

式中,X 为点 P 单位体积内的体力在 x 方向上的分量。

整理上式,可得

$$\frac{\partial \sigma_x}{\partial x} + \frac{\partial \tau_{yx}}{\partial y} + \frac{\partial \tau_{zx}}{\partial z} + X = 0$$

同理,分别采用平衡条件 $\sum F_y = 0$、$\sum F_z = 0$,并考虑切应力互等定理,可以得到相应的结果,整理后可以得到:

$$\begin{cases} \dfrac{\partial \sigma_x}{\partial x} + \dfrac{\partial \tau_{xy}}{\partial y} + \dfrac{\partial \tau_{zx}}{\partial z} + X = 0 \\ \dfrac{\partial \tau_{xy}}{\partial x} + \dfrac{\partial \sigma_y}{\partial y} + \dfrac{\partial \tau_{yz}}{\partial z} + Y = 0 \\ \dfrac{\partial \tau_{zx}}{\partial x} + \dfrac{\partial \tau_{yz}}{\partial y} + \dfrac{\partial \sigma_z}{\partial z} + Z = 0 \end{cases} \tag{2-10}$$

式中,X、Y、Z 分别是点 P 单位体积内的体力在 x、y、z 方向上的分量。

以上就是弹性体的平衡方程。

2.3.2　几何方程

几何方程研究的是弹性体位移和应变之间的关系。弹性体在外载荷作用下,各点产生位移,位移的大小和方向随点的位置不同而变化,是所在点位置坐标的函数,即

$$\begin{cases} u = u(x,\ y,\ z) \\ v = v(x,\ y,\ z) \\ w = w(x,\ y,\ z) \end{cases} \tag{2-11}$$

假设微小六面体 $PABC-P'A'B'C'$ 中截面 $PABC$ 变形后的位置为 $P^*A^*B^*C^*$(图 2-4)。首先,利用位移分量求出线段 PA 和 PC 的线应变,即 ε_x 和 ε_y。设点 P 在 x 方向的位移分量为 u,则由于 x 坐标的改变,点 A 在 x 方向的位移分量可用泰勒级数表示为

$$u' = u(x + \mathrm{d}x,\ y,\ z) = u(x,\ y,\ z) + \frac{\partial u}{\partial x}\mathrm{d}x + \frac{1}{2!}\frac{\partial^2 u}{\partial x^2}(\mathrm{d}x)^2 + \cdots \tag{2-12}$$

略去二阶及以上的高阶微量的所有项,则有

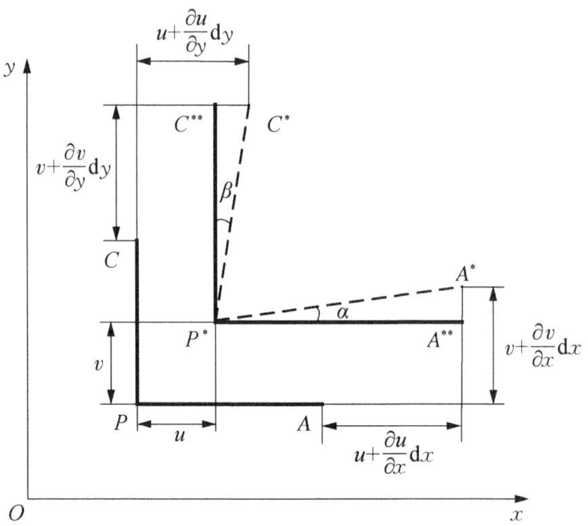

图 2-4　弹性体内任意微小六面体截面变形示意

$$u' = u + \frac{\partial u}{\partial x}\mathrm{d}x$$

因此,根据应变的定义,线段 PA 的线应变可表示为

$$\varepsilon_x = \frac{\left(u + \frac{\partial u}{\partial x}\mathrm{d}x\right) - u}{\mathrm{d}x} = \frac{\partial u}{\partial x} \tag{2-13}$$

此处,y 和 z 方向的位移 v 和 w 所引起的线段 PA 的伸缩,是更高一阶的微小量,因此忽略不计,同理可得其他线段的线应变分别为 $\varepsilon_y = \frac{\partial v}{\partial y}$, $\varepsilon_z = \frac{\partial w}{\partial z}$。

接下来,求取 PA 与 PC 之间夹角的改变量,即利用位移分量表示切应变 γ_{xy}。由图 2-4 可知,切应变 γ_{xy} 由两部分引起,即线段 PA 在 x 方向的转角 α 和线段 PC 在 y 方向的转角 β。由于点 P 在 y 方向的位移分量是 v,采取上面的同样方法,由泰勒展开可以得到点 A 在 y 方向的位移分量是 $v + \frac{\partial v}{\partial x}\mathrm{d}x$,因此线段 PA 的转角可表示为

$$\alpha = \frac{\left(v + \frac{\partial v}{\partial x}\mathrm{d}x\right) - v}{\mathrm{d}x} = \frac{\partial v}{\partial x} \tag{2-14}$$

同理,线段 PC 的转角可表示为

$$\beta = \frac{\partial u}{\partial y} \tag{2-15}$$

由此,利用 PA 与 PC 之间的角度变化,可将切应变 γ_{xy} 表示为

$$\gamma_{xy}=\alpha+\beta=\frac{\partial v}{\partial x}+\frac{\partial u}{\partial y} \tag{2-16}$$

同理,可得其他角度的相对变化量分别可表示为 $\gamma_{yz}=\dfrac{\partial w}{\partial y}+\dfrac{\partial v}{\partial z}$、$\gamma_{zx}=\dfrac{\partial u}{\partial z}+\dfrac{\partial w}{\partial x}$。

因此,弹性体的几何方程可表述为

$$\begin{cases}\varepsilon_x=\dfrac{\partial u}{\partial x}, \quad \varepsilon_y=\dfrac{\partial v}{\partial y}, \quad \varepsilon_z=\dfrac{\partial w}{\partial z}\\ \gamma_{xy}=\dfrac{\partial v}{\partial x}+\dfrac{\partial u}{\partial y}, \quad \gamma_{yz}=\dfrac{\partial w}{\partial y}+\dfrac{\partial v}{\partial z}, \quad \gamma_{zx}=\dfrac{\partial u}{\partial z}+\dfrac{\partial w}{\partial x}\end{cases} \tag{2-17}$$

由几何方程可以看出,6 个应变分量是由 3 个位移分量对坐标的偏导数完全确定的。也就是说,6 个应变分量不是互相独立的,它们之间必然存在一定的关系。下面通过消除几何方程中的位移分量,来推导应变之间的关系。

将式(2-17)中的第二式和第三式分别对 z 和 y 求二阶偏导,并相加可得

$$\frac{\partial^2\varepsilon_y}{\partial z^2}+\frac{\partial^2\varepsilon_z}{\partial y^2}=\frac{\partial^3 v}{\partial y\partial z^2}+\frac{\partial^3 w}{\partial z\partial y^2}=\frac{\partial^2}{\partial y\partial z}\left(\frac{\partial v}{\partial z}+\frac{\partial w}{\partial y}\right) \tag{2-18}$$

由式(2-17)中的第五式可知,式(2-18)右侧括号中即为 γ_{yz}。同理,可以得到其余两个相似的方程:

$$\begin{cases}\dfrac{\partial^2\varepsilon_y}{\partial z^2}+\dfrac{\partial^2\varepsilon_z}{\partial y^2}=\dfrac{\partial^2\gamma_{yz}}{\partial y\partial z}\\ \dfrac{\partial^2\varepsilon_z}{\partial x^2}+\dfrac{\partial^2\varepsilon_x}{\partial z^2}=\dfrac{\partial^2\gamma_{zx}}{\partial z\partial x}\\ \dfrac{\partial^2\varepsilon_x}{\partial y^2}+\dfrac{\partial^2\varepsilon_y}{\partial x^2}=\dfrac{\partial^2\gamma_{xy}}{\partial x\partial y}\end{cases} \tag{2-19}$$

将式(2-17)中的后三式分别对 x、y 和 z 求导,然后将第四、六式相加,并与第五式相减可得

$$\begin{aligned}\frac{\partial\gamma_{xy}}{\partial z}+\frac{\partial\gamma_{zx}}{\partial y}-\frac{\partial\gamma_{yz}}{\partial x}&=\left(\frac{\partial^2 v}{\partial x\partial z}+\frac{\partial^2 u}{\partial y\partial z}\right)+\left(\frac{\partial^2 u}{\partial z\partial y}+\frac{\partial^2 w}{\partial x\partial y}\right)-\left(\frac{\partial^2 w}{\partial y\partial x}+\frac{\partial^2 v}{\partial z\partial x}\right)\\&=2\frac{\partial^2 u}{\partial y\partial z}\end{aligned} \tag{2-20}$$

式(2-20)两边分别对 x 求一阶偏导数,并由式(2-17)中的第一式可知

$$2\frac{\partial^2\varepsilon_x}{\partial y\partial z}=\frac{\partial}{\partial x}\left(-\frac{\partial\gamma_{yz}}{\partial x}+\frac{\partial\gamma_{zx}}{\partial y}+\frac{\partial\gamma_{xy}}{\partial z}\right) \tag{2-21}$$

同理,可以得到其余两个相似的方程:

$$\begin{cases}\dfrac{\partial}{\partial x}\left(-\dfrac{\partial\gamma_{yz}}{\partial x}+\dfrac{\partial\gamma_{zx}}{\partial y}+\dfrac{\partial\gamma_{xy}}{\partial z}\right)=2\dfrac{\partial^2\varepsilon_x}{\partial y\partial z}\\ \dfrac{\partial}{\partial y}\left(\dfrac{\partial\gamma_{yz}}{\partial x}-\dfrac{\partial\gamma_{zx}}{\partial y}+\dfrac{\partial\gamma_{xy}}{\partial z}\right)=2\dfrac{\partial^2\varepsilon_y}{\partial x\partial z}\\ \dfrac{\partial}{\partial z}\left(\dfrac{\partial\gamma_{yz}}{\partial x}+\dfrac{\partial\gamma_{zx}}{\partial y}-\dfrac{\partial\gamma_{xy}}{\partial z}\right)=2\dfrac{\partial^2\varepsilon_z}{\partial x\partial y}\end{cases} \tag{2-22}$$

将式(2-19)和式(2-22)结合,是表明弹性体变形协调条件的一组方程,也可称为相容方程。实际上,通过上述相似的微分步骤推导,可以得到无数多的相容方程,均是应变分量应当满足的。并且,可以证明如果6个应变分量满足式(2-19)和式(2-22),就可以保证位移分量的存在,就可以用几何方程求得位移分量。从几何角度理解为,假设将弹性体分割成无数个小的平行六面体,变形过程中每个小的单元体均发生变形,若表示每个小的单元体变形的6个应变分量不满足一定的关系,则在弹性体发生变形以后,无数个小的单元体可能就无法重新拼合成连续体,进而产生缝隙或挤压渗透,而这个关系即为变形协调方程。因此,可以说,6个应变分量满足变形协调方程,是保证弹性体连续的一个必要条件。

2.3.3 物理方程

物理方程就是研究弹性体应力与应变的关系,在不考虑热效应时就是广义胡克定律。在完全弹性的各向同性体内,当只受单向正应力时,可由胡克定律求得应变分量和应力分量之间的关系:

$$\begin{cases}\varepsilon_x=\dfrac{\sigma_x}{E},\quad \varepsilon_y=\varepsilon_z=-\mu\dfrac{\sigma_x}{E}\\ \gamma_{xy}=\gamma_{yz}=\gamma_{zx}=0\end{cases} \tag{2-23}$$

只受单一方向的切应力时,有

$$\begin{cases}\varepsilon_x=\varepsilon_y=\varepsilon_z=0\\ \gamma_{xy}=\dfrac{\tau_{xy}}{G},\quad \gamma_{yz}=\gamma_{zx}=0\end{cases} \tag{2-24}$$

式中,E 为拉压弹性模量,简称弹性模量;G 为切变模量,又称为刚度模量;μ 是侧向收缩系数,又称为泊松比。

根据前述假设,所研究的物体为完全弹性的、均匀的,且为各向同性的,因此这三个弹性常数不随应力或者应变的大小变化,同时也不随位置坐标和方向变化,且三者之间有如下关系:

$$G=\frac{E}{2(1+\mu)} \tag{2-25}$$

在三维应力状态下，由叠加原理可得各向同性弹性体的物理方程为

$$
\begin{cases}
\varepsilon_x = \dfrac{1}{E}[\sigma_x - \mu(\sigma_y + \sigma_z)] \\
\varepsilon_y = \dfrac{1}{E}[\sigma_y - \mu(\sigma_x + \sigma_z)] \\
\varepsilon_z = \dfrac{1}{E}[\sigma_z - \mu(\sigma_x + \sigma_y)] \\
\gamma_{xy} = \dfrac{\tau_{xy}}{G} = \dfrac{2(1+\mu)}{E}\tau_{xy} \\
\gamma_{yz} = \dfrac{\tau_{yz}}{G} = \dfrac{2(1+\mu)}{E}\tau_{yz} \\
\gamma_{zx} = \dfrac{\tau_{zx}}{G} = \dfrac{2(1+\mu)}{E}\tau_{zx}
\end{cases}
\tag{2-26}
$$

当结构自身温度改变时，将造成额外的应变，物理方程修正为

$$
\begin{cases}
\varepsilon_x = \dfrac{1}{E}[\sigma_x - \mu(\sigma_y + \sigma_z)] + \alpha\Delta T \\
\varepsilon_y = \dfrac{1}{E}[\sigma_y - \mu(\sigma_x + \sigma_z)] + \alpha\Delta T \\
\varepsilon_z = \dfrac{1}{E}[\sigma_z - \mu(\sigma_x + \sigma_y)] + \alpha\Delta T
\end{cases}
\tag{2-27}
$$

式中，α 为材料线膨胀系数；ΔT 为结构温度变化。

例题 2-1　一长度为 l 的复合杆，内芯为铜，径向无挤压，钢和铜两端用刚性板连接在一起，如图 2-5 所示。当复合杆温度上升 ΔT 时，求解钢和铜中的应力及复合杆的伸长量，其中铜芯和钢管的弹性模量分别为 E_c 和 E_s，横截面积分别为 A_c 和 A_s，线膨胀系数分别为 α_c 和 α_s。

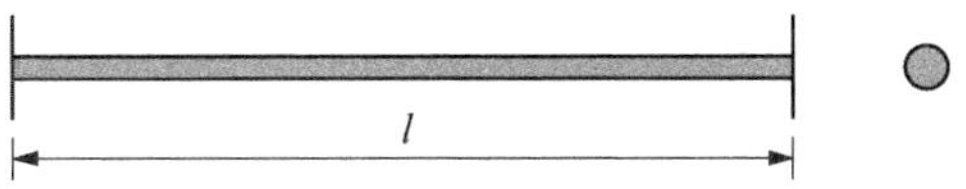

图 2-5　复合杆示意图

解： 通常情况下，铜的线膨胀系数高于钢，即 $\alpha_c > \alpha_s$，当铜芯和钢筒可自由膨胀时，由于具有不同的线膨胀系数，它们的最终长度不同。当二者端部的刚性连接互相约束时，将产生由温度变化引起的轴向应力，分别记为 σ_c 和 σ_s，则铜和钢的应变分别为

$$\varepsilon_c = \frac{\sigma_c}{E_c} + \alpha_c\Delta T \tag{2-28}$$

$$\varepsilon_s = \frac{\sigma_s}{E_s} + \alpha_s\Delta T \tag{2-29}$$

由于钢管和铜芯在端部刚接，应变相等，有

$$\frac{\sigma_c}{E_c} + \alpha_c \Delta T = \frac{\sigma_s}{E_s} + \alpha_s \Delta T \tag{2-30}$$

由于无外部轴向载荷，由力平衡有

$$\sigma_c A_c + \sigma_s A_s = 0 \tag{2-31}$$

联立式(2-30)和式(2-31)可得铜芯和钢管的应力分别为

$$\sigma_c = \frac{\Delta T(\alpha_s - \alpha_c) A_s E_c E_s}{A_s E_s + A_c E_c}$$

$$\sigma_s = \frac{\Delta T(\alpha_c - \alpha_s) A_c E_c E_s}{A_s E_s + A_c E_c} \tag{2-32}$$

因此复合杆的伸长量为

$$\delta = \varepsilon_c l = \left(\frac{\sigma_c}{E_c} + \alpha_c \Delta T\right) l = \Delta T l \left(\frac{\alpha_c A_c E_c + \alpha_s A_s E_s}{A_s E_s + A_c E_c}\right) \tag{2-33}$$

例题 2-2　长度为 l 的悬臂梁，如图 2-6 所示，分别求解：(1) 温度均匀变化 ΔT 情况下梁的长度变化；(2) 梁在蝶形热变化下自由端的转角与挠度。

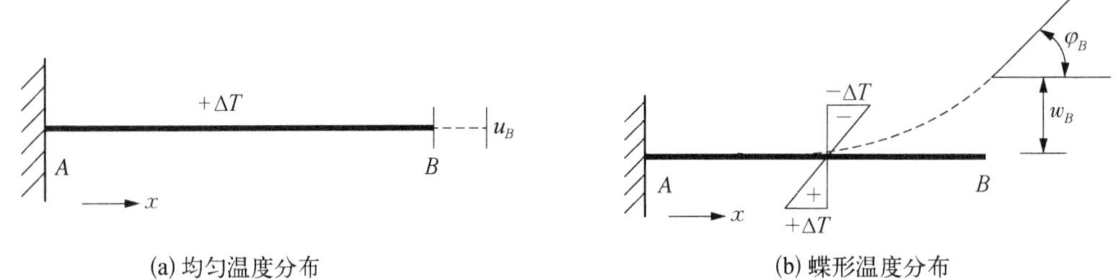

(a) 均匀温度分布　　(b) 蝶形温度分布

图 2-6　悬臂梁温度载荷示意图

解：(1) 如图 2-6(a)所示，由于悬臂梁一端自由，当温度均匀变化时可以自由伸缩，在此过程中只产生轴向位移，而不产生内力，其应变为

$$\varepsilon_T = \alpha \Delta T \tag{2-34}$$

均匀热变化下梁的伸长量为

$$u_B = \int_A^B \varepsilon_T \mathrm{d}z = \alpha \Delta T l \tag{2-35}$$

(2) 蝶形热变化则使得悬臂梁下方伸长和上方缩短，假设变形后的横截面仍与梁的轴线正交，取一段微元，则在微元的端部之间产生相对旋转(图 2-7)，即

$$\mathrm{d}\varphi = -2\frac{\alpha \Delta T \frac{\mathrm{d}x}{2}}{h/2} = -2\alpha \Delta T \frac{\mathrm{d}x}{h} \tag{2-36}$$

产生的热曲率为

$$\chi_T = \frac{\mathrm{d}\varphi}{\mathrm{d}x} = -2\alpha\frac{\Delta T}{h} \tag{2-37}$$

故自由端转角为

$$\varphi_B = \int_A^B \chi_T \mathrm{d}x = -2\alpha\frac{\Delta T}{h}l \tag{2-38}$$

转角与垂直位移 w 的关系为

$$\varphi = -\frac{\mathrm{d}w}{\mathrm{d}x} \tag{2-39}$$

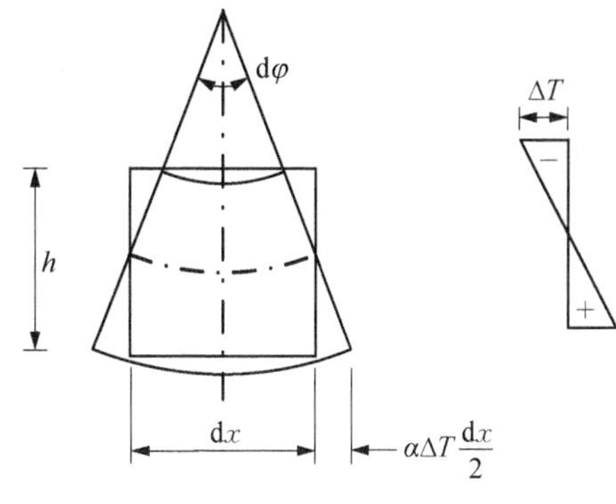

图 2-7　变形示意图

故有

$$\frac{\mathrm{d}^2w}{\mathrm{d}x^2} = -\frac{\mathrm{d}\varphi}{\mathrm{d}x} = \frac{2\alpha\Delta T}{h} \tag{2-40}$$

因此,通过积分可得自由端挠度 $w_B = \alpha\frac{\Delta T}{h}l^2$。

将前三节总结起来,对于空间三维弹性力学的求解问题,共有 15 个未知量: 6 个应力分量 σ_x、σ_y、σ_z、$\tau_{xy}=\tau_{yx}$、$\tau_{yz}=\tau_{zy}$、$\tau_{xz}=\tau_{zx}$; 6 个应变分量 ε_x、ε_y、ε_z、$\gamma_{xy}=\gamma_{yx}$、$\gamma_{yz}=\gamma_{zy}$、$\gamma_{xz}=\gamma_{zx}$; 3 个位移分量 u、v、w。 这 15 个未知量应满足 15 个基本方程,包括 3 个平衡微分方程[式(2-10)]、6 个几何方程[式(2-17)]和 6 个物理方程[式(2-26)]。

2.3.4　边界条件

1. 力的边界条件

1) 弹性体内任一点的应力状态

已知弹性体内任一点 P 的 6 个应力分量 σ_x、σ_y、σ_z、τ_{xy}、τ_{yz} 和 τ_{zx}, 为了推导出经过点 P 的任意斜面的应力,在点 P 附近取平行于此任意斜面的另一斜面 ABC,其中 PA、PB、PC 分别平行于坐标系的三个坐标轴,并与斜面共同组成微小四面体 $PABC$, 如图 2-8 所示。此时,当斜面 ABC 与点 P 之间的距离足够小时,使得斜面 ABC 逐渐趋近于点 P,斜面 ABC 上的应力 p 即为经过点 P 的任意斜面上的应力。

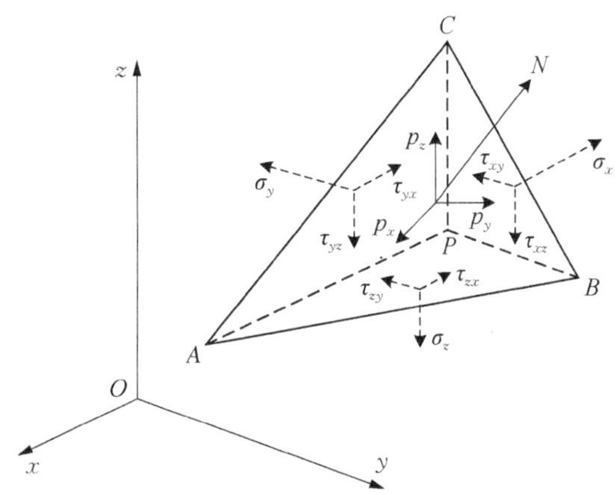

图 2-8　弹性体内任一斜面应力状态示意

假设斜面 ABC 的外法线为 N,其方向余弦可表示为

$$\cos(N,\ x) = l,\quad \cos(N,\ y) = m,\quad \cos(N,\ z) = n$$

同时,假设斜面 ABC 的面积为 ΔS, 四面体

$PABC$ 体积为 ΔV，则四面体三个侧面面积分别可表示为

$$S_{BPC} = l\Delta S, \quad S_{CPA} = m\Delta S, \quad S_{APB} = n\Delta S$$

假设斜面 ABC 上的应力 p 在三个坐标轴方向上的分量分别为 p_x、p_y、p_z，四面体 $PABC$ 单位体积内的体力在 x、y、z 方向上的分量为 X、Y、Z。

由四面体 $PABC$ 在 x 方向的平衡条件 $\sum F_x = 0$ 可得

$$p_x\Delta S - \sigma_x l\Delta S - \tau_{yx} m\Delta S - \tau_{zx} n\Delta S + X\Delta V = 0$$

整理可得

$$p_x + X\frac{\Delta V}{\Delta S} = \sigma_x l + \tau_{yx} m + \tau_{zx} n$$

当斜面 ABC 逐渐趋近于点 P 时，相对于 ΔS，ΔV 为更高一阶的微量，因此 $\frac{\Delta V}{\Delta S}$ 趋近于零。因此，可得 x 方向的平衡方程 $p_x = \sigma_x l + \tau_{yx} m + \tau_{zx} n$，另外同理可得 y 和 z 方向的平衡方程，即

$$\begin{cases} p_x = \sigma_x l + \tau_{yx} m + \tau_{zx} n \\ p_y = \tau_{xy} l + \sigma_y m + \tau_{zy} n \\ p_z = \tau_{xz} l + \tau_{yz} m + \sigma_z n \end{cases} \tag{2-41}$$

假设斜面 ABC 上的应力 p 按照正应力 σ_N 和 τ_N 分解，则

$$p^2 = \sigma_N^2 + \tau_N^2 = p_x^2 + p_y^2 + p_z^2 \tag{2-42}$$

由投影关系可得

$$\sigma_N = lp_x + mp_y + np_z$$

将式(2-41)代入上式，并同时考虑切应力互等关系，可得

$$\sigma_N = l^2\sigma_x + m^2\sigma_y + n^2\sigma_z + 2mn\,\tau_{yz} + 2nl\,\tau_{zx} + 2lm\,\tau_{xy} \tag{2-43}$$

同时由式(2-42)可知

$$\tau_N^2 = p_x^2 + p_y^2 + p_z^2 - \sigma_N^2 \tag{2-44}$$

因此，由式(2-41)、式(2-43)和式(2-44)可知，如果已知弹性体内任意一点的 6 个应力分量 σ_x、σ_y、σ_z、τ_{xy}、τ_{yz} 和 τ_{zx}，即可得到过此点的任意斜面上的正应力和切应力。

2）力的边界条件

在以上分析的基础上，如果斜面 ABC 是弹性体的边界面，则 p_x、p_y、p_z 即为斜面内面力的 3 个分量 $\overline{X}$、$\overline{Y}$、$\overline{Z}$，则式(2-41)可表示为

$$\begin{cases} \sigma_x l + \tau_{xy} m + \tau_{zx} n = \overline{X} \\ \tau_{xy} l + \sigma_y m + \tau_{yz} n = \overline{Y} \\ \tau_{zx} l + \tau_{yz} m + \sigma_z n = \overline{Z} \end{cases} \quad (\text{在 } S_\sigma \text{ 上}) \tag{2-45}$$

式(2-45)即为应力与面力的关系,称为应力边界条件。

由以上关系可知,平衡微分方程和应力边界条件都通过弹性体的平衡条件推出,区别在于前者表示弹性体内部的平衡关系,后者表示弹性体边界部分的平衡关系。因此,如果已知弹性体的应力分量满足平衡微分方程和应力边界条件,则此弹性体是平衡的,反之亦然。但是此处所指的平衡仅是静力学上可能存在的平衡,弹性体实际存在的平衡还需进一步考虑其连续条件。

2. 位移边界条件

对于位移边界问题,假设物体在位移边界 S_u 上的位移分量是已知的,即在位移边界 S_u 上,有

$$u_s = \bar{u}, \quad v_s = \bar{v}, \quad w_s = \bar{w} \tag{2-46}$$

式中, u_s、v_s、w_s 表示位移边界 S_u 上的位移分量,是坐标 x、y、z 的函数; $\bar{u}$、$\bar{v}$、$\bar{w}$ 是位移边界 S_u 上已知的位移。

3. 混合边界条件

如果在一部分边界 S_σ 上已知面力,在另一部分边界 S_u 上已知边界位移,边界条件可表示为

$$\begin{cases} \sigma_x l + \tau_{yx} m + \tau_{zx} n = \bar{X} \\ \tau_{xy} l + \sigma_y m + \tau_{zy} n = \bar{Y} \\ \tau_{xz} l + \tau_{yz} m + \sigma_z n = \bar{Z} \end{cases} \quad (\text{在 } S_\sigma \text{ 上}) \tag{2-47}$$

$$u = \bar{u}, \quad v = \bar{v}, \quad w = \bar{w} \quad (\text{在 } S_u \text{ 上}) \tag{2-48}$$

在给定边界条件下求解偏微分方程组的问题称为偏微分方程组的边值问题。以上分别介绍了力的边界条件、位移边界条件和混合边界条件,在这三类边界条件下求解弹性力学的基本方程,分别称为弹性力学的第一类、第二类和第三类边值问题,其中第三类边值问题又称为混合边值问题。

在建立了弹性力学基本方程以后,可以将应力分量或位移分量作为未知量,求解微分方程的边值问题,即可求得弹性体的应力、应变和位移,这种求解方法称为矢量力学方法。

2.4　能量原理及应用

求解微分方程的边值问题还有一种方法,就是将微分方程的边(初)值问题转化为泛函的驻(极)值问题,再进行求解,这种方法称为变分法。弹性力学变分法中所研究的泛函,在力学上具有明确的物理意义,即弹性体的能量,如应变能、外力势能等。因此,弹性力学中将把微分方程的边(初)值问题转化为泛函的驻(极)值问题来求解的方法也称为能量法。

由于微分方程发展在先,变分法发展在后,早期通常采用变分法解决正问题,即将泛函的驻(极)值问题转化为微分方程的边(初)值问题,便认为问题已解决。由于 Ritz

(里兹)法的出现,可直接近似求解泛函的极值问题,通常比求解微分方程更为方便,特别是电子计算机广泛使用之后,这种优势更加明显。因此,变分法研究从早期的正问题逐渐转向了对逆问题的求解,也可以将弹性理论的变分法看作弹性力学近似计算的一种基础。

在此,将变分法中的基本概念做一下简单回顾,变分法主要是研究泛函及其极值的求解方法。凡变量的值是由一个或多个函数的选取而确定的,这个变量称为这些函数的泛函。因此,如果对于某一类函数 $\{y(x)\}$ 中的每一函数 $y(x)$,Π 中均有一值与之对应,或者 Π 与函数 $y(x)$ 相对应的关系成立,则称变量 Π 是函数 $y(x)$ 的泛函,即 $\Pi = \Pi[y(x)]$。因此,在变分学中基本上存在三级变量:自变量 x、可变函数 $y(x)$ 和泛函 Π,可以说函数是变量和变量的关系,泛函是变量与函数的关系,泛函可以理解为一种广义的函数。泛函的变分和普通函数的微分一样,服从无穷小量分析,对于普通函数中自变量的增量 $\Delta x = x - x_i$,当增量很小时,$\mathrm{d}x = \Delta x$ 即是微分。泛函 $\Pi = \Pi[y(x)]$ 的可变函数 $y(x)$ 的增量很小时称为变分,用 $\delta y(x)$ 表示,$\delta y(x)$ 同时也是 x 的函数。

从力学的概念来分析,变分法在弹性力学中的应用即为能量法,由虚功原理推演得到。虚功原理又称为虚位移原理,是力学中最基本而且应用最普遍的原理之一,它提供了求解平衡问题最一般的方法,这个原理可以应用于处在平衡状态中的任何系统,包括刚体、弹性体及塑性体。理论力学中曾经讨论过质点(系)的虚功原理:如果一个质点(系)处于平衡状态,则作用于此质点(系)的力在任意虚位移上的总虚功必等于零,此处的虚功是指力在虚位移上的功,因此虚功原理也可称为虚位移原理。弹性力学中的虚功原理(虚位移原理)就是将上述质点(系)的虚功原理推广到连续变形体的情况。为了便于说明,首先引入弹性体应变能和余应变能的概念。

2.4.1 应变能与余应变能

假设某一弹性体在受到外界载荷作用下产生变形的过程中始终保持平衡,因而没有动能的改变,同时弹性体的非机械能也没有发生变化,因此外载荷所做的功就完全转变为变形势能的形式储存在弹性体内,这种变形势能通常称为应变能,可以用应力在其相应的应变上所做的功来计算。

设弹性体只在 x 方向上受到均匀的正应力 σ_x,所产生的对应的线应变为 ε_x,应力-应变曲线与横轴所围的右下方部分的面积[图 2-9(a)]可表示为单位体积内具有的应变能,即应变能密度:

$$\overline{U} = \int_0^{\varepsilon_x} \sigma_x \mathrm{d}\varepsilon_x \tag{2-49}$$

式(2-49)中的应变能密度是以应变分量为自变量的泛函。

与之相对应的应力-应变曲线与纵轴所围的左上方部分的面积可表示为单位体积内的余应变能,称为余应变能密度,记作

$$\overline{U}^* = \int_0^{\sigma_x} \varepsilon_x \mathrm{d}\sigma_x \tag{2-50}$$

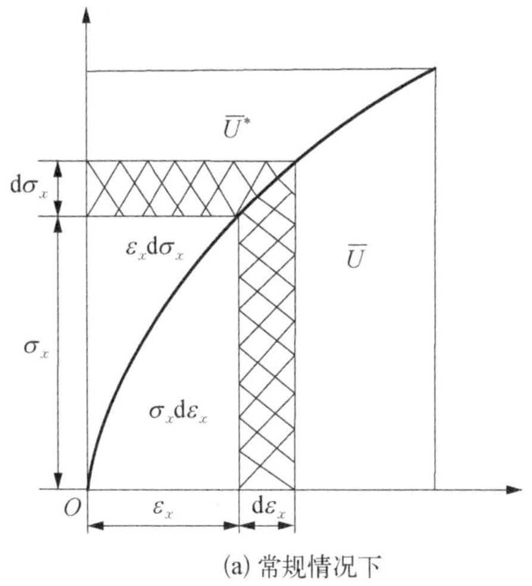

(a) 常规情况下

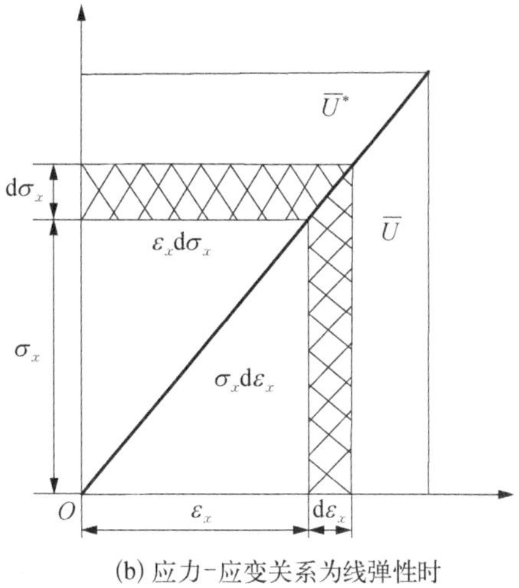

(b) 应力-应变关系为线弹性时

图 2-9　应力-应变曲线示意

余应变能密度是以应力分量为自变量的泛函。余应变能与应变能不同,它没有实际的物理意义,只是为了使用方便而定义的一个数学量,但余应变能同样服从能量守恒原理。

当弹性体的应力-应变关系为线弹性时,由于 $\sigma = E\varepsilon$, 则此时的应力-应变曲线与横轴和纵轴围成的图形均为三角形,由图 2-9(b)可知,应变能密度和应变余能密度可分别表示为

$$\overline{U} = \int_0^{\varepsilon} \sigma d\varepsilon = \frac{1}{2}\sigma\varepsilon \tag{2-51}$$

$$\overline{U}^* = \int_0^{\sigma} \varepsilon d\sigma = \frac{1}{2}\varepsilon\sigma \tag{2-52}$$

即应变能密度和余应变能密度的数值相等,但二者作为泛函的表示,自变量是不同的。

同理可得,如果完全弹性体只在某两个互相垂直的方向上受到均匀的切应力 τ, 其产生相对应的切应变为 γ, 则其应变能密度可表示为 $\tau\gamma/2$。

由于应变能也属于能量的一种,根据能量守恒定理,应变能的大小与弹性体所承受的载荷次序无关,而完全取决于应力和应变的最终大小。因此,如果弹性体在复杂应力状态下,可假定所承受的 6 个应力分量和产生的 6 个应变分量全部同时按同样的比例增加至最大值,如此即可简单地计算出相应于每一个应力分量的应变能密度,然后将其叠加,从而得到全部的应变能密度为

$$\overline{U} = \frac{1}{2}(\sigma_x\varepsilon_x + \sigma_y\varepsilon_y + \sigma_z\varepsilon_z + \tau_{yz}\gamma_{yz} + \tau_{zx}\gamma_{zx} + \tau_{xy}\gamma_{xy}) \tag{2-53}$$

为了由应变能密度求得整个弹性体的应变能 U, 可把应变能密度 $\overline{U}$ 在整个弹性体的体积内进行积分,即

$$U = \int_V \bar{U} \mathrm{d}V \tag{2-54}$$

进一步将式(2-53)代入式(2-54)可得

$$U = \frac{1}{2}\int_V (\sigma_x \varepsilon_x + \sigma_y \varepsilon_y + \sigma_z \varepsilon_z + \tau_{yz}\gamma_{yz} + \tau_{zx}\gamma_{zx} + \tau_{xy}\gamma_{xy}) \mathrm{d}V \tag{2-55}$$

以上应变能是以应变分量为自变量的泛函,也可以仅用应变分量来表示。为此,需利用物理方程(2-26)将应变能密度中的应力分量用应变分量进行表示,简化后可得

$$\bar{U} = \frac{E}{2(1+\mu)}\left[\frac{\mu}{1-2\mu}\theta^2 + (\varepsilon_x^2 + \varepsilon_y^2 + \varepsilon_z^2) + \frac{1}{2}(\gamma_{yz}^2 + \gamma_{zx}^2 + \gamma_{xy}^2)\right] \tag{2-56}$$

式中, $\theta = \varepsilon_x + \varepsilon_y + \varepsilon_z$ 表示体积应变,由此可得仅用应变分量表示的弹性体应变能的表达式:

$$U = \frac{E}{2(1+\mu)}\int_V \left[\frac{\mu}{1-2\mu}\theta^2 + (\varepsilon_x^2 + \varepsilon_y^2 + \varepsilon_z^2) + \frac{1}{2}(\gamma_{yz}^2 + \gamma_{zx}^2 + \gamma_{xy}^2)\right] \mathrm{d}V \tag{2-57}$$

由于式(2-57)右侧积分项三部分均为平方项,且第一项中 $0 < \mu < 1/2$, 无论应变分量如何,弹性体应变能总是非负的,且只有在所有应变分量都等于零的情况下,应变能才等于0。

进一步将式(2-56)所表示的应变能密度分别对6个应变分量求导数,并结合物理方程(2-26)可得

$$\begin{aligned} &\frac{\partial \bar{U}}{\partial \varepsilon_x} = \sigma_x, \quad \frac{\partial \bar{U}}{\partial \varepsilon_y} = \sigma_y, \quad \frac{\partial \bar{U}}{\partial \varepsilon_z} = \sigma_z, \\ &\frac{\partial \bar{U}}{\partial \gamma_{yz}} = \tau_{yz}, \quad \frac{\partial \bar{U}}{\partial \gamma_{zx}} = \tau_{zx}, \quad \frac{\partial \bar{U}}{\partial \gamma_{xy}} = \tau_{xy} \end{aligned} \tag{2-58}$$

由此可知,弹性体的应变能密度分别相对于6个应变分量的变化率即为相对应的6个应力分量。

同样地,应变能也可以利用位移分量来表示,为此只需将几何方程(2-17)代入应变能表达式(2-57)即可得

$$\begin{aligned} U = \frac{E}{2(1+\mu)}\int_V \Bigg[&\frac{\mu}{1-2\mu}\left(\frac{\partial u}{\partial x} + \frac{\partial v}{\partial y} + \frac{\partial w}{\partial z}\right)^2 + \left(\frac{\partial u}{\partial x}\right)^2 + \left(\frac{\partial v}{\partial y}\right)^2 + \left(\frac{\partial w}{\partial z}\right)^2 \\ &+ \frac{1}{2}\left(\frac{\partial w}{\partial y} + \frac{\partial v}{\partial z}\right)^2 + \frac{1}{2}\left(\frac{\partial u}{\partial z} + \frac{\partial w}{\partial x}\right)^2 + \frac{1}{2}\left(\frac{\partial v}{\partial x} + \frac{\partial u}{\partial y}\right)^2 \Bigg] \mathrm{d}V \end{aligned} \tag{2-59}$$

线弹性体在复杂应力状态下所得的余应变能密度同样可表示为

$$\bar{U}^* = \frac{1}{2}(\varepsilon_x \sigma_x + \varepsilon_y \sigma_y + \varepsilon_z \sigma_z + \gamma_{yz}\tau_{yz} + \gamma_{zx}\tau_{zx} + \gamma_{xy}\tau_{xy}) \tag{2-60}$$

也可通过把余应变能密度 $\overline{U}^*$ 在整个弹性体的体积内进行积分得到整个弹性体的余应变能：

$$U^* = \int_V \overline{U}^* \mathrm{d}V \tag{2-61}$$

进一步将式(2-60)代入式(2-61)可得

$$U^* = \frac{1}{2}\int_V (\varepsilon_x\sigma_x + \varepsilon_y\sigma_y + \varepsilon_z\sigma_z + \gamma_{yz}\tau_{yz} + \gamma_{zx}\tau_{zx} + \gamma_{xy}\tau_{xy})\mathrm{d}V$$

此时，余应变能是以应力分量作为自变量的泛函，可仅用应力分量表示。将物理方程(2-26)代入余应变能密度的表达式(2-60)可得

$$\overline{U}^* = \frac{1}{2E}[(\sigma_x^2 + \sigma_y^2 + \sigma_z^2) - 2\mu(\sigma_y\sigma_z + \sigma_z\sigma_x + \sigma_x\sigma_y) + 2(1+\mu)(\tau_{yz}^2 + \tau_{zx}^2 + \tau_{xy}^2)] \tag{2-62}$$

积分可得余应变能为

$$\begin{aligned} U^* = \frac{1}{2E}\int_V [& (\sigma_x^2 + \sigma_y^2 + \sigma_z^2) - 2\mu(\sigma_y\sigma_z + \sigma_z\sigma_x + \sigma_x\sigma_y) \\ & + 2(1+\mu)(\tau_{yz}^2 + \tau_{zx}^2 + \tau_{xy}^2)]\,\mathrm{d}V \end{aligned} \tag{2-63}$$

参考应变能将余应变能分别对 6 个应力分量求导数，并结合物理方程(2-26)可得

$$\begin{cases} \dfrac{\partial \overline{U}^*}{\partial \sigma_x} = \varepsilon_x, & \dfrac{\partial \overline{U}^*}{\partial \sigma_y} = \varepsilon_y, & \dfrac{\partial \overline{U}^*}{\partial \sigma_z} = \varepsilon_z, \\ \dfrac{\partial \overline{U}^*}{\partial \tau_{yz}} = \gamma_{yz}, & \dfrac{\partial \overline{U}^*}{\partial \tau_{zx}} = \gamma_{zx}, & \dfrac{\partial \overline{U}^*}{\partial \tau_{xy}} = \gamma_{xy} \end{cases} \tag{2-64}$$

由此可知，弹性体的余应变能密度分别相对于 6 个应力分量的变化率即为相对应的 6 个应变分量。

2.4.2　虚功原理和最小势能原理

1. 虚功原理(虚位移原理)

前述章节提到弹性力学中变分法的应用由虚功原理推演得到，因此本节将理论力学等研究的虚功原理扩展至弹性力学。

首先引入**可能位移**和**虚位移**的概念。弹性体受到外载荷作用时，如果有一组位移可以满足变形协调条件和位移边界条件，则称其为结构变形可能的位移，简称可能位移。由于可能位移对应的不一定是结构的平衡状态，可能位移不一定是结构的真实位移。假设可能位移发生了位移边界条件所允许的微小扰动，结构仍处于变形协调状态，这种微小的扰动称为虚位移。由于虚位移是可能位移函数的微小扰动，可分别记为位移的变分 δu、δv、δw。虚位移是一种假想的、位移边界条件所容许的、任意微小的位

移，与结构的受力状态无关。在弹性体结构发生虚位移的过程中，外载荷与内力均保持不变，结构保持原有的平衡状态，此时，外载荷所做的虚功称为外力虚功，内力所做的虚功称为内力虚功。

设弹性体在体力和面力作用下处于平衡状态，下面由弹性体的平衡方程和力的边界条件来推导弹性体虚功原理。

由于弹性体处于平衡状态，在弹性体内有

$$\begin{cases}\dfrac{\partial\sigma_x}{\partial x}+\dfrac{\partial\tau_{xy}}{\partial y}+\dfrac{\partial\tau_{zx}}{\partial z}+X=0\\ \dfrac{\partial\tau_{xy}}{\partial x}+\dfrac{\partial\sigma_y}{\partial y}+\dfrac{\partial\tau_{yz}}{\partial z}+Y=0\\ \dfrac{\partial\tau_{zx}}{\partial x}+\dfrac{\partial\tau_{yz}}{\partial y}+\dfrac{\partial\sigma_z}{\partial z}+Z=0\end{cases}\tag{2-65}$$

式中，X、Y、Z 为体力。

在边界上有

$$\begin{cases}\sigma_x l+\tau_{xy}m+\tau_{zx}n=\overline{X}\\ \tau_{xy}l+\sigma_y m+\tau_{yz}n=\overline{Y}\\ \tau_{zx}l+\tau_{yz}m+\sigma_z n=\overline{Z}\end{cases}\tag{2-66}$$

式中，$\overline{X}$、$\overline{Y}$、$\overline{Z}$ 分别为面力。

假定在这个平衡状态下对弹性体施加一组满足位移边界条件的、任意的、无限小的虚位移 δu、δv、δw，即将以上平衡方程分别乘以对应方向的虚位移，并积分相加，可得

$$\begin{aligned}&\int_V\left[\left(\frac{\partial\sigma_x}{\partial x}+\frac{\partial\tau_{xy}}{\partial y}+\frac{\partial\tau_{zx}}{\partial z}+X\right)\delta u+\left(\frac{\partial\tau_{xy}}{\partial x}+\frac{\partial\sigma_y}{\partial y}+\frac{\partial\tau_{yz}}{\partial z}+Y\right)\delta v\right.\\&\quad\left.+\left(\frac{\partial\tau_{zx}}{\partial x}+\frac{\partial\tau_{yz}}{\partial y}+\frac{\partial\sigma_z}{\partial z}+Z\right)\delta w\right]\mathrm{d}V+\int_{S_\sigma}\{[\overline{X}-(\sigma_x l+\tau_{xy}m+\tau_{zx}n)]\delta u\\&\quad+[\overline{Y}-(\tau_{xy}l+\sigma_y m+\tau_{yz}n)]\delta v+[\overline{Z}-(\tau_{zx}l+\tau_{yz}m+\sigma_z n)]\delta w\}\mathrm{d}S=0\end{aligned}\tag{2-67}$$

同时，在边界上有如下几何关系：

$$\mathrm{d}x\mathrm{d}y=\pm n\mathrm{d}S,\quad \mathrm{d}y\mathrm{d}z=\pm l\mathrm{d}S,\quad \mathrm{d}z\mathrm{d}x=\pm m\mathrm{d}S$$

通过分部积分，对于上式中第一个积分项中的第一部分可求得

$$\int_V\frac{\partial\sigma_x}{\partial x}\delta u\mathrm{d}V=\int_S\sigma_x l\delta u\mathrm{d}S-\int_V\sigma_x\frac{\partial\delta u}{\partial x}\mathrm{d}V\tag{2-68}$$

其余各部分类似，可得

$$\int_S (l\sigma_x + m\tau_{xy} + n\tau_{xz})\,\delta u\mathrm{d}S + \int_V \delta uX\mathrm{d}V - \int_V \left(\sigma_x \frac{\partial\delta u}{\partial x} + \tau_{yx}\frac{\partial\delta u}{\partial y} + \tau_{zx}\frac{\partial\delta u}{\partial z}\right)\mathrm{d}V$$
$$+ \int_S (m\sigma_y + n\tau_{yz} + l\tau_{yx})\,\delta v\mathrm{d}S + \int_V \delta vY\mathrm{d}V - \int_V \left(\tau_{yx}\frac{\partial\delta v}{\partial x} + \sigma_y\frac{\partial\delta v}{\partial y} + \tau_{yz}\frac{\partial\delta v}{\partial z}\right)\mathrm{d}V$$
$$+ \int_S (n\sigma_z + l\tau_{zx} + m\tau_{zy})\,\delta w\mathrm{d}S + \int_V \delta wZ\mathrm{d}V - \int_V \left(\tau_{zx}\frac{\partial\delta w}{\partial x} + \tau_{zy}\frac{\partial\delta w}{\partial y} + \sigma_z\frac{\partial\delta w}{\partial z}\right)\mathrm{d}V$$
$$+ \int_{s_\sigma} (\bar{X}\delta u + \bar{Y}\delta v + \bar{Z}\delta w)\,\mathrm{d}S - \int_{S_u} (\sigma_x l + \tau_{xy}m + \tau_{zx}n)\,\delta u\mathrm{d}S$$
$$- \int_{S_u} (\tau_{xy}l + \sigma_y m + \tau_{yz}n)\,\delta v\mathrm{d}S - \int_{S_u} (\tau_{zx}l + \tau_{yz}m + \sigma_z n)\,\delta w\mathrm{d}S = 0 \tag{2-69}$$

考虑到积分区域 S 包括力边界 S_σ 和位移边界 S_u ,式(2-69)可以表示为

$$\int_{S_u} (l\sigma_x + m\tau_{xy} + n\tau_{xz})\,\delta u\mathrm{d}S + \int_V \delta uX\mathrm{d}V - \int_V \left(\sigma_x \frac{\partial\delta u}{\partial x} + \tau_{yx}\frac{\partial\delta u}{\partial y} + \tau_{zx}\frac{\partial\delta u}{\partial z}\right)\mathrm{d}V$$
$$+ \int_{S_u} (m\sigma_y + n\tau_{yz} + l\tau_{yx})\,\delta v\mathrm{d}S + \int_V \delta vY\mathrm{d}V - \int_V \left(\tau_{yx}\frac{\partial\delta v}{\partial x} + \sigma_y\frac{\partial\delta v}{\partial y} + \tau_{yz}\frac{\partial\delta v}{\partial z}\right)\mathrm{d}V$$
$$+ \int_{S_u} (n\sigma_z + l\tau_{zx} + m\tau_{zy})\,\delta w\mathrm{d}S + \int_V \delta wZ\mathrm{d}V - \int_V \left(\tau_{zx}\frac{\partial\delta w}{\partial x} + \tau_{zy}\frac{\partial\delta w}{\partial y} + \sigma_z\frac{\partial\delta w}{\partial z}\right)\mathrm{d}V$$
$$+ \int_{s_\sigma} (\bar{X}\delta u + \bar{Y}\delta v + \bar{Z}\delta w)\,\mathrm{d}S = 0 \tag{2-70}$$

由几何方程,与虚位移对应的虚应变为

$$\delta\varepsilon_x = \delta\frac{\partial u}{\partial x} = \frac{\partial\delta u}{\partial x},\quad \delta\varepsilon_y = \delta\frac{\partial v}{\partial y} = \frac{\partial\delta v}{\partial y},\quad \delta\varepsilon_z = \delta\frac{\partial w}{\partial z} = \frac{\partial\delta w}{\partial z}$$
$$\delta\gamma_{xy} = \delta\left(\frac{\partial v}{\partial x} + \frac{\partial u}{\partial y}\right) = \frac{\partial\delta v}{\partial x} + \frac{\partial\delta u}{\partial y},\quad \delta\gamma_{yz} = \delta\left(\frac{\partial w}{\partial y} + \frac{\partial v}{\partial z}\right) = \frac{\partial\delta w}{\partial y} + \frac{\partial\delta v}{\partial z}$$
$$\delta\gamma_{zx} = \delta\left(\frac{\partial u}{\partial z} + \frac{\partial w}{\partial x}\right) = \frac{\partial\delta u}{\partial z} + \frac{\partial\delta w}{\partial x}$$

因为虚位移满足位移边界条件,假设位移边界 S_u 上的位移为给定值,即在位移边界位移 S_u 上有

$$\delta u = \delta v = \delta w = 0$$

将以上两式代入式(2-70)可得

$$\int_S (\bar{X}\delta u + \bar{Y}\delta v + \bar{Z}\delta w)\,\mathrm{d}S + \int_V (X\delta u + Y\delta v + Z\delta w)\,\mathrm{d}V$$
$$- \int_V (\sigma_x\delta\varepsilon_x + \sigma_y\delta\varepsilon_y + \sigma_z\delta\varepsilon_z + \tau_{xy}\delta\gamma_{xy} + \tau_{yz}\delta\gamma_{yz} + \tau_{zx}\delta\gamma_{zx})\,\mathrm{d}V = 0 \tag{2-71}$$

由虚位移引起的外力虚功为

$$\delta W = \int_V (X\delta u + Y\delta v + Z\delta w)\mathrm{d}V + \int_{S_\sigma} (\overline{X}\delta u + \overline{Y}\delta v + \overline{Z}\delta w)\mathrm{d}S \tag{2-72}$$

由虚位移引起的内力虚功是指由与外力平衡的真实应力在相应的虚应变上所做的虚功。因为在弹性体变形过程中，内力总是抵抗变形的，其方向始终与位移方向相反，所以内力所做的虚功总是负的。因此，内力虚功为

$$\delta W_\sigma = -\int_V (\sigma_x \delta\varepsilon_x + \sigma_y \delta\varepsilon_y + \sigma_z \delta\varepsilon_z + \tau_{xy}\delta\gamma_{xy} + \tau_{yz}\delta\gamma_{yz} + \tau_{zx}\delta\gamma_{zx})\mathrm{d}V \tag{2-73}$$

因此，外力虚功和内力虚功之和为

$$\begin{aligned}\delta W + \delta W_\sigma = &\int_V (X\delta u + Y\delta v + Z\delta w)\mathrm{d}V + \int_{S_\sigma} (\overline{X}\delta u + \overline{Y}\delta v + \overline{Z}\delta w)\mathrm{d}S \\ &- \int_V (\sigma_x \delta\varepsilon_x + \sigma_y \delta\varepsilon_y + \sigma_z \delta\varepsilon_z + \tau_{xy}\delta\gamma_{xy} + \tau_{yz}\delta\gamma_{yz} + \tau_{zx}\delta\gamma_{zx})\mathrm{d}V\end{aligned} \tag{2-74}$$

由式(2-71)可得

$$\delta W + \delta W_\sigma = 0 \tag{2-75}$$

由此可以得到弹性体的虚功原理：弹性体在外力作用下处于平衡状态时，弹性体上的外力和内力在虚位移上所做的虚功之和为0。这就是说，虚功原理是弹性体处于平衡的必要条件。

反之，如果作用在弹性体上的外力和内力在虚位移上所做的虚功之和为0，可以由式(2-71)推导得到式(2-67)。由于虚位移 δu、δv、δw 为任意的，要使式(2-69)成立，各个括号中的式子必须全部为0，这样，就得到了平衡方程和力的边界条件。这又证明了虚功原理是弹性体处于平衡状态的充分条件。

根据式(2-75)，式(2-71)可以表示为

$$\begin{aligned}&\int_V (X\delta u + Y\delta v + Z\delta w)\mathrm{d}V + \int_{S_\sigma} (\overline{X}\delta u + \overline{Y}\delta v + \overline{Z}\delta w)\mathrm{d}S \\ &= \int_V (\sigma_x \delta\varepsilon_x + \sigma_y \delta\varepsilon_y + \sigma_z \delta\varepsilon_z + \tau_{xy}\delta\gamma_{xy} + \tau_{yz}\delta\gamma_{yz} + \tau_{zx}\delta\gamma_{zx})\mathrm{d}V\end{aligned} \tag{2-76}$$

可以看出，式(2-76)等号左侧是外力在虚位移上中所做的虚功，等号右侧是虚应变能，即有

$$\delta W = \delta U \tag{2-77}$$

虚功原理又可以表述如下：如果一个弹性体在给定的外力作用下处于平衡，则对于在弹性体内满足几何方程，在边界上满足位移边界条件的任意的、微小的虚位移，外力所做的虚功等于弹性体的虚应变能。因此，虚功原理也称虚位移原理。

2. 最小势能原理

下面由虚位移原理导出最小势能原理。

定义弹性体的总势能为应变能和外力势能之和，即

$$\Pi = U + V \tag{2-78}$$

定义外力势能为

$$V=-\left(\int_S \bar{\boldsymbol{X}}^{\mathrm{T}}\boldsymbol{u}\mathrm{d}S+\int_V \boldsymbol{X}^{\mathrm{T}}\boldsymbol{u}\mathrm{d}V\right) \tag{2-79}$$

式中，$\boldsymbol{u}$ 为弹性体位移矢量。

根据虚位移的概念，系统在发生虚位移的过程中，外力与内力均保持不变，故计算外力势能时，$\bar{\boldsymbol{X}}$ 和 $\boldsymbol{X}$ 均视为常数阵，于是，外力势能的一阶变分为

$$\delta V=-\left(\int_S \bar{\boldsymbol{X}}^{\mathrm{T}}\delta\boldsymbol{u}\mathrm{d}S+\int_V \boldsymbol{X}^{\mathrm{T}}\delta\boldsymbol{u}\mathrm{d}V\right) \tag{2-80}$$

在弹性体发生虚位移时，在位移边界 S_u 上，位移矢量的变分 $\delta\boldsymbol{u}$ 为 0；在力的边界 S_σ 上，面力给定为 $\bar{\boldsymbol{X}}$，于是外力势能的一阶变分为

$$\delta V=-\left(\int_{S_\sigma} \bar{\boldsymbol{X}}^{\mathrm{T}}\delta\boldsymbol{u}\mathrm{d}S+\int_V \boldsymbol{X}^{\mathrm{T}}\delta\boldsymbol{u}\mathrm{d}V\right)$$

因此，系统总的外力势能只需考虑给定力边界条件上面力和体力的外力势能：

$$V=-\left(\int_{S_\sigma} \bar{\boldsymbol{X}}^{\mathrm{T}}\boldsymbol{u}\mathrm{d}S+\int_V \boldsymbol{X}^{\mathrm{T}}\boldsymbol{u}\mathrm{d}V\right)$$

由于系统的外力虚功为

$$\delta W=\int_{S_\sigma} \bar{\boldsymbol{X}}^{\mathrm{T}}\delta\boldsymbol{u}\mathrm{d}S+\int_V \boldsymbol{X}^{\mathrm{T}}\delta\boldsymbol{u}\mathrm{d}V \tag{2-81}$$

可得

$$\delta W=-\delta V \tag{2-82}$$

由虚位移原理，得

$$\delta U+\delta V=0 \tag{2-83}$$

式(2-83)又可写为

$$\delta(U+V)=0 \tag{2-84}$$

即

$$\delta\Pi=0 \tag{2-85}$$

总势能 Π 是位移函数的函数，是一个泛函。位移函数是满足几何方程和位移边界条件的任意单值连续函数，称为泛函 Π 的容许函数，这样的容许函数可以有无穷组。由式(2-85)可以看出，当弹性体在外力作用下处于平衡状态时，其总势能的一阶变分为零。从数学意义上说，这表示总势能取驻值。

因此，总势能原理可表述为：弹性体在外载荷作用下处于平衡状态时，系统总势能取驻值。最小势能原理可表示为：弹性体处于稳定平衡状态时，系统总势能取极小值；也可表示为：弹性体在外载荷作用下，所有满足协调条件的变形状态中，只有真正的变形状态(即同时满足平衡条件和应力边界条件)使系统总势能取最小值。

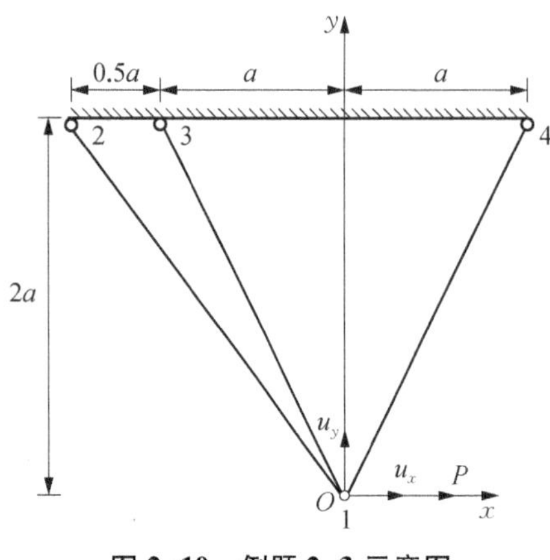

图 2-10　例题 2-3 示意图

3. 例题

例题 2-3　如图 2-10 所示的桁架由杆 1-2、1-3、1-4 和铰节点组成，其中各杆的横截面积和弹性模量均为 A 和 E，在节点 1 处作用有水平方向的集中力 P。试分别采用虚功原理和最小势能原理求解桁架的内力和节点 1 处的位移。

解：分析可知，桁架受力后，只有节点 1 将产生位移。设节点 1 处水平方向的位移为 u_x，垂直方向的位移为 u_y。在节点 1 处有位移的情况下，桁架各杆将产生相应的变形。根据图 2-10 给出的几何参数，可以得出各杆原长度 L_i 及变形量 ΔL_i，如表 2-1 所示。

表 2-1　各杆原长度及变形量

编号 i	L_i	ΔL_i
1-2	$2.5a$	$0.6u_x - 0.8u_y$
1-3	$2.236a$	$0.4472u_x - 0.8944u_y$
1-4	$2.236a$	$-0.4472u_x - 0.8944u_y$

于是，各杆因变形而产生的内力为

$$N_i = \sigma A = E\varepsilon A = \frac{EA}{L_i}\Delta L_i$$

式中，EA/L_i 是杆的拉伸（压缩）刚度。

下面，分别采用虚功原理和最小势能原理进行求解。

1）虚功原理

假设在节点 1 处有虚位移 δu_x、δu_y，在杆 1-2、1-3、1-4 中产生的相应虚位移分别为

$$\delta\Delta L_{1-2} = 0.6\delta u_x - 0.8\delta u_y$$

$$\delta\Delta L_{1-3} = 0.4472\delta u_x - 0.8944\delta u_y$$

$$\delta\Delta L_{1-4} = -0.4472\delta u_x - 0.8944\delta u_y$$

由虚功原理可得

$$N_{1-2}\delta\Delta L_{1-2} + N_{1-3}\delta\Delta L_{1-3} + N_{1-4}\delta\Delta L_{1-4} = P\delta u_x$$

得到

$$\left[\frac{EA}{a}(0.3229u_x - 0.1920u_y) - P\right]\delta u_x + \left[\frac{EA}{a}(-0.1920u_x + 0.9715u_y)\right]\delta u_y = 0$$

由于虚位移 δu_x、δu_y 为任意值，为了满足以上等式，必须有

$$\begin{cases}\dfrac{EA}{a}(0.3229u_x - 0.1920u_y) - P = 0\\ \dfrac{EA}{a}(0.1920u_x - 0.9715u_y) = 0\end{cases}$$

求解得到点 1 处的位移：

$$\begin{cases}u_x = 3.5096\dfrac{Pa}{EA}\\ u_y = 0.6936\dfrac{Pa}{EA}\end{cases}$$

进而求得各杆的内力：

$$\begin{cases}N_{1-2} = 0.6203P\\ N_{1-3} = 0.4245P\\ N_{1-4} = -0.9793P\end{cases}$$

2）最小总位能原理

各杆的应变能为

$$U_i = \frac{1}{2}N_i\Delta L_i = \frac{1}{2}\frac{EA}{L_i}(\Delta L_i)^2$$

整个桁架的应变能为

$$U = \sum U_i$$

外力势能为(仅考虑力边界条件上)

$$V = -Pu_x$$

系统的总势能为

$$\Pi = \sum U_i - Pu_x = \frac{EA}{a}(0.1614u_x^2 - 0.1920u_xu_y + 0.4858u_y^2) - Pu_x$$

由最小势能原理：

$$\begin{cases}\delta\Pi_{u_x} = 0\\ \delta\Pi_{u_y} = 0\end{cases}$$

可得

$$\begin{cases}\dfrac{EA}{a}(0.3229u_x - 0.1920u_y) - P = 0\\ \dfrac{EA}{a}(-0.1920u_x + 0.9715u_y) = 0\end{cases}$$

求解得到点 1 处的位移：

$$\begin{cases} u_x = 3.5096\dfrac{Pa}{EA} \\ u_y = 0.6936\dfrac{Pa}{EA} \end{cases}$$

进而求得各杆的内力：

$$\begin{cases} N_{1-2} = 0.6203P \\ N_{1-3} = 0.4245P \\ N_{1-4} = -0.9793P \end{cases}$$

2.4.3 余虚功原理和最小余能原理

1. 余虚功原理(虚力原理)

虚功原理可以用来考察一组已满足变形协调条件的位移分量和应变分量是否满足平衡条件,以及如何才能满足平衡条件。余虚功原理则是用来考察一组已满足平衡条件的应力分量是否满足变形协调条件,以及如何才能满足变形协调条件。

首先引入**可能应力**和**虚应力**的概念。弹性体受到外载荷作用时,有一组可能力或可能应力,它们满足平衡方程和力的边界条件。由于可能应力不一定满足变形协调条件,可能应力不一定是结构的真实应力。假设可能力或可能应力发生了微小变化,这种变化是满足平衡方程和力的边界条件的,这种微小的扰动称为虚力或虚应力。由于虚力和虚应力是可能力或可能应力函数的微小扰动,可记为力的变分(表面力 $\delta\bar{\boldsymbol{X}}$、体力 $\delta\boldsymbol{X}$)或应力的变分($\delta\boldsymbol{\sigma}$)。值得注意的是,虚力或虚应力是一种假想的、力的平衡条件所容许的、满足力的边界条件的、任意微小的力或应力,与结构的变形状态无关。在结构发生真实变形的过程中,虚力或虚应力保持不变,虚力在真实位移上所做的功称为余虚功,虚应力在真实应变上所做的功称为余虚应变能。

设弹性体在体力和面力作用下处于平衡状态,产生的满足变形协调条件和位移边界条件的真实位移,在弹性体内有

$$\begin{cases} \varepsilon_x = \dfrac{\partial u}{\partial x}, \quad \varepsilon_y = \dfrac{\partial v}{\partial y}, \quad \varepsilon_z = \dfrac{\partial w}{\partial z} \\ \gamma_{xy} = \dfrac{\partial v}{\partial x} + \dfrac{\partial u}{\partial y}, \quad \gamma_{yz} = \dfrac{\partial w}{\partial y} + \dfrac{\partial v}{\partial z}, \quad \gamma_{zx} = \dfrac{\partial u}{\partial z} + \dfrac{\partial w}{\partial x} \end{cases} \tag{2-86}$$

在位移边界上有

$$u = \bar{u}, \quad v = \bar{v}, \quad w = \bar{w} \tag{2-87}$$

现在,假定在这个平衡位形接受了一组满足平衡方程和力的边界条件的任意的、无限小的虚应力 $\delta\sigma_x$、$\delta\sigma_y$、$\delta\sigma_z$、$\delta\tau_{xy}$、$\delta\tau_{yz}$、$\delta\tau_{zx}$,于是有

$$\int_V \left[\left(\varepsilon_x - \frac{\partial u}{\partial x} \right) \delta\sigma_x + \left(\varepsilon_y - \frac{\partial v}{\partial y} \right) \delta\sigma_y + \left(\varepsilon_z - \frac{\partial w}{\partial z} \right) \delta\sigma_z + \left(\gamma_{xy} - \frac{\partial u}{\partial y} - \frac{\partial v}{\partial x} \right) \delta\tau_{xy} \right.$$
$$\left. + \left(\gamma_{yz} - \frac{\partial v}{\partial z} - \frac{\partial w}{\partial x} \right) \delta\tau_{yz} + \left(\gamma_{zx} - \frac{\partial w}{\partial x} - \frac{\partial u}{\partial z} \right) \delta\tau_{zx} \right] \mathrm{d}V$$
$$+ \int_{S_u} [(u - \bar{u}) \delta\bar{X}_u + (v - \bar{v}) \delta\bar{Y}_u + (w - \bar{w}) \delta\bar{Z}_u] \mathrm{d}S = 0 \tag{2-88}$$

通过分部积分,有

$$\int_V [\varepsilon_x\delta\sigma_x + \varepsilon_y\delta\sigma_y + \varepsilon_z\delta\sigma_z + \gamma_{xy}\delta\tau_{xy} + \gamma_{yz}\delta\tau_{yz} + \gamma_{zx}\delta\tau_{zx}$$
$$+ \left(\frac{\partial\delta\sigma_x}{\partial x} + \frac{\partial\delta\tau_{xy}}{\partial y} + \frac{\partial\delta\tau_{zx}}{\partial z} \right) u + \left(\frac{\partial\delta\tau_{xy}}{\partial x} + \frac{\partial\delta\sigma_y}{\partial y} + \frac{\partial\delta\tau_{yz}}{\partial z} \right) v + \left(\frac{\partial\delta\tau_{zx}}{\partial x} + \frac{\partial\delta\tau_{yz}}{\partial y} + \frac{\partial\delta\sigma_z}{\partial z} \right) w \Bigg] \mathrm{d}V$$
$$- \int_{S_\sigma} (u\delta\bar{X} + v\delta\bar{Y} + w\delta\bar{Z}) \mathrm{d}S - \int_{S_u} (\bar{u}\delta\bar{X}_u + \bar{v}\delta\bar{Y}_u + \bar{w}\delta\bar{Z}_u) \mathrm{d}S = 0 \tag{2-89}$$

由于虚应力满足平衡方程和力的边界条件,在弹性体内有

$$\begin{cases} \dfrac{\partial\delta\sigma_x}{\partial x} + \dfrac{\partial\delta\tau_{xy}}{\partial y} + \dfrac{\partial\delta\tau_{zx}}{\partial z} = 0 \\ \dfrac{\partial\delta\tau_{xy}}{\partial x} + \dfrac{\partial\delta\sigma_y}{\partial y} + \dfrac{\partial\delta\tau_{yz}}{\partial z} = 0 \\ \dfrac{\partial\delta\tau_{zx}}{\partial x} + \dfrac{\partial\delta\tau_{yz}}{\partial y} + \dfrac{\partial\delta\sigma_z}{\partial z} = 0 \end{cases} \tag{2-90}$$

在力边界 S_σ 上有

$$\begin{cases} \delta\sigma_x l + \delta\tau_{xy} m + \delta\tau_{zx} n = \delta\bar{X} = 0 \\ \delta\tau_{xy} l + \delta\sigma_y m + \delta\tau_{yz} n = \delta\bar{Y} = 0 \\ \delta\tau_{zx} l + \delta\tau_{yz} m + \delta\sigma_z n = \delta\bar{Z} = 0 \end{cases} \tag{2-91}$$

将式(2-91)代入式(2-89),有

$$\int_{S_u} (\bar{u}\delta\bar{X}_u + \bar{v}\delta\bar{Y}_u + \bar{w}\delta\bar{Z}_u) \mathrm{d}S - \int_V (\varepsilon_x\delta\sigma_x + \varepsilon_y\delta\sigma_y + \varepsilon_z\delta\sigma_z$$
$$+ \gamma_{xy}\delta\tau_{xy} + \gamma_{yz}\delta\tau_{yz} + \gamma_{zx}\delta\tau_{zx}) \mathrm{d}V = 0 \tag{2-92}$$

$$\delta W_X^* + \delta W_\sigma^* = 0 \tag{2-93}$$

由此可以得到弹性体的余虚功原理:在外力作用下平衡的弹性体处于变形协调状态,则对于满足平衡方程和力的边界条件的任意的、微小的虚力和相应的虚应力在真实位移上所做的余虚功之和为 0。这就是说,余虚功原理是弹性体处于变形协调状态的必要条件。

反之,如果满足平衡方程和力的边界条件的任意的、微小的虚力和相应的虚应力在真实位移上所做的余虚功之和为 0,可以由式(2-92)推导得到式(2-88)。由于虚力和相应

的虚应力是任意的，要使式(2-88)成立，各个括号中的式子必须全部为0，这样就得到了几何方程和位移边界条件，这又证明了余虚功原理是弹性体处于变形协调状态的充分条件。

根据式(2-93)，式(2-92)可以表示为

$$\begin{aligned}&\int_{S_u}(\bar{u}\delta\bar{X}_u+\bar{v}\delta\bar{Y}_u+\bar{w}\delta\bar{Z}_u)\mathrm{d}S\\&=\int_V(\varepsilon_x\delta\sigma_x+\varepsilon_y\delta\sigma_y+\varepsilon_z\delta\sigma_z+\gamma_{xy}\delta\tau_{xy}+\gamma_{yz}\delta\tau_{yz}+\gamma_{zx}\delta\tau_{zx})\mathrm{d}V\end{aligned} \tag{2-94}$$

可以看出，式(2-94)等式左侧是虚力在位移边界上所做的余虚功，等式右侧是虚余应变能，即

$$\delta W^*=\delta U^* \tag{2-95}$$

余虚功原理又可以表述如下：如果在外力作用下平衡的弹性体处于变形协调状态，则对于满足平衡方程和力的边界条件的任意的虚力所做的余虚功等于弹性体的虚余应变能。因此，余虚功原理也称虚力原理。无论材料的应力-应变关系如何，余虚功原理都成立。

2. 最小余能原理

下面由虚力原理导出最小余能原理。

定义弹性体总余能为弹性体的余应变能与外力余能之和，即

$$\Pi^*=U^*+V^* \tag{2-96}$$

定义外力余能为

$$V^*=-\left(\int_V\boldsymbol{u}^{\mathrm{T}}\boldsymbol{X}\mathrm{d}V+\int_S\bar{\boldsymbol{u}}^{\mathrm{T}}\bar{\boldsymbol{X}}\mathrm{d}S\right) \tag{2-97}$$

需要注意：在施加虚力时，位移保持不变，且在力的边界 S_σ 上，$\delta\bar{\boldsymbol{X}}$ 为0；在弹性体内，$\delta\boldsymbol{X}$ 为0；在位移边界 S_u 上，位移给定为 $\bar{\boldsymbol{u}}$，于是外力余能的一阶变分为

$$\delta V^*=-\int_{S_u}\bar{\boldsymbol{u}}^{\mathrm{T}}\delta\bar{\boldsymbol{X}}_u\mathrm{d}S \tag{2-98}$$

因此，系统总的外力余能只需考虑给定位移边界条件上的外力余能：

$$V^*=-\int_{S_u}\bar{\boldsymbol{u}}^{\mathrm{T}}\bar{\boldsymbol{X}}_u\mathrm{d}S \tag{2-99}$$

将式(2-98)与式(2-94)比较，有

$$\delta W^*=-\delta V^* \tag{2-100}$$

将式(2-100)代入式(2-95)，可得

$$\delta U^*+\delta V^*=0 \tag{2-101}$$

或

$$\delta \Pi^* = 0 \tag{2-102}$$

可以看出,当平衡的弹性体处于协调的变形状态时,系统总余能的一阶变分将等于零,总余能有驻值。

最小余能原理可以叙述如下：弹性体在外载荷作用下处于平衡状态,在所有满足平衡方程和给定的力的边界条件的可能应力状态中,只有满足变形协调条件的应力才是真正的应力状态,必使其总余能为极小值。

对于给定位移边界条件 $u = 0$, $v = 0$, $w = 0$, 外力余能 $V^* = 0$。这时,最小余能原理变为最小余应变能原理：

$$\delta U^* = 0$$

对于线弹性系统,由于 $U = U^*$, 所以上式也可以写成

$$\delta U = 0$$

在最小余能原理中,事实上包含了虚应力在结构内部是自平衡,而只有具有多传力路径的结构才满足在边界上虚应力引起的虚力为零的假设。因此,最小余能原理只适用于具有多个传力路径的结构,静不定结构就属于这种结构。实际上,对于静定结构,是不能用最小余能原理求解的。

3. 例题

例题 2-4　如图 2-10(该例题同例题 2-3)所示的桁架由杆 1-2、1-3、1-4 和铰节点组成,其中各杆的横截面积和弹性模量均为 A 和 E, 在节点 1 处作用有水平方向的集中力 P。试分别采用余虚功原理和最小余能原理求解桁架的内力和节点 1 处的位移。

解：对于图 2-10 的桁架,不能够直接由平衡方程得到内力(1 度静不定系统),如果假设一个杆的内力为 X,则其他杆的内力就可以直接由它表示了。

现假设杆 1-4 的内力为 X,则可以得出各杆内力,见表 2-2。

表 2-2　各杆内力和原长度

编号 i	N_i	L_i
1-2	$5P+4.472X$	$2.5a$
1-3	$-4.472P-5X$	$2.236a$
1-4	X	$2.236a$

于是,各杆因内力而产生的变形为

$$\Delta L_i = \varepsilon_i L_i = \frac{\sigma_i}{E} L_i = \frac{N_i}{AE} L_i$$

式中, EA/L_i 是杆的拉伸(压缩)刚度。

下面,分别采用余虚功原理和最小余能原理进行求解。

(1) 余虚功原理。

对桁架施加一组虚力：设在杆 1-4 中的轴力为 δX, 则满足平衡条件的虚内力为

$$\delta N_{1-2} = 4.472\delta X$$

$$\delta N_{1-3} = -5\delta X$$

$$\delta N_{1-4} = \delta X$$

将这组虚力作用到真实的位移上，由余虚功原理可得

$$\delta N_{1-2}\frac{N_{1-2}}{EA}L_{1-2} + \delta N_{1-3}\frac{N_{1-3}}{EA}L_{1-3} + \delta N_{1-4}\frac{N_{1-4}}{EA}L_{1-4} = 0$$

$$(108.136X + 105.9P)\delta X = 0$$

得到：

$$108.136X + 105.9P = 0$$

求解得到 X 后，可以得到内力：

$$\begin{cases} N_{1-2} = 0.6203P \\ N_{1-3} = 0.4245P \\ N_{1-4} = -0.9793P \end{cases}$$

由 $\Delta L_1 = \dfrac{N_1}{AE}L_1$，可以求得位移：

$$\begin{cases} u_x = 3.5096\dfrac{Pa}{EA} \\ u_y = 0.6936\dfrac{Pa}{EA} \end{cases}$$

（2）最小余能原理。

各杆的余应变能为

$$U_i^* = \frac{1}{2}N_i\Delta L = \frac{1}{2EA}N_i^2L$$

桁架的总余应变能为

$$U^* = \frac{1}{2EA}\sum_{i=1}^{3}N_i^2L_i$$

外力余能为(仅考虑位移边界条件上)

$$V^* = 0$$

系统的总余能为

$$\Pi^* = U^* + V^* = \frac{1}{2EA}\sum_{i=1}^{3}N_i^2L_i$$

由最小余能原理,有

$$\frac{\partial \Pi^*}{\partial X}=\frac{1}{EA}\sum_{i=1}^{3}N_iL_i\frac{\partial N_i}{\partial X}=0$$

得到

$$108.136X+105.9P=0$$

求解得内力 X 后,可以得到内力:

$$\begin{cases}N_{1-2}=0.6203P\\N_{1-3}=0.4245P\\N_{1-4}=-0.9793P\end{cases}$$

由 $\Delta L_1=\frac{N_1}{AE}L_1$, 可以求得位移:

$$\begin{cases}u_x=3.5096\frac{Pa}{EA}\\u_y=0.6936\frac{Pa}{EA}\end{cases}$$

例题 2-5　如图 2-11 所示的等截面梁,截面抗弯刚度为 EI,一端固支,在 $x=0.6L$ 处受到集中力 P 的作用,试在以下两种条件下利用最小余能原理求解梁的弯矩。

(1) 工况 1(图 2-11): 另一端简支。

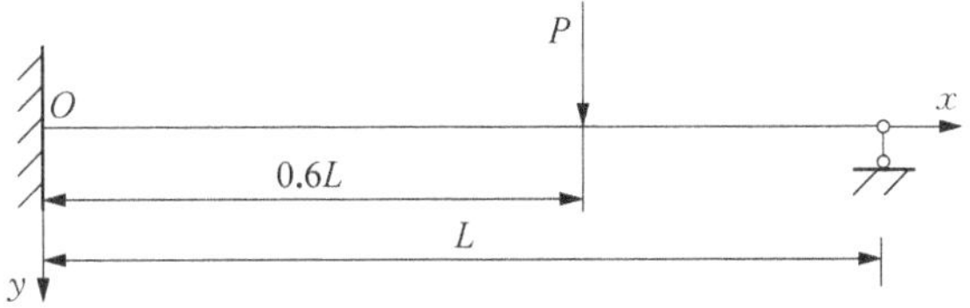

图 2-11　例题 2-5 工况 1 示意图

(2) 工况 2(图 2-12): 另一端简支,且挠度为 $0.01L$。

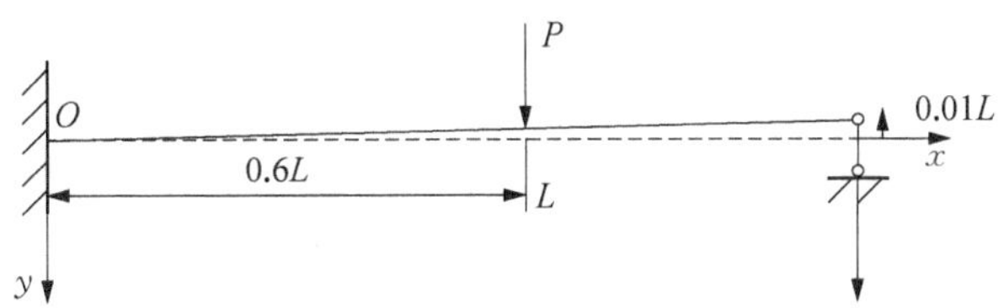

图 2-12　例题 2-5 工况 2 示意图

解: (1) 结构静不定度分析。

此结构为静不定结构,静不定度为 1。

(2) 假设未知力,并写出弯矩。

设简支端提供的向上的支持力为 $F(\uparrow)$,由受力分析可知,固支端向上的支持力为 $P-F(\uparrow)$。

可得,弯矩(顺时针方向)为

$$M(x)=\begin{cases}(P-F)x+FL-\dfrac{3}{5}PL, & x\in\left[0,\ \dfrac{3}{5}L\right]\\ -Fx+FL, & x\in\left[\dfrac{3}{5}L,\ L\right]\end{cases}$$

(3) 梁的应变余能。

$$\begin{aligned}U^* &= \int_0^L \frac{M(x)^2}{2EI}\mathrm{d}x\\
&= \frac{1}{2EI}\int_0^{\frac{3}{5}L}\left[(P-F)x+FL-\frac{3}{5}PL\right]^2\mathrm{d}x+\frac{1}{2EI}\int_{\frac{3}{5}L}^{L}(-Fx+FL)^2\mathrm{d}x\\
&= \frac{1}{2EI}\int_0^{\frac{3}{5}L}(P-F)^2x^2+\left(FL-\frac{3}{5}PL\right)^2+2(P-F)x\left(FL-\frac{3}{5}PL\right)\mathrm{d}x\\
&\quad+\frac{F^2}{2EI}\int_{\frac{3}{5}L}^{L}(L^2-2xL+x^2)\mathrm{d}x\\
&= \frac{L^3}{2EI}\left(\frac{9}{125}P^2+\frac{1}{3}F^2-\frac{36}{125}PF\right)\end{aligned}$$

(4) 外力余能。

针对工况 1,由于端部挠度为 0,外力余能为

$$V_a^* = -Fw_a(L)=0$$

针对工况 2,由于端部挠度为 0.01L,外力余能为

$$V_b^* = -Fw_b(L)=-0.01FL$$

(5) 通过最小余能原理求解。

两种工况下,系统的总余能分别为

$$\Pi_a^* = U_a^*+V_a^*=\frac{L^3}{2EI}\left(\frac{9}{125}P^2+\frac{1}{3}F_a^2-\frac{36}{125}PF_a\right)$$

$$\Pi_b^* = U_b^*+V_b^*=\frac{L^3}{2EI}\left(\frac{9}{125}P^2+\frac{1}{3}F_b^2-\frac{36}{125}PF_b\right)-0.01F_bL$$

由最小余能原理可得

$$\frac{\partial\Pi^*}{\partial F}=0$$

两种工况下的支反力分别为

$$\frac{2}{3}F_a - \frac{36}{125}P = 0,\quad F_a = \frac{108}{250}P = 0.432P$$

$$\frac{L^3}{2EI}\left(\frac{2}{3}F_b - \frac{36}{125}P\right) - \frac{L}{100} = 0,\quad F_b = \frac{3EI}{100L^2} + \frac{54}{125}P$$

弯矩(顺时针方向)为

$$M_a(x) = \begin{cases} 0.568Px - 0.168PL, & x \in \left[0, \frac{3}{5}L\right] \\ 0.432P(L - x), & x \in \left[\frac{3}{5}L, L\right] \end{cases}$$

$$M_b(x) = \begin{cases} \left(0.568P - 0.03\frac{EI}{L^2}\right)x + \left(0.03\frac{EI}{L^2} - \frac{21}{125}P\right)L, & x \in \left[0, \frac{3}{5}L\right] \\ \left(0.03\frac{EI}{L^2} + 0.432P\right)(L - x), & x \in \left[\frac{3}{5}L, L\right] \end{cases}$$

例题 2-6　如图 2-13 所示的等截面梁,截面抗弯刚度为 EI,一端固支,一端连接一个弹性系数为 k 的弹簧,在 $x = 0.6L$ 处受到集中力 P 的作用,试利用最小总余能原理求解梁的弯矩。

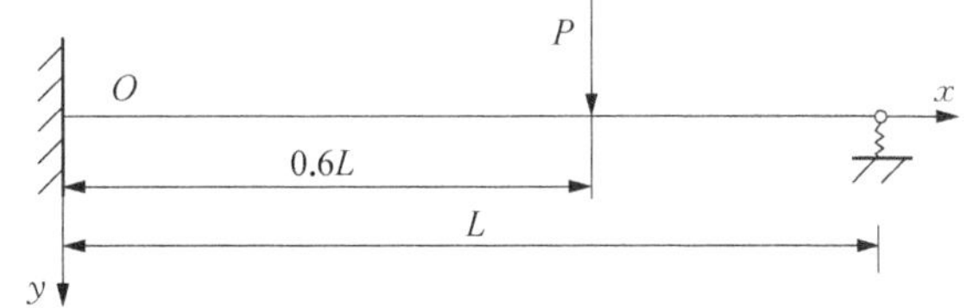

图 2-13　例题 2-6 示意图

解: (1) 结构静不定度分析。

此结构为静不定结构,静不定度为 1。

(2) 假设未知力,并写出弯矩。

设地面提供的向下的支反力为 $F(\downarrow)$,由受力分析可知,简支端受向下的弹簧力 $F(\downarrow)$,固支端向上的支持力为 $P+F(\uparrow)$,可得弯矩(顺时针方向)为

$$M(x) = \begin{cases} -(P + F)x + FL + \frac{3}{5}PL, & x \in \left[0, \frac{3}{5}L\right] \\ -Fx + FL, & x \in \left[\frac{3}{5}L, L\right] \end{cases}$$

(3) 系统应变余能。

$$\begin{aligned} U^* &= \frac{1}{2EI}\int_0^L M(x)^2 \mathrm{d}x + \frac{1}{2}F\frac{F}{k} \\ &= \frac{1}{2EI}\int_0^{\frac{3}{5}L}\left[-(P + F)x + FL + \frac{3}{5}PL\right]^2 \mathrm{d}x + \frac{1}{2EI}\int_{\frac{3}{5}L}^{L}(-Fx + FL)^2 \mathrm{d}x + \frac{F^2}{2k} \\ &= \frac{(125F^2L^3 + 108FL^3P + 27L^3P^2)k + 375F^2EI}{750EIk} \end{aligned}$$

(4) 外力余能。

$$V^* = -Fw(L) = 0$$

(5) 通过最小余能原理求解。

系统总余能为

$$\Pi^* = U^* + V^* = \frac{(125F^2L^3 + 108FL^3P + 27L^3P^2)k + 375F^2EI}{750EIk}$$

由最小余能原理,可知

$$\frac{\partial \Pi^*}{\partial F} = 0$$

得

$$\frac{(250FL^3 + 108L^3P)k + 750FEI}{750EIk} = 0$$

求解得

$$F = \frac{-54PkL^3}{125(kL^3 + 3EI)}$$

则弯矩(顺时针方向)为

$$M(x) = \begin{cases} -\left[P - \dfrac{54PkL^3}{125(kL^3 + 3EI)}\right]x - \dfrac{54PkL^4}{125(kL^3 + 3EI)} + \dfrac{3}{5}PL, & x \in \left[0, \dfrac{3}{5}L\right] \\ \dfrac{54PkL^3}{125(kL^3 + 3EI)}x - \dfrac{54PkL^4}{125(kL^3 + 3EI)}, & x \in \left[\dfrac{3}{5}L, L\right] \end{cases}$$

2.4.4 单位位移定理和单位载荷定理

1. 单位位移定理

在 2.4.2 节推导虚功原理时,假设在位移边界 S_u 上,$\delta u = \delta v = \delta w = 0$,如果取消这个限制,可以得到虚功原理的一个推广,即回归至式(2-70),展开即为

$$\int_{S_\sigma}(\bar{X}\delta u + \bar{Y}\delta v + \bar{Z}\delta w)\mathrm{d}S + \int_{S_u}(\bar{X}_u\delta u + \bar{Y}_u\delta v + \bar{Z}_u\delta w)\mathrm{d}S + \int_V(X\delta u + Y\delta v + Z\delta w)\mathrm{d}V$$
$$-\int_V(\sigma_x\delta\varepsilon_x + \sigma_y\delta\varepsilon_y + \sigma_z\delta\varepsilon_z + \tau_{xy}\delta\gamma_{xy} + \tau_{yz}\delta\gamma_{yz} + \tau_{zx}\delta\gamma_{zx})\mathrm{d}V = 0 \tag{2-103}$$

假设有一个弹性体在外载荷作用下处于平衡状态,现对结构施加一个虚广义位移 δu_r,与该广义位移对应的满足几何方程和位移边界条件的虚应变为 $\{\delta\varepsilon_x^r, \delta\varepsilon_y^r, \delta\varepsilon_z^r, \delta\gamma_{xy}^r, \delta\gamma_{yz}^r, \delta\gamma_{zx}^r\}$。需要注意的是,这个虚应变状态对应的应力状态不需要满足平衡方程和力的边界条件。

假设弹性体上与虚广义位移 δu_r 对应的真实的广义力为 P_r，则由式(2-103)可以得到

$$P_r\delta u_r = \int_V (\sigma_x\delta\varepsilon_x^r + \sigma_y\delta\varepsilon_y^r + \sigma_z\delta\varepsilon_z^r + \tau_{xy}\delta\gamma_{xy}^r + \tau_{yz}\delta\gamma_{yz}^r + \tau_{zx}\delta\gamma_{zx}^r)\,\mathrm{d}V \tag{2-104}$$

当虚广义位移取单位位移，即 $\delta u_r = 1$ 时，式(2-104)可以表示为

$$P_r = \int_V (\sigma_x\bar{\varepsilon}_x^r + \sigma_y\bar{\varepsilon}_y^r + \sigma_z\bar{\varepsilon}_z^r + \tau_{xy}\bar{\gamma}_{xy}^r + \tau_{yz}\bar{\gamma}_{yz}^r + \tau_{zx}\bar{\gamma}_{zx}^r)\,\mathrm{d}V \tag{2-105}$$

由此可以得到**单位位移定理**：对处于平衡状态的弹性体结构施加单位虚广义位移 $\delta u_r = 1$，与其对应的虚应变 $\bar{\varepsilon}_i^r$、$\bar{\gamma}_{ij}^r$ 与真实应力 σ_i、τ_{ij} 的乘积在整个结构内的积分，就是与虚广义位移一致的结构广义载荷。应用单位位移定理可以求解弹性体结构的广义力 P_r，称为**单位位移法**。

例题 2-7　如图 2-14 所示，由 1-2 和 1-3 两根杆组成的桁架结构，在节点 1 处悬挂一重物，重物引起点 1 在竖直方向的位移为 δ，试求引起该位移的重物重量 G。

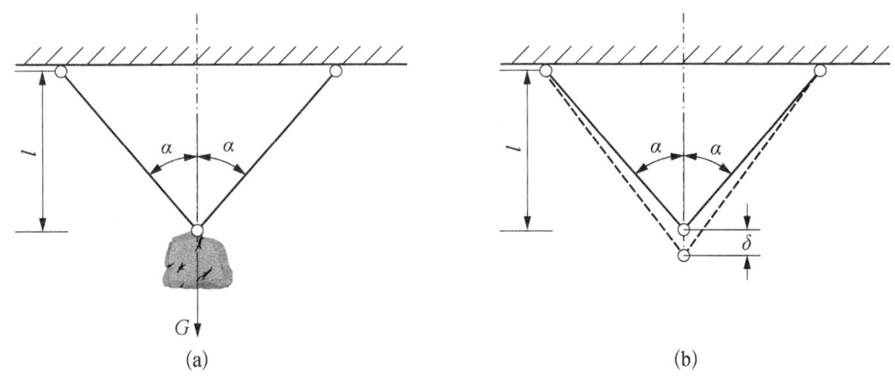

图 2-14　例题 2-7 示意图

解：利用单位位移法求解，单位位移引起的每根杆的应变为

$$\bar{\varepsilon} = \frac{\cos\alpha}{l/\cos\alpha} = \frac{\cos^2\alpha}{l}$$

应用单位位移法，可得

$$G = 2E\varepsilon\bar{\varepsilon}A\frac{l}{\cos\alpha} = 2EA\frac{\delta\cos^2\alpha}{l}\frac{\cos^2\alpha}{l}\frac{l}{\cos\alpha} = \frac{2EA\delta\cos^3\alpha}{l}$$

2. 单位载荷定理

在 2.4.3 节推导余虚功原理时，假定应力分量要满足在弹性体内部和力的边界 S_σ 上有 $\delta X = \delta Y = \delta Z = \delta\bar{X} = \delta\bar{Y} = \delta\bar{Z} = 0$。如果去掉这些限制，可以得出余虚功原理的一个推广，即回归至式(2-89)，展开即为

$$\int_{S_\sigma}(u\delta\bar{X} + v\delta\bar{Y} + w\delta\bar{Z})\,\mathrm{d}S + \int_{S_u}(u\delta\bar{X}_u + v\delta\bar{Y}_u + w\delta\bar{Z}_u)\,\mathrm{d}S + \int_V(u\delta X + v\delta Y + w\delta Z)\,\mathrm{d}V$$
$$- \int_V(\varepsilon_x\delta\sigma_x + \varepsilon_y\delta\sigma_y + \varepsilon_z\delta\sigma_z + \gamma_{xy}\delta\tau_{xy} + \gamma_{yz}\delta\tau_{yz} + \gamma_{zx}\delta\tau_{zx})\,\mathrm{d}V = 0 \tag{2-106}$$

假设有一个弹性体在外载荷作用下处于平衡状态,其真实的位移和相应的应变为 $\{u, v, w, \varepsilon_x, \varepsilon_y, \varepsilon_z, \gamma_{xy}, \gamma_{yz}, \gamma_{zx}\}$,现对结构施加一个虚广义力 δP_r,与该广义力对应的满足平衡方程和力的边界条件的虚内力为 $\{\delta\sigma_x^r, \delta\sigma_y^r, \delta\sigma_z^r, \delta\tau_{xy}^r, \delta\tau_{yz}^r, \delta\tau_{zx}^r\}$。需要注意的是,这个虚应力状态对应的应变状态不需要满足变形协调条件。

假设弹性体上与虚广义力 δP_r 对应的真实的广义位移为 u_r,则由式(2-106)可以得到

$$u_r\delta P_r = \int_V (\varepsilon_x\delta\sigma_x^r + \varepsilon_y\delta\sigma_y^r + \varepsilon_z\delta\sigma_z^r + \gamma_{xy}\delta\tau_{xy}^r + \gamma_{yz}\delta\tau_{yz}^r + \gamma_{zx}\delta\tau_{zx}^r)\mathrm{d}V \tag{2-107}$$

当虚广义力取单位载荷 $\delta P_r = 1$ 时,式(2-107)可以表示为

$$u_r = \int_V (\varepsilon_x\bar{\sigma}_x^r + \varepsilon_y\bar{\sigma}_y^r + \varepsilon_z\bar{\sigma}_z^r + \gamma_{xy}\bar{\tau}_{xy}^r + \gamma_{yz}\bar{\tau}_{yz}^r + \gamma_{zx}\bar{\tau}_{zx}^r)\mathrm{d}V \tag{2-108}$$

由此可以得到**单位载荷定理**:对处于平衡状态的弹性体结构施加单位虚广义载荷 $\delta P_r = 1$,所引起的虚应力为 $\bar{\sigma}_i^r$, $\bar{\tau}_{ij}^r$ 与真实应变 ε_i、r_{ij} 的乘积在整个结构内的积分,就是与虚广义载荷一致的结构广义位移。应用单位载荷定理可以求解弹性体结构的广义位移 u_r,称为**单位载荷法**。

例题 2-8 设有一等截面梁,一端固支、另一端简支,受到线性分布载荷的作用,如图 2-15 所示。梁截面的惯性矩为 I,材料的弹性模量为 E,求梁受载后离固支端 0.6L 处的垂直位移。

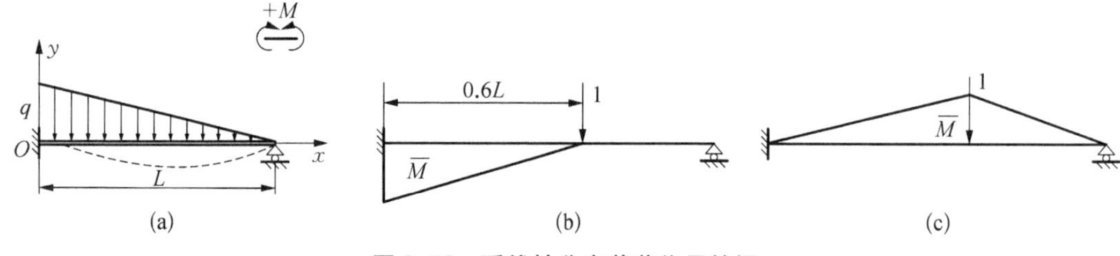

图 2-15　受线性分布载荷作用的梁

解:此例题是材料力学中很普通的梁的问题,采用材料力学方法,可以求得该梁受载后的内力(弯矩)为

$$M(\bar{x}) = -\frac{qL^2}{30}(2 - 12\bar{x} + 15\bar{x}^2 - 5\bar{x}^3) \tag{a}$$

梁的挠度为

$$w(\bar{x}) = \frac{qL^2\bar{x}^2}{120EI}(4 - 8\bar{x} + 5\bar{x}^2 - \bar{x}^3) \tag{b}$$

式中,$\bar{x} = x/L$。

在 $\bar{x} = 0.6$ 处,梁的垂直位移(向下)为

$$w(\bar{x})\bigg|_{\bar{x}=0.6} = 0.002\,352\frac{qL^4}{EI} \tag{c}$$

下面采用单位载荷法计算所需的位移。在待求位移的位置和方向施加单位载荷,并求出单位载荷所引起的内力为 $\overline{M}$。这里的 $\overline{M}$ 并不要求为真实内力,它可以是任何一种可能内力,满足梁内部的平衡条件,同时不违反实际支持情况所能提供的力的边界条件。

梁的应变(在本例中就是梁的变形曲率)可以根据式(b)微分两次求得

$$\frac{\mathrm{d}^2 w(\bar{x})}{\mathrm{d}x^2} = -\frac{qL^2}{30EI}(2 - 12\bar{x} + 15\bar{x}^2 - 5\bar{x}^3) \tag{d}$$

为了能对单位载荷定理有更好的了解,考虑如下两种可能内力。

(1) 情况 1:选取单位载荷引起的可能内力 $\overline{M}$,如图 2-15(b)所示,则有

$$\overline{M} = L(\bar{x} - 0.6)$$

由单位载荷法,得到

$$\begin{aligned} w(\bar{x})\Big|_{\bar{x}=0.6} &= L\int_0^{0.6} \frac{\mathrm{d}^2 w(\bar{x})}{\mathrm{d}x^2}\overline{M}\mathrm{d}\bar{x} \\ &= \frac{qL^4}{30EI}[1.2\bar{x} - 4.6\bar{x}^2 + 7\bar{x}^3 - 4.5\bar{x}^4 + \bar{x}^5]_0^{0.6} = 0.002\,352\frac{qL^4}{EI} \end{aligned} \tag{e}$$

式(e)与材料力学的解完全一致。

(2) 情况 2:选取单位载荷引起的可能内力 $\overline{M}$,如图 2-15(c)所示,则有

$$\overline{M} = \begin{cases} 0.4L\bar{x} & (0 \leqslant \bar{x} < 0.6) \\ 0.6L(1 - \bar{x}) & (0.6 \leqslant \bar{x} \leqslant 1.0) \end{cases} \tag{f}$$

由单位载荷法,得到

$$\begin{aligned} w(\bar{x})\Big|_{\bar{x}=0.6} &= L\int_0^{1} \frac{\mathrm{d}^2 w(\bar{x})}{\mathrm{d}x^2}\overline{M}\mathrm{d}\bar{x} \\ &= L\left[\int_0^{0.6} \frac{\mathrm{d}^2 w(\bar{x})}{\mathrm{d}x^2}0.4\bar{x}\mathrm{d}\bar{x} + \int_{0.6}^{1.0} \frac{\mathrm{d}^2 w(\bar{x})}{\mathrm{d}x^2}0.6(1 - \bar{x})\mathrm{d}\bar{x}\right] \\ &= \frac{qL^4}{30EI}(0.038\,304 + 0.032\,256) \\ &= 0.002\,352\frac{qL^4}{EI} \end{aligned} \tag{g}$$

式(g)与材料力学的解完全一致。由此可见,在采用单位载荷法求取广义位移时,其单位载荷状态的内力只要是可能内力就可以了,这一点在求解静不定系统的广义位移时尤其方便。

2.4.5 能量法的应用

1. 瑞利-里兹法

瑞利-里兹法是基于最小势能原理的一种常用的近似解法,其基本思路是,首先假定

位移函数是含有若干待定系数的级数,同时位移函数要满足问题的几何边界条件。然后采用系统总位能取驻值的条件求出这些待定系数,再将这些系数代回原设的位移函数中,即得到问题的位移解。因为假设的位移函数只能取有限项,所以这样求得的解一般是近似解。

瑞利-里兹法的基本步骤如下。

(1) 假定位移函数是含有若干待定系数的级数(满足问题的几何边界条件):

$$u = \sum_{i=1}^{n} a_i \varphi_i$$

式中, a_i 为待定系数。

(2) 求出系统总位能。

(3) 利用总位能取驻值的条件,求取待定系数。

$$\frac{\partial \Pi}{\partial a_i} = 0 \quad (i = 1, 2, \cdots, n)$$

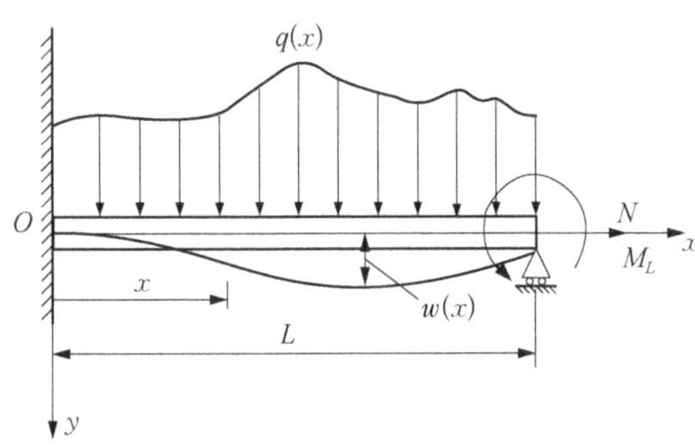

图 2-16 变剖面梁

(4) 将待定系数代回假设的位移函数中,得到问题的解。

为了方便,给出如图 2-16 所示的变剖面梁的应变能和各种外载荷的外力势能表达式。

梁的应变能(仅考虑影响较大的弯矩作用):

$$U = \frac{1}{2}\int_0^L EI\left[\frac{\mathrm{d}^2 w(x)}{\mathrm{d}x^2}\right]^2 \mathrm{d}x$$

分布横向载荷的势能:

$$V_q = -\int_0^L q(x)w(x)\,\mathrm{d}x$$

轴向拉力势能:

$$V_N = \frac{1}{2}\int_0^L N\left[\frac{\mathrm{d}w(x)}{\mathrm{d}x}\right]^2 \mathrm{d}x$$

端部集中力矩的势能:

$$V_M = M_L \left.\frac{\mathrm{d}w(x)}{\mathrm{d}x}\right|_{x=L}$$

具体推导过程如下:假设如图 2-16 所示的长度为 L 的变剖面梁,一端固支、一端简支,其剖面弯曲刚度为 EI, 在分布载荷 $q(x)$ 和端部弯矩 M_L 及轴力 N 作用下平衡,构建如图 2-16 所示的坐标系 Oxy, 点 O 为固支端中心点,假设 x 轴为梁的轴线的初始位置, y 轴为梁的挠度 w 的方向,正方向如图所示。

(1) 假设在复杂载荷作用下,梁上某一点 x 处的挠度为 $w(x)$,则 $x+\mathrm{d}x$ 处的挠度为 $w(x)+\frac{\mathrm{d}w}{\mathrm{d}x}\mathrm{d}x$。由平面假设可知,$x$ 处的横截面 ab 在梁受载弯曲后仍保持为平面 $a'b'$,一方面会产生相对 x 轴的 y 向位移 $w(x)$,另一方面在 xOy 平面内也会产生转角 α。梁在变形前后的横截面 ab 和 $a'b'$ 分别与初始梁和变形后梁的中轴线垂直,因此 α 值相等,可求得

$$\alpha \approx \tan\alpha = \frac{w(x)+\frac{\mathrm{d}w}{\mathrm{d}x}\mathrm{d}x - w(x)}{\mathrm{d}x} = \frac{\mathrm{d}w}{\mathrm{d}x}$$

由于转角 α 的存在,梁的横截面 ab 上距离中性轴为 y 处的 x 方向的位移为 $u=-y\frac{\mathrm{d}w}{\mathrm{d}x}$,应变为 $\varepsilon_x=-y\frac{\mathrm{d}^2w}{\mathrm{d}x^2}$,弯曲应力为 $\sigma_x=-yE\frac{\mathrm{d}^2w}{\mathrm{d}x^2}$。因此,复杂载荷作用下变剖面梁的应变能可表示为

$$U=\iiint_V \frac{1}{2}\sigma_x\varepsilon_x\mathrm{d}V=\iiint_V\frac{1}{2}E\varepsilon_x^2\mathrm{d}V=-\int_0^L\iint_A\frac{1}{2}y^2E\left(\frac{\mathrm{d}^2w}{\mathrm{d}x^2}\right)^2\mathrm{d}A\mathrm{d}x$$

由于 $I=-\iint_A y^2\mathrm{d}A$ 表示横截面关于 z 轴的惯性矩,上式可转化为

$$U=\int_0^L\frac{1}{2}EI\left(\frac{\mathrm{d}^2w}{\mathrm{d}x^2}\right)^2\mathrm{d}x$$

(2) 由于梁的弯曲会引起梁的缩短,假设在 $\mathrm{d}x$ 微段处产生 $\Delta\mathrm{d}x$ 的缩短量,则

$$\Delta\mathrm{d}x=\mathrm{d}x-\sqrt{(\mathrm{d}x)^2-[\mathrm{d}w(x)]^2}=\mathrm{d}x\left\{1-\left[1-\left(\frac{\mathrm{d}w}{\mathrm{d}x}\right)^2\right]^{1/2}\right\}$$

将 $\left(\frac{\mathrm{d}w}{\mathrm{d}x}\right)^2$ 表示为 m,则上式可写成 $\Delta\mathrm{d}x=\mathrm{d}x[1-(1-m)^{1/2}]$,由泰勒展开可知,$(1-m)^{1/2}=1+\frac{1}{2}(-m)+\frac{1}{2}\times\frac{1}{2}\times\left(-\frac{1}{2}\right)\cdot(-m)^2+\cdots$,仅考虑前两项可得

$$\Delta\mathrm{d}x=\mathrm{d}x[1-(1-m)^{1/2}]=\mathrm{d}x\cdot\left(\frac{1}{2}m\right)=\frac{1}{2}\left(\frac{\mathrm{d}w}{\mathrm{d}x}\right)^2\mathrm{d}x$$

因此,轴力 N 引起的外力势能可表示为

$$V_N=\frac{1}{2}\int_0^L N\left[\frac{\mathrm{d}w(x)}{\mathrm{d}x}\right]^2\mathrm{d}x$$

(3) 分布载荷 $q(x)$ 作用在梁的中心轴线上,其位移即为挠度 $w(x)$,且二者的方向一致,因此分布载荷 $q(x)$ 引起的外力势能为

$$V_q = -\int_0^L q(x)w(x)\,\mathrm{d}x$$

（4）如图 2-17 所示，规定能在梁的横截面上 $y > 0$ 的一边产生正的 σ_x 的弯矩为正，同时由图 2-17 可知，在 $x = L$ 处，转角 $\alpha = \left.\dfrac{\mathrm{d}w(x)}{\mathrm{d}x}\right|_{x=L}$，与弯矩的正方向相反，因此由梁端部弯矩 M_L 引起的外力势能为

$$V_M = M_L \left.\frac{\mathrm{d}w(x)}{\mathrm{d}x}\right|_{x=L}$$

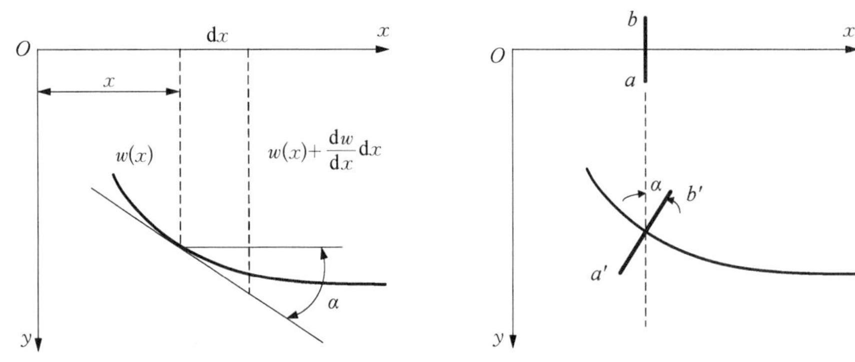

图 2-17　变剖面梁变形示意图

例题 2-9　如图 2-18 所示的简支梁，其抗弯刚度为 EI，承受有单位长度上为 p 的均布载荷。试用瑞利-里兹法求其挠度函数。

解： 首先选取位移函数，该梁的位移边界条件为

$$w\Big|_{\substack{x=0\\x=l}} = 0$$

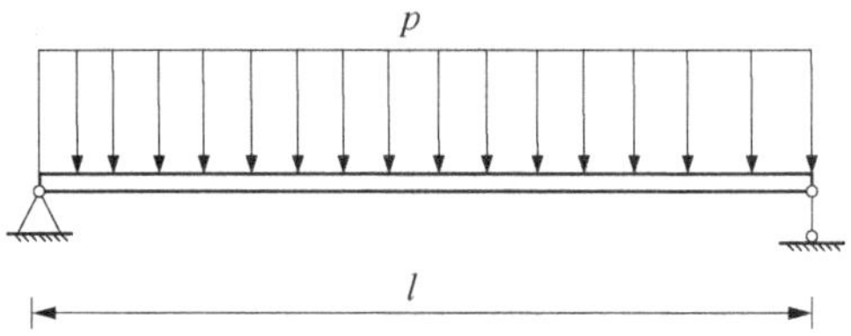

为了对比，分别选取了两种位移函数。

图 2-18　例题 2-9 示意图

（1）位移函数一。

选取以下位移函数，显然满足位移边界条件：

$$w = a_1x(l-x) + a_2x^2(l-x)^2 + \cdots$$

为了分析级数项数选取对求解精度的影响，下面分别取级数的第一项和前两项来计算。

首先取级数的第一项：

$$w = a_1x(l-x)$$

得到系统总位能为

将上式代入总位能 $\Pi = U + V$ 中，得

$$\Pi = U + V_q = \int_0^l \left[\frac{EI}{2}\left(\frac{\mathrm{d}^2 w}{\mathrm{d}x^2}\right)^2 - pw\right] \mathrm{d}x$$

$$= \int_0^l \left[\frac{EI}{2}(-2a_1)^2 - a_1 px(l-x)\right] \mathrm{d}x = 2EIla_1^2 - \frac{1}{6}pl^3 a_1$$

则由 $\delta\Pi = 0$，即 $\dfrac{\partial \Pi}{\partial a_1} = 0$ 得

$$4EIla_1 - \frac{1}{6}pl^3 = 0$$

$$a_1 = \frac{pl^2}{24EI}$$

因此，近似的位移函数为

$$w = \frac{pl^2}{24EI}x(l-x)$$

在梁的中点，挠度最大：

$$w_{\max} = \frac{pl^4}{96EI}$$

为了对比，由材料力学给出梁中点处位移的精确解：

$$w_{\max} = \frac{5pl^4}{384EI}$$

将该结果与准确解比较，误差大约为 20%。

位移函数取级数的前两项，采用同样的步骤可得

$$a_1 = pl^2/24EI, \quad a_2 = p/24EI$$

位移为

$$w = \frac{pl^2}{24EI}[x(l-x)] + \frac{p}{24EI}[x^2(l-x)^2]$$

在梁中点的挠度为

$$w_{\max} = \frac{5pl^4}{384EI}$$

可以看出，采用该位移函数时，选取级数的前两项就可以得到精确解。

(2) 位移函数二。

选取以下位移函数，显然满足位移边界条件：

$$w(x)=a_1\sin\left(\frac{x}{l}\pi\right)+a_2\sin\left(\frac{3x}{l}\pi\right)+\cdots+a_n\sin\left[\frac{(2n-1)x}{l}\pi\right]$$

现取前两项，即

$$w(x)=a_1\sin\left(\frac{x}{l}\pi\right)+a_2\sin\left(\frac{3x}{l}\pi\right)$$

得到系统总位能为

$$\begin{aligned}
\Pi=U+V_q&=\int_0^l\left[\frac{EI}{2}\left(\frac{\mathrm{d}^2w(x)}{\mathrm{d}x^2}\right)^2-p(x)w(x)\right]\mathrm{d}x\\
&=\int_0^l\left\{\frac{EI}{2}\left[-a_1\frac{\pi^2}{l^2}\sin\left(\frac{x}{l}\pi\right)-a_2\frac{9\pi^2}{l^2}\sin\left(\frac{3x}{l}\pi\right)\right]^2-p\left[a_1\sin\left(\frac{x}{l}\pi\right)+a_2\sin\left(\frac{3x}{l}\pi\right)\right]\right\}\mathrm{d}x\\
&=\frac{EI}{2}\int_0^l\left[a_1\frac{\pi^2}{l^2}\sin\left(\frac{x}{l}\pi\right)+a_2\frac{9\pi^2}{l^2}\sin\left(\frac{3x}{l}\pi\right)\right]^2\mathrm{d}x-p\int_0^l\left[a_1\sin\left(\frac{x}{l}\pi\right)+a_2\sin\left(\frac{3x}{l}\pi\right)\right]\mathrm{d}x\\
&=\frac{EI}{2}\left(\frac{a_1^2\pi^4}{2l^3}+\frac{81a_2^2\pi^4}{2l^3}\right)-p\left(\frac{2a_1l}{\pi}+\frac{2a_2l}{3\pi}\right)\\
&=\frac{\pi^4a_1^2EI}{4l^3}+\frac{81\pi^4a_2^2EI}{4l^3}-\frac{2a_1lp}{\pi}-\frac{2a_2lp}{3\pi}
\end{aligned}$$

由 $\dfrac{\delta\Pi}{\delta a_i}=0$，得

$$\begin{cases}\dfrac{\pi^4a_1EI}{2l^3}-\dfrac{2lp}{\pi}=0\\[2ex]\dfrac{81\pi^4a_2EI}{2l^3}-\dfrac{2lp}{3\pi}=0\end{cases}$$

求解得

$$a_1=\frac{4l^4p}{\pi^5EI}$$

$$a_2=\frac{4l^4p}{243\pi^5EI}$$

位移函数的近似解为

$$w(x)=\frac{4l^4p}{\pi^5EI}\sin\left(\frac{x}{l}\pi\right)+\frac{4l^4p}{243\pi^5EI}\sin\left(\frac{3x}{l}\pi\right)$$

若取级数的一项，则结果为

$$w(x)=\frac{4l^4p}{\pi^5EI}\sin\left(\frac{x}{l}\pi\right)$$

以上位移函数分别取为多项式级数和三角函数级数，所得简支梁挠曲线（位移曲线）如图 2-19 所示，梁中点位移计算结果与材料力学精确解的对比如表 2-3 所示。由图 2-19 和表 2-3 可知，假设多项式级数为简支梁位移函数时，仅取前一项时所得结果存在较大误差，而取前两项则可得到精确度较高的解；假设三角函数级数为简支梁位移函数时，仅取前一项即可得到精确度较高的解。

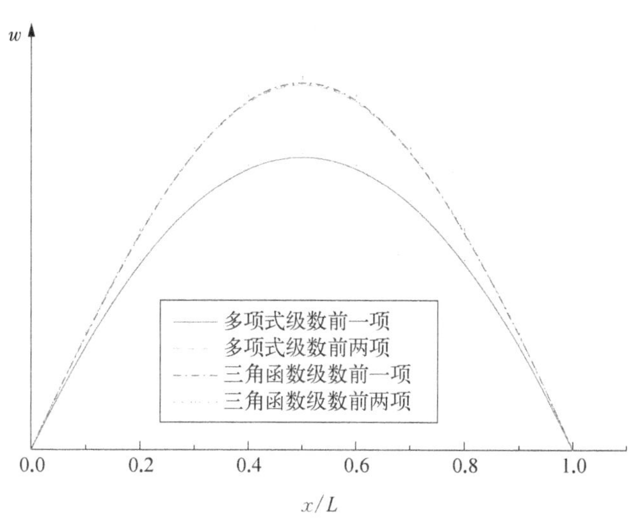

图 2-19　假设不同位移函数下所得挠曲线对比

表 2-3　梁中点处的位移计算精度对比

精确解	多项式级数		三角函数级数	
	前一项	前两项	前一项	前两项
$\frac{5pl^4}{384EI}$	$\frac{pl^4}{96EI}$	$\frac{5pl^4}{384EI}$	$\frac{4l^4p}{\pi^5 EI}$	$\frac{4l^4p}{\pi^5 EI}\left(1-\frac{1}{243}\right)$
误差	20%	0%	0.4%	0.027%

2. *伽辽金法*

伽辽金法是指在域内要求微分方程的余值通过加权平均等于 0，来求解微分方程的近似解，是一种“权余法”。伽辽金法在弹性力学中的应用基础是虚功原理，应用伽辽金法时通常要预先知道所研究问题的平衡微分方程，具体步骤如下。

设问题的平衡方程为

$$L(u) - f = 0 \tag{2-109}$$

式中，L 为某种微分运算；u 为位移函数；f 为已知函数。

(1) 选择一个满足边界条件（包含位移和应力边界条件）的含有若干待定系数级数函数来表示位移函数：

$$u = \sum_{i=1}^{n} a_i \varphi_i \tag{2-110}$$

式中，a_i 为的待定系数。

（2）取位移函数近似解式（2-110）的变分作为虚位移：

$$\delta u = \sum_{i=1}^{n} \varphi_i \delta a_i \tag{2-111}$$

（3）由虚功原理：

$$\int [L(u) - f] \delta u = 0 \tag{2-112}$$

将式（2-110）和式（2-111）代入式（2-112），得到

$$\sum_{k=1}^{n} \int \left[L\left(\sum_{i=1}^{n} a_i \varphi_i \right) - f \right] \varphi_k \delta a_k \mathrm{d}V = 0 \tag{2-113}$$

由于变分 δa_k 具有任意性，要使式（2-113）等于零，积分项必须都等于零。因此，得到一组方程：

$$\int \left[L\left(\sum_{i=1}^{n} a_i \varphi_i \right) - f \right] \varphi_k \mathrm{d}V = 0 \quad (k = 1,\ 2,\ \cdots,\ n) \tag{2-114}$$

这组方程称为伽辽金方程，是一组含有 n 个待定系数的代数方程。

（4）求解伽辽金方程，得到系数 a_i，进而得到位移的近似解。

例题 2-10 如图 2-20 所示的简支梁，其抗弯刚度为 EI，承受有单位长度上为 p 的均布载荷，试用伽辽金法求其挠度函数。

解：梁的平衡方程为

$$EI \frac{\mathrm{d}^4 w}{\mathrm{d}x^4} - p = 0$$

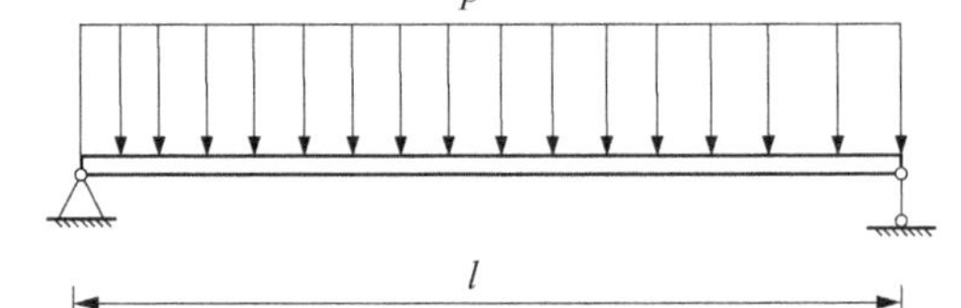

图 2-20　例题 2-10 示意图

位移边界条件：

$$w \Big|_{\substack{x=0 \\ x=l}} = 0$$

力的边界条件：

$$\frac{\partial^2 w}{\partial x^2} \Big|_{\substack{x=0 \\ x=l}} = 0$$

设满足以上边界条件的梁的挠度函数为

$$w(x) = \sum_{i=1}^{n} a_i \sin\left(\frac{i\pi x}{l}\right)$$

将平衡方程和挠度函数代入伽辽金方程，得到

$$\int_0^l \left\{ EI\left[\sum_{i=1}^{n} a_i \left(\frac{i\pi}{l}\right)^4 \right] \sin\left(\frac{i\pi x}{l}\right) - p \right\} \sin\left(\frac{k\pi x}{l}\right) \mathrm{d}x = 0 \quad (k = 1,\ 2,\ \cdots,\ n)$$

注意到：

$$\int_0^l \sin\left(\frac{i\pi x}{l}\right)\sin\left(\frac{k\pi x}{l}\right)\mathrm{d}x = \begin{cases} l/2 & (i = k) \\ 0 & (i \neq k) \end{cases}$$

解得

$$a_i = \frac{2pl^4[1 - \cos(i\pi)]}{(i\pi)^5 EI}$$

$$a_i = \begin{cases} 0 & (i\ \text{为偶数}) \\ \dfrac{4pl^4}{(i\pi)^5 EI} & (i\ \text{为奇数}) \end{cases}$$

所以

$$w(x) = \frac{4pl^4}{\pi^5 EI}\sum_{i=1,3,5}^{n}\frac{1}{i^5}\sin\left(\frac{i\pi x}{l}\right)$$

在跨度中点处的挠度为

$$w(x) = \frac{4pl^4}{\pi^5 EI}\left(1 - \frac{1}{3^2} + \frac{1}{5^2} - \cdots\right)$$

仅取前两项，得到

$$w(x) = \frac{4pl^4}{\pi^5 EI}\left(1 - \frac{1}{243}\right) = 0.013\,07\frac{pl^4}{EI}$$

此处的精度分析同瑞利-里兹法。

习　题

习题 2-1　习题 2-1 图中有一个绝对刚硬的梁，一端自由、另一端铰支在刚硬的基础上。该梁在跨度中间用 3 根杆与基础相连，杆的剖面面积、长度均为 A 和 L，材料的弹性模量均为 E，在梁的一端作用有外载荷 P。试用最小总位能原理求解 3 根弹性杆中的内力及梁在点 P 处的位移。

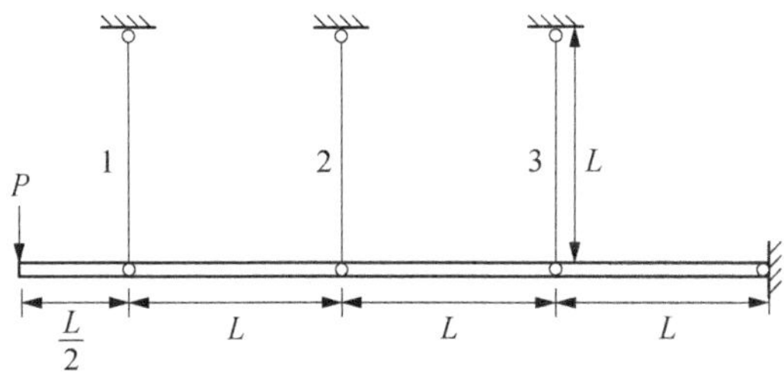

习题 2-1 图

习题 2-2　如习题 2-2 图所示的 3 根杆，一端与刚硬基础相连，另一端互相连接于一点。杆的横截面积均为 A，材料弹性模量均为 E，杆件的几何尺寸和所受外载荷如图所示。试分别用最小总位能原理和虚位移原理求解各杆的内力和加载节点处的位移。

习题 2-3　如习题 2-3 图所示为一导弹弹体截面圆框，圆框截面承受如图所示的均布载荷 q 和集中载荷 P，截面半径为 R，弯曲刚度为 EI。试用最小余能原理求解圆框弯矩表达式，并画出截面弯矩图。

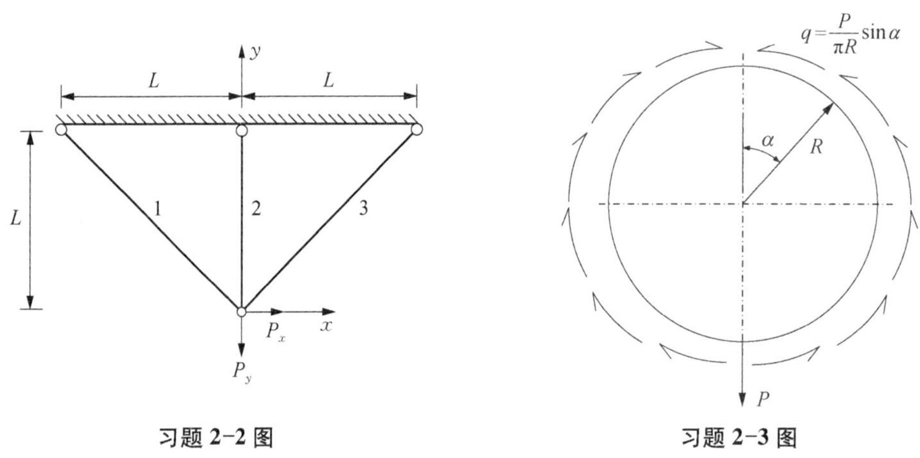

习题 2-2 图　　　　习题 2-3 图

习题 2-4　在固定翼飞机概念设计阶段，通常将机翼简化为一端固支在机身上、另一端自由的悬臂梁。某一机翼结构简化的等截面悬臂梁如习题 2-4 图所示，半翼展为 $l/2$，假设表面承受均布载荷 q 的作用，试用瑞利-里兹法求解图中点 A 处的挠度。

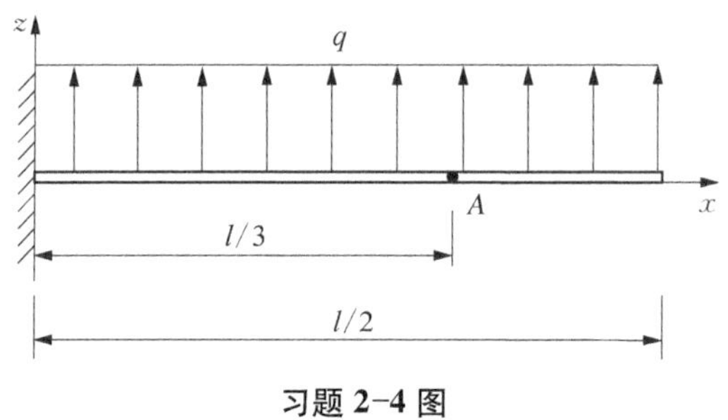

习题 2-4 图

第3章 杆系结构的静力分析

学习要点

(1) 掌握结构几何不变性和不可移动性的概念,并掌握其判定方法。

(2) 掌握桁架和刚架结构的联系与区别,并掌握二者的几何不变性和不可移动性判定方法。

(3) 掌握静力分析的力法在静定结构和静不定结构中的应用,了解单位载荷法求解位移。

(4) 掌握位移法静力分析的基本步骤。

3.1 引　　言

杆系结构在工程结构中是应用最早、最广的一类结构形式,具有结构简单、传力路线清晰等特点。在飞行器结构中,杆系结构也得到了大量的应用,如发动机的支架、机翼的主梁、运载火箭的捆绑连接结构等,在对其进行分析时,可以简化为桁架或刚架等杆系结构模型。本章首先介绍结构的不变性和不可移动性,以及判别方法,重点介绍杆系结构静力分析的主要方法,并以此为例,对静力分析的两种通用方法——力法和位移法的基本原理和步骤进行介绍。

3.2 结构的几何不变性和不可移动性

3.2.1 基本概念

结构的任务就是承受和传递外载荷到支座处(对于飞行状态的飞行器,支座往往是虚拟的)。当受到外载荷作用时,结构将发生弹性变形,产生内力来平衡外界施加的载荷。可以说,外载荷是通过这些内力来传递的。为了使结构发挥承力和传力的功能,要求其是几何不变和不可移动的,即结构需要满足几何不变性和不可移动性。

结构的几何不变性是指:结构在任何载荷的作用下,如果不考虑元件弹性变形引起的结构几何形状的微小变化,则结构保持几何形状不变的特性。几何不变性是结构承力和传力的必要条件。结构的不可移动性是指：在外载荷作用下,结构与支座之间无相对运动。对于飞行器结构,不可移动性是相对的,因为在飞行状态中,飞行器结构是自身平衡的系统。

在任意载荷作用下,只有几何不变和不可移动的结构才能承力和传力;反之,只有能承力和传力的结构在任意载荷作用下才是几何不变和不可移动的。几何不变和不可移动的是结构能够承力和传力的充分必要条件。

3.2.2 几何不变性和不可移动性的判断方法

为了判断结构是否能够承力和传力,首先就需要判断结构的几何不变性和不可移动性,主要有运动学方法和静力学方法两种。

(1) 运动学方法。

该方法是通过引入约束和自由度的概念,直接判断结构的几何不变性和不可移动性。如果元件组装成结构后只剩下刚体自由度,则该结构是几何不变的,但它是可移动的。如果组装后结构的自由度为零,则结构是几何不变的,也是不可移动的。

运动学方法直观,但是,仅通过计算自由度和约束数的关系来判断结构的几何不变性和不可移动性是不够的,还需要判断具体的结构组成形式才能得到准确的结论,因此该方法适用于比较简单的结构。为了避免这种问题,一般可以将复杂结构拆分为若干简单的子结构,首先利用运动学方法判断子结构的几何不变性,再通过组成法判断整体结构的几何不变性,最后再判断结构的不可移动性。

(2) 静力学方法。

静力学方法是通过检查结构是否能提供有限的内力来平衡给定的外载荷,间接检验结构是否为几何不变和不可移动的。该方法不仅适用于简单结构,还适用于复杂的实际结构。但是,由于计算复杂结构的内力也是不容易的,静力学方法在实际问题中应用较少。

这里还有一种特殊情况,在施加载荷的瞬间,结构无法提供足够的内力以平衡外载荷,从而产生了很大的几何变形。但当几何变形达到一定值时,结构的内力可以与外载荷平衡,几何变形不再扩大,这种现象称为瞬时几何可变。作为一个结构,即使是瞬时几何可变的,也是不能容许的。

3.3 桁架结构

3.3.1 桁架结构模型

桁架结构由直杆组成,主要通过各杆的轴力来承受和传递载荷(图 3-1)。

桁架结构的计算模型如下。

(1) 桁架结构由直杆元件和铰节点组成。

(2) 各直杆元件在两端通过铰节点互相连接,铰链是无摩擦的理想铰链。

(3) 直杆元件只承受沿直杆的轴线作用并施加在杆两端的集中力。

(4) 桁架结构仅能承受作用在节点处的集中力。

桁架结构的计算模型略去了结构元件承受弯曲和剪切的能力,也隐含着略去了杆件的自身重量。

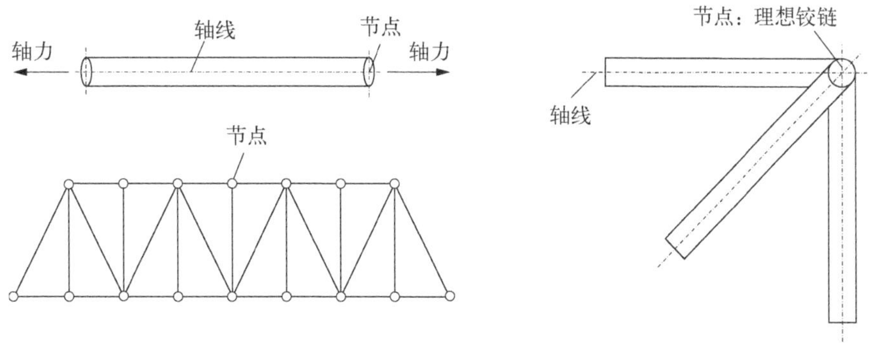

图 3-1　桁架结构

3.3.2　内力及传力形式

桁架结构计算模型中仅有一种受力元件,即只受轴力的杆元件。从两个节点中间取出一根杆(图 3-2),在此杆的两端作用有轴力。由于杆上没有其他载荷,任一点处的轴力是相等的,也就是说,桁架结构中的杆元件是等轴力杆。

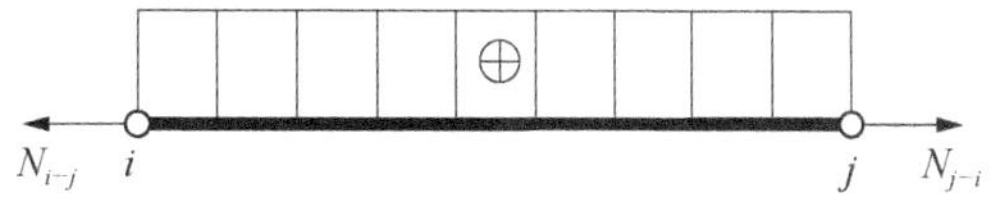

图 3-2　桁架结构杆元件的受力平衡

桁架结构的传力形式是,外载荷以集中力的形式作用在桁架的节点处,该节点的杆件以沿各杆方向的轴力将这些载荷传递到其他节点,持续传递,直至传递到支座上(或与其他结构的连接处)。

下面以一个杆系结构机翼翼梁为例,介绍桁架结构的传力过程。在飞机机翼的结构设计中,为减小结构质量,在机翼翼梁较高的时候,可以直接将机翼翼梁设计为杆系结构(图 3-3)。此时,机翼蒙皮上的气动升力通过翼肋传递到杆系结构的翼梁上,再通过这种桁架式翼梁中各杆的轴力将载荷传递到机翼与机身的连接处,进而完成了传力过程。

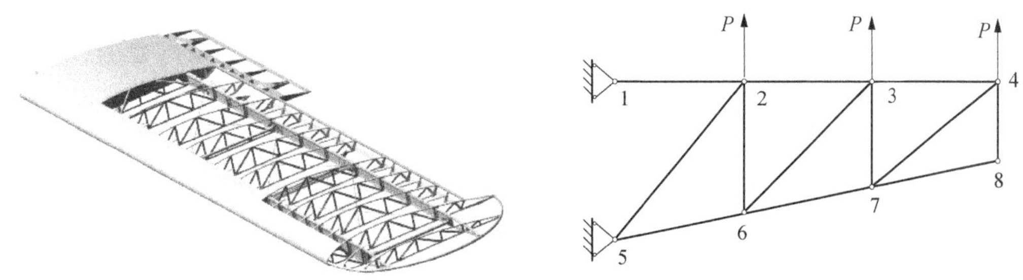

图 3-3　机翼桁架式翼梁传力示意

3.3.3 桁架结构的几何不变性和不可移动性

1. *运动学方法*

桁架结构有两个元件：杆和铰节点。根据元件组成空间，可以将桁架分为平面桁架和空间桁架。其中，平面桁架中所有杆元件（轴线）和施加在节点上的载荷都位于同一平面内，而空间桁架中杆元件（轴线）和施加在节点的载荷不是全部在同一平面内。

下面讨论两个元件的自由度和约束。

从自由度角度来考虑，对于杆元件，平面内的一个杆元件具有 3 个自由度（2 个线位移和 1 个角位移），空间中的一个杆元件具有 5 个自由度（3 个线位移和 2 个角位移；根据杆的特性，没有绕杆轴线本身的转动自由度）；对于铰节点，平面内，一个铰节点具有 2 个自由度（2 个线位移），在空间中，一个铰节点具有 3 个自由度（3 个线位移）。

从约束角度来考虑，对于杆单元，无论是平面杆元件还是空间杆元件，一个杆仅能提供 1 个约束（杆的长度对于其两端的铰节点的线位移是一个约束）。对于铰节点，平面中的铰节点能消除 2 个自由度（2 个线位移），因此平面铰节点相当于 2 个约束；空间中的铰节点能消除 3 个自由度（3 个线位移），因此空间铰节点相当于 3 个约束。

根据以上分析，对于桁架结构，无论是平面桁架还是空间桁架，如果把杆元件看作约束，则杆元件都是提供 1 个约束。因此，把可移动的铰节点看作具有自由度的点，把杆作为提供一个约束的约束，可较为方便地判断其几何不变性和不可移动性。本书在分析桁架结构几何不变性和不可移动性时，把铰节点看作自由体，而把杆元件看作约束。

根据几何不变性和不可移动性的定义，为了使桁架结构具有几何不变性和不可移动性，桁架结构应该满足以下条件。

对于平面桁架，几何不变性要求：结构的自由度数与约束数之差要小于等于 3；不可移动性要求：对于满足几何不变性的结构施加的支座约束数至少为 3 个。对于空间桁架，几何不变性要求：结构的自由度数与约束数之差要小于等于 6；不可移动性要求：对于满足几何不变性的结构施加的支座约束数至少为 6 个。

这个要求仅是结构几何不变性和不可移动性的必要条件，而不是充分条件，具体还与结构的连接形式有关。实际分析时，往往先判断结构的几何不变性，再判断结构的不可移动性，这样可以避免由于支座约束过多造成的虚假判断。

图 3-4(a)是由 4 根杆和 4 个节点组成的桁架结构，自由度数是 8、约束数是 4，自由度比约束数多 4，对于平面桁架，自由度与约束数之差大于 3，是几何可变的；增加一根杆[图 3-4(b)]，桁架结构的自由度与约束数之差等于 3，是几何不变但可移动的；增加两个支座（提供了 3 个约束），如图 3-4(c)所示，结构变为几何不变和不可移动的。图 3-4(d)所示的桁架，虽然满足自由度数和约束数相等的条件，但是，结构是瞬时几何可变的。

对于复杂结构，为了判断其几何不变性（但可移动的），组成法是一种比较方便可行的方法。

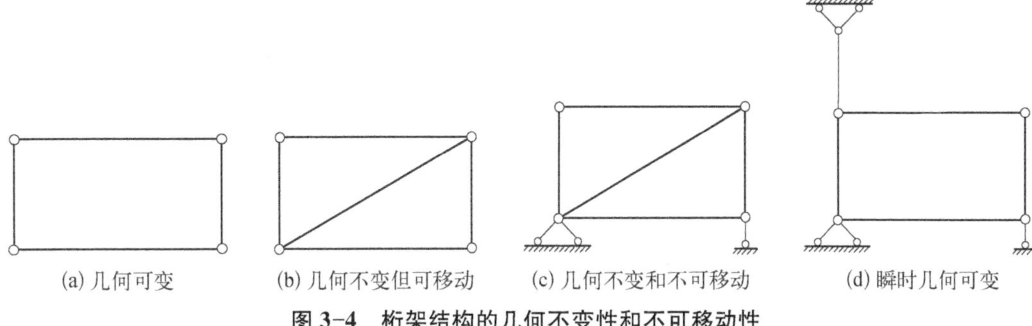

图 3-4　桁架结构的几何不变性和不可移动性

对于平面桁架结构，不在同一直线上的 3 个节点共有 6 个自由度，可以用 3 根杆相连，如图 3-5(a) 所示，还剩下 3 个自由度，这是最简单的几何不变但是可以移动的平面桁架结构；以此为基础，每增加 1 个节点，就用 2 根不在同一直线上的杆与此结构相连，如图 3-5(b) 所示，这样组成的结构肯定是几何不变的；最后，再用 3 根不相交于一点、且不互相平行的杆把这个几何不变的结构连接到基础上，如图 3-5(c) 所示，该结构就是几何不变和不可移动的。

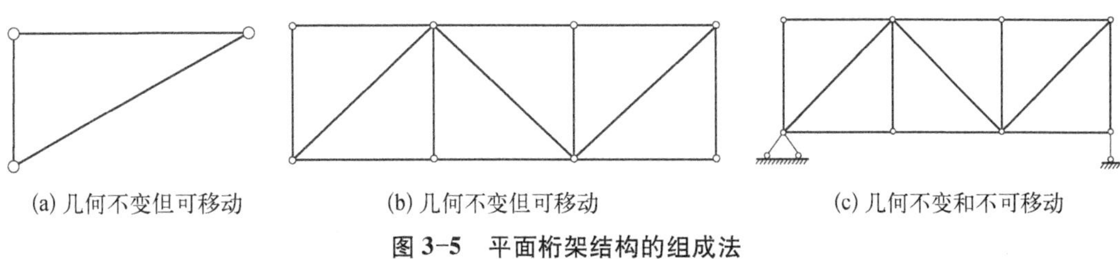

图 3-5　平面桁架结构的组成法

对于空间桁架结构，不在同一个平面上的 4 个节点共有 12 个自由度，可以用 6 根杆相连，如图 3-6(a) 所示，还剩下 6 个自由度，这是最简单的几何不变但是可以移动的空间桁架结构；以此为基础，每增加 1 个节点，就用 3 根不在同一平面上的杆与此结构相连，如图 3-6(b) 所示，这样组成的结构肯定是几何不变的；最后，再用 6 根不在同一平面且不通过同一轴线的杆把这个几何不变的结构连接到基础上，如图 3-6(c) 所示，该结构就是几何不变和不可移动的。

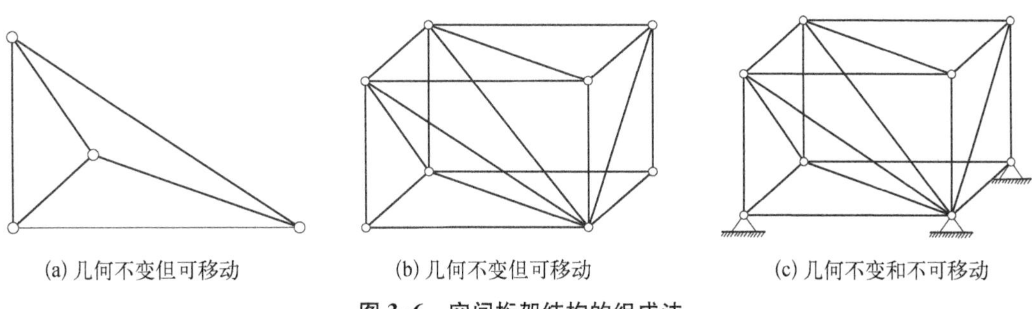

图 3-6　空间桁架结构的组成法

2. 静力学方法

判断结构几何不变性的最有效方法是平衡计算法，即静力学方法。通过检验结构是否能提供有限大的内力来平衡给定的外载荷,间接检验结构是否为几何不变的。

图 3-7(a)表示最简单的由 1 个节点和两根杆组成的平面桁架,下面用静力学方法判断其几何不变性。

根据图示结构和载荷情况,杆将产生内力 N[图 3-7(b)],根据平衡条件得到

$$N = \frac{P}{2\sin\beta} \tag{3-1}$$

由式(3-1)可以看出,当 $\beta \to 0$ 时, $N \to \infty$。这表明,在 β 很小时,结构无法提供有限大的内力来平衡(传递)外载荷。

对于图 3-7(c)所示情况,在 P 作用下,杆内将产生很大的内力 N,在这种情况下,杆的伸长变形也很大,节点会明显下沉。这时,结构的弹性变形会使 β 增加而使 N 减小,由于弹性变形量有限,N 仍然会很大,该结构是瞬时几何可变的。

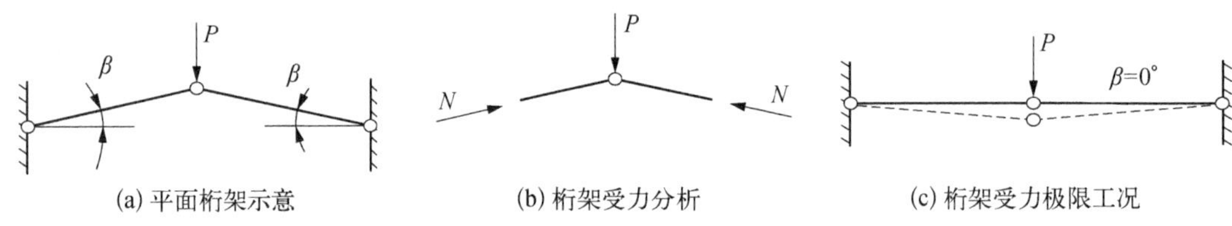

(a) 平面桁架示意　(b) 桁架受力分析　(c) 桁架受力极限工况

图 3-7　静力学方法判断几何不变性

比较以上方法可以看出,虽然静力学方法是最有效的,但是对于复杂结构的内力求解是非常麻烦的;运动学方法虽然直观,但只是一种必要条件,对于复杂连接方式难以判断。

对于复杂桁架结构,可以采用桁架组成法,实现复杂桁架结构的几何不变性和不可移动性判断。先用简单的组成法找出其中几何不变部分,作为简单子结构;将简单子结构看作刚体,再检验简单子结构之间的连接是否满足以下要求: ① 对于平面桁架,子结构之间至少由 3 根不相交于一点且不互相平行的杆件相连;② 对于空间桁架,子结构之间至少由 6 根不在同一平面且不通过同一轴线的杆相连。如果满足以上要求,则结构是几何不变的。最后,根据支座的约束条件,判断结构的不可移动性。

3.4 刚架结构

3.4.1 刚架结构模型

刚架结构由梁元件(直梁或曲梁)和刚节点组成,主要通过元件的拉压、剪切、弯曲和扭转来传递载荷(图 3-8)。

刚架结构的计算模型:

(1) 刚架结构由梁元件和刚节点组成;

(2) 各梁元件在两端通过刚节点互相连接,梁元件与梁元件之间的夹角在变形前后保持不变;

（3）梁元件的横剖面内可以存在任何形式的内力，即轴力、剪力、弯矩和扭矩（对于刚架，只有在外力不作用在轴线上时才有扭矩）；

（4）刚架结构可以承受施加在任何部位的任何形式的载荷。

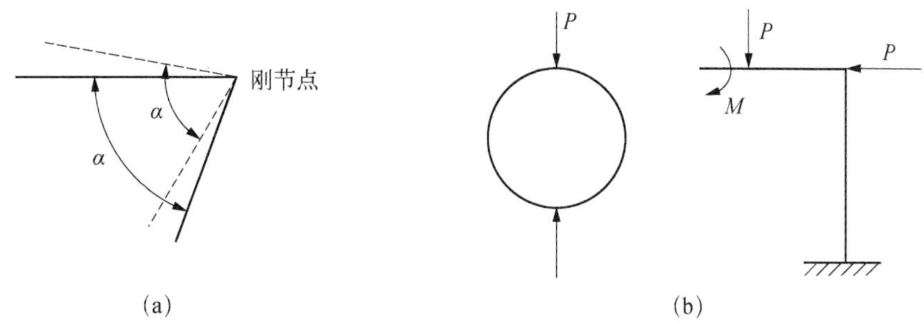

图 3-8　几种典型刚架结构

3.4.2　内力及传力形式

刚架结构计算模型中仅有一种受力元件，即可以承受轴力、弯矩、剪力和扭矩的梁元件。

从刚架中任意取出一段梁单元（图 3-9），在此梁单元的两端作用有轴力、弯矩和剪力。由于梁元件上可以承受任意载荷，梁单元上任一剖面处的轴力、剪力和弯矩可以是变化的，可以列出任意剖面处的轴力、弯矩、剪力和扭矩的力平衡方程。

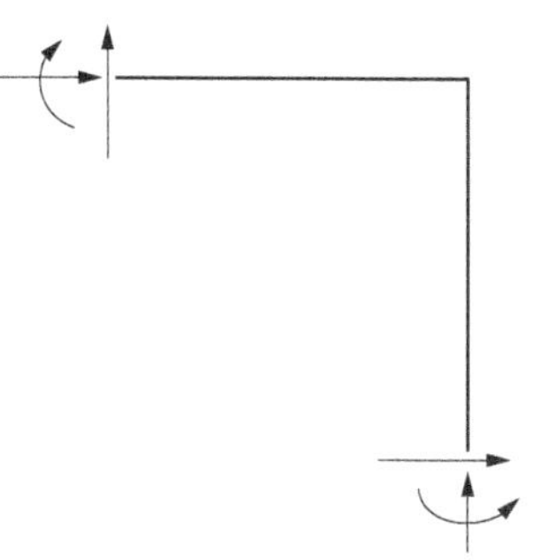

图 3-9　刚架结构梁单元的受力平衡

刚架结构的传力形式是，外载荷以任何形式作用在刚架结构上，梁单元剖面以轴力、剪力和弯矩的形式将载荷持续传递，最终传递到支座上（或与其他结构的连接处）。如 3-10 所示为某民航客机发动机吊挂部段，是发动机短舱与机翼之间的过渡部段，具有传递发动机的推力、吸收发动机振动、隔离发动机区的关键作用，可简化为刚架结构。吊挂上部通过前、后两个接头及剪切销柱与机翼连接，吊挂下部通过前、后安装架与发动机连接。与机翼连接的接头不受弯矩，前接头提供垂向约束，后接头提供垂向及侧向约束，剪切销柱提供航向、侧向约束，三处约束构成静定支持刚架结构。

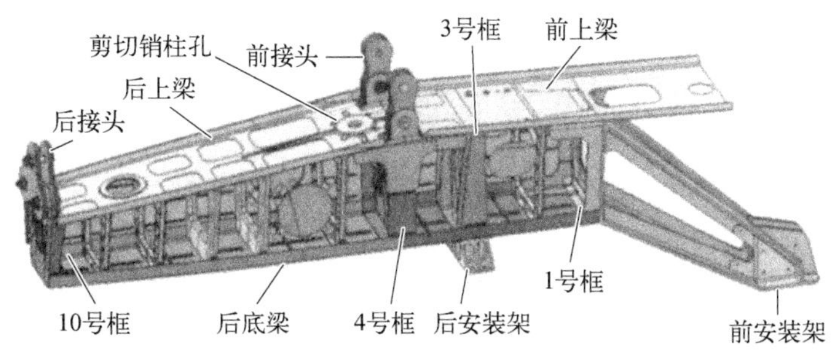

图 3-10　民航客机发动机吊挂部段示意

3.4.3 刚架结构的几何不变性和不可移动性

刚架结构有两个元件：梁元件(直梁或曲梁)和刚节点。由于刚节点满足梁与梁之间的夹角在变形前后保持不变的条件,它不具有独立的自由度也不提供独立的约束。直梁或曲梁能承受轴力、剪力和弯矩作用。所有元件(轴线)和施加在元件上的载荷都位于同一平面内的刚架称为平面刚架,元件(轴线)和施加在元件上的载荷并非全部在同一平面内的刚架称为空间刚架。

可以采用运动学方法来判断刚架结构的几何不变性和不可移动性,为此首先讨论梁元件的自由度和约束。

对于平面刚架,每个梁元件有 3 个自由度,包括 2 个平移和 1 个转动自由度。增加一个用刚节点连接在一起的梁元件,连接后仍具有 3 个自由度,是几何不变的。只要用 3 个或 3 个以上的支座约束把它连接到基础上,刚架就是几何不变且不可移动的(图 3-11)。对于空间刚架,每个元件具有 6 个自由度,包括 3 个平移自由度和 3 个转动自由度。逐次连接后的刚架仍有 6 个自由度,是几何不变的。只要用 6 个或 6 个以上的支座约束将其连接到基础上,刚架就是几何不变且不可移动的。

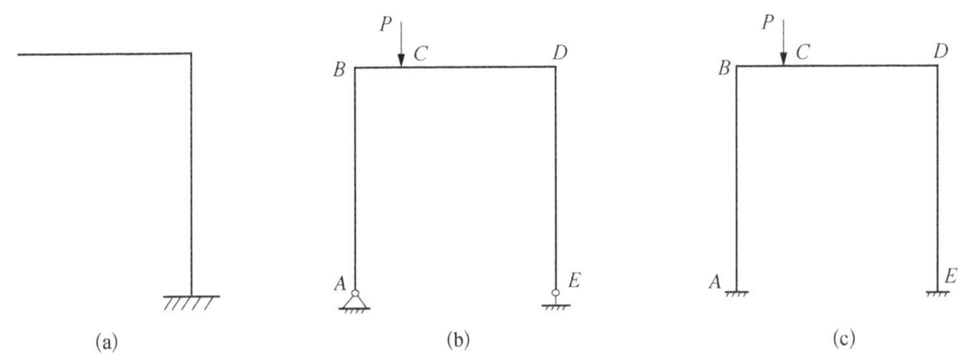

图 3-11 刚架结构的几何不变性与不可移动性

实际结构中,会有一些结构是桁架和刚架的混合结构,对于这种结构,可以采用组成法进行分析。

3.5 静力分析——力法

结构静力学分析中,根据选取的基本未知量,采取的方法可以分为力法和位移法。力法是选取内力(或反力)为基本未知数,利用平衡条件和变形协调条件,求出结构的内力,其对应的能量原理是最小余能原理。

根据结构的承力和传力特点,可以将其分为静定结构和静不定结构。静定系统是指结构的自由度与约束数相等,且是几何不变和不可移动的结构。静定结构静力分析的特点是,可以直接从平衡方程得到元件的内力和支座反力。静不定结构是指具有多余约束的结构,且是几何不变和不可移动的,其多余约束数称为结构的静不定度。静不定结构静力分析的特点是,不能够直接从平衡方程得到元件的内力和支座反力,需要由平衡条件和变形协调条件共同求解。

下面,首先分别讨论静定和静不定结构的内力求解方法,再给出结构位移的求解方法。

3.5.1　静定结构的静力分析

1. 静定桁架结构的静力分析

桁架结构中的受力元件是等轴力的杆,求解桁架的内力就是求解每根杆的轴力。对于静定桁架结构,一般采用节点法和截面法列出平衡方程,再由平衡方程直接求得杆的内力。如果采用节点法:对于平面桁架,每个节点可以列 2 个力的平衡方程;对于空间桁架,每个节点可以列 3 个力的平衡方程。如果采用截面法:对于平面桁架,每个部件可以列出 2 个力的平衡方程和 1 个力矩平衡方程,对于空间桁架,每个部件可以列出 3 个力的平衡方程和三个力矩平衡方程。

在对静定桁架结构进行静力分析时,如果能够首先找出内力为零的杆(零力杆),则可以大大简化分析过程,以下是确定零力杆的几点基本原则。

(1) 如果平面节点只有不共线的 2 根杆相连,或者空间节点只有不共面的 3 根杆相连,而且,该节点上无外载荷作用,则与该节点相连的所有杆的轴力都等于 0。

(2) 若平面节点有 3 根杆相连,且其中有 2 根杆共线,或空间结构有 n 根杆相连,且其中有$(n-1)$根杆共面,而该节点上又无外载荷作用,则不共线或不共面的那根杆的轴力为 0。

例题 3-1　对于图 3-12 所示的平面桁架,在点 5 处受到 P 载荷的作用,求桁架的内力。

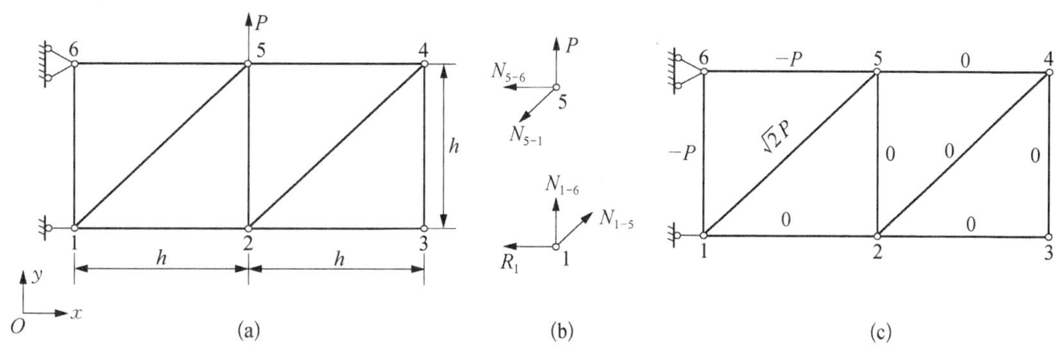

图 3-12　例题 3-1 平面桁架一

解: 首先,根据运动学方法可以判断该桁架是静定结构。然后,找出“零力杆”。由节点 3 可以得出,杆 2-3、杆 3-4 为零力杆;再由节点 4 可以得出杆 4-5、杆 2-4 是零力杆;最后由节点 2 可以得出杆 1-2、杆 2-5 是零力杆。

下面采用节点法进行内力求解(也可以采用截面法进行内力求解)。

在节点 5 处,可以建立 2 个平衡方程:

$$N_{5-1}\frac{\sqrt{2}}{2}+N_{5-6}=0$$

$$N_{5-1}\frac{\sqrt{2}}{2}-P=0$$

于是得到

$$N_{5-1}=\sqrt{2}P$$

$$N_{5-6}=-P$$

在节点 1 处,可以建立 2 个平衡方程,为了求取杆 1-6 的内力,仅列出 1 点处 y 方向的平衡方程:

$$N_{1-5}\frac{\sqrt{2}}{2}+N_{1-6}=0$$

于是得到

$$N_{1-6}=-P$$

综上,各杆内力分别为

$$N_{2-3}=0,\quad N_{3-4}=0,\quad N_{4-5}=0,\quad N_{2-4}=0,\quad N_{1-2}=0,\quad N_{2-5}=0\ (\text{零力杆})$$

$$N_{1-6}=-P\ (\text{压杆})$$

$$N_{5-1}=\sqrt{2}P,\quad N_{5-6}=-P\ (\text{压杆})$$

例题 3-2 对于图 3-13 所示的平面桁架,在点 5 处受到 P 载荷的作用,求桁架的内力。

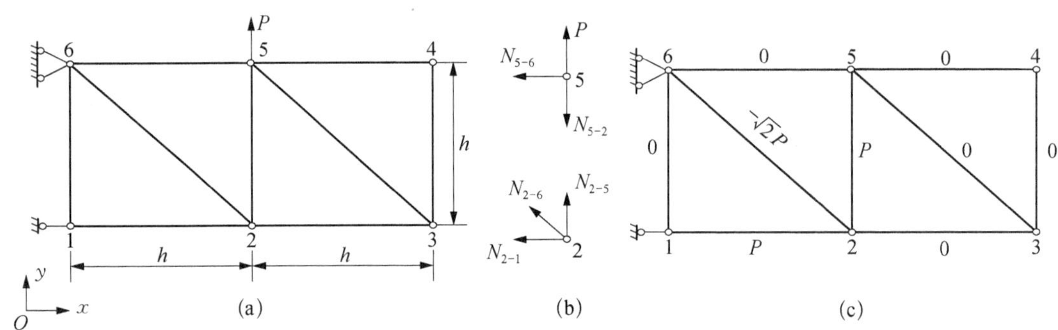

图 3-13 例题 3-2 平面桁架二

解: 首先,根据运动学方法可以判断桁架是静定结构。然后,找出"零力杆"。由节点 4 可以得出,杆 3-4、杆 4-5 是零力杆;再由节点 3 可以得出,杆 2-3、杆 3-5 是零力杆;最后由节点 1 可以得出,杆 1-6 是零力杆。

下面采用节点法进行内力求解(也可以采用截面法进行内力求解)。

在节点 5 处,可以建立 2 个平衡方程:

$$N_{5-6}-N_{5-4}-N_{5-3}\frac{\sqrt{2}}{2}=0$$

$$N_{5-2} - P = 0$$

于是得到

$$N_{5-6} = 0$$

$$N_{5-2} = P$$

在节点 2 处,可以建立 2 个平衡方程:

$$N_{2-1} + N_{2-6}\frac{\sqrt{2}}{2} = 0$$

$$N_{2-5} + N_{2-6}\frac{\sqrt{2}}{2} = 0$$

于是得到

$$N_{2-1} = P$$

$$N_{2-6} = -\sqrt{2}P$$

综上,各杆内力分别为

$$N_{3-4} = 0,\quad N_{4-5} = 0,\quad N_{2-3} = 0,\quad N_{3-5} = 0,\quad N_{1-6} = 0,\quad N_{5-6} = 0\ (\text{零力杆})$$

$$N_{2-6} = -\sqrt{2}P\ (\text{压杆})$$

$$N_{5-2} = P,\quad N_{2-1} = P\ (\text{拉杆})$$

对于以上桁架,用粗线表示载荷 P 作用下受力的杆件,用细线表示不受力的杆件,即零力杆,可以得到如图 3-14 所示的受力传力情况。

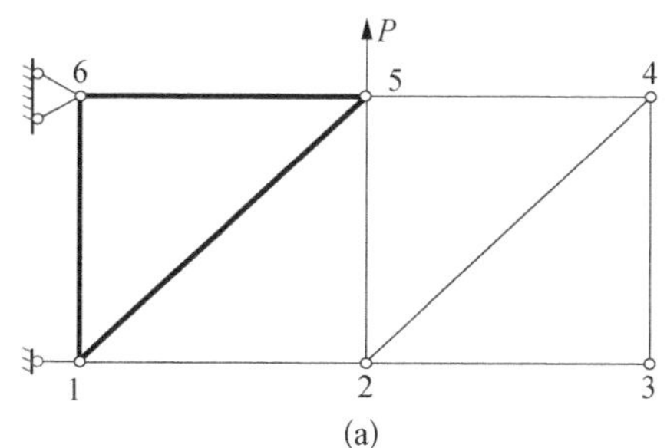

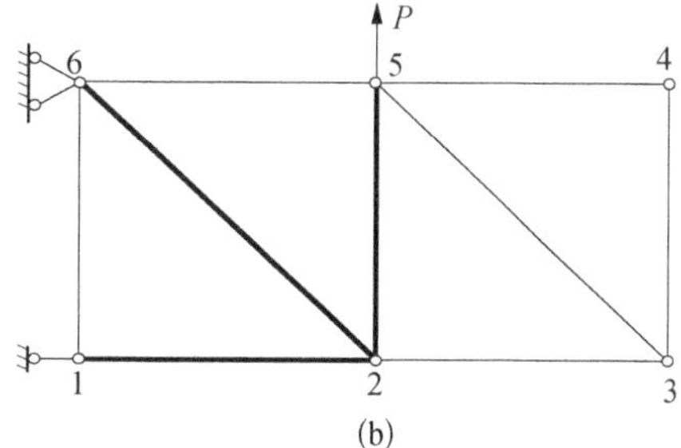

图 3-14　两种平面桁架的传力路线

对于如图 3-14(a)所示的桁架结构受力情况,可以看到,载荷 P 是通过杆 1-5、1-6 和 5-6 这 3 根杆传递到基础上的,杆 1-5、1-6 和 5-6 就组成了载荷 P 的传递路径,这就是该结构在承受图示载荷情况下的"传力路线"。对于如图 3-14(b)所示的桁架结构,可以看到,载荷 P 是通过杆 2-5、2-6 和 1-2 这 3 根杆传递到基础上的,杆 2-5、2-6 和 1-2 就组成了载荷 P 的传递路径,这就是该结构在承受图示载荷的情况下的"传力路线"。

对比这两种传力路线，可以看出，图 3-14(a)中的载荷 P 直接通过杆 5-6 和 5-1 传至基础处。图 3-14(b)中的载荷 P 要先通过杆 2-5 传到节点 2，然后才由杆 2-6 和 1-2 传至基础处。相比之下，在图中给定的载荷和支座形式下，图 3-14(a)的传力路线更直接。

例题 3-3 在飞机机翼的结构设计中，为减小结构质量，在机翼翼梁较高的时候，可以直接将机翼翼梁设计为杆系结构，此时机翼蒙皮上的气动升力通过翼肋传递到杆系结构的翼梁上。试计算图 3-15 所示的桁架式翼梁中各杆的轴力。

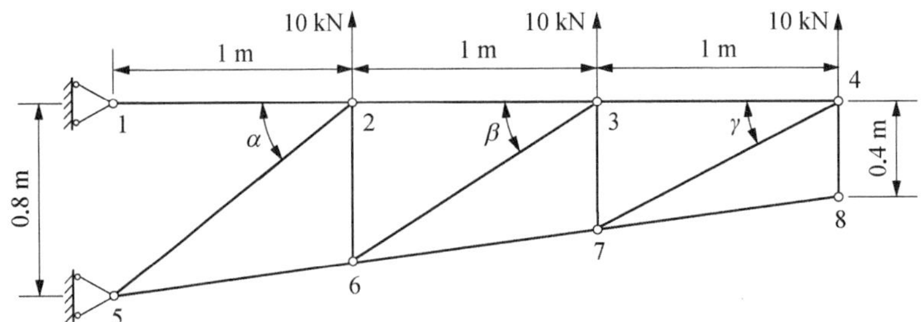

图 3-15 例题 3-3 示意图

解：(1) 结构静定/静不定分析。

该结构有 8 个移动铰节点，对应 16 个自由度。同时，有 12 根杆对应 12 个约束，再加上 4 个支座约束数，结构是静定结构。

(2) 内力计算。

由节点 8 可知，杆 4-8、7-8 是零力杆。

对节点 4，由 $\sum F_x = 0$，$\sum F_y = 0$ 可得

$$\begin{cases} N_{4-7}\sin\gamma = 10(\text{kN}) \\ N_{4-7}\cos\gamma + N_{3-4} = 0 \end{cases}$$

求解得

$$\begin{cases} N_{4-7} = \dfrac{10}{\sin\gamma} = 10\cdot\dfrac{\sqrt{(1.6/3)^2+1}}{1.6/3} = 21.25(\text{kN}) \\ N_{3-4} = -\dfrac{10}{\sin\gamma}\cos\gamma = -10\cdot\dfrac{1}{1.6/3} = -18.75(\text{kN}) \end{cases}$$

对节点 7，由 $\sum F_x = 0$，$\sum F_y = 0$ 可得

$$\begin{cases} N_{4-7}\sin\gamma + N_{3-7} = \dfrac{0.4}{\sqrt{9.16}}N_{6-7} \\ N_{4-7}\cos\gamma = \dfrac{3}{\sqrt{9.16}}N_{6-7} \end{cases}$$

求解得

$$\begin{cases} N_{3-7}=\dfrac{0.4}{3}\cos\gamma N_{4-7}-N_{4-7}\sin\gamma=\dfrac{0.4}{3}\dfrac{1}{\sqrt{(1.6/3)^2+1}}21.25-21.25\dfrac{1.6/3}{\sqrt{(1.6/3)^2+1}} \\ \quad =-7.50(\text{kN}) \\ N_{6-7}=\dfrac{\sqrt{9.16}}{3}\cos\gamma N_{4-7}=\dfrac{\sqrt{9.16}}{3}\dfrac{1}{\sqrt{(1.6/3)^2+1}}21.25=18.92(\text{kN}) \end{cases}$$

对节点3，由 $\sum F_x=0$，$\sum F_y=0$ 可得

$$\begin{cases} N_{3-4}=N_{3-6}\cos\beta+N_{2-3} \\ N_{3-6}\sin\beta+N_{3-7}=10 \end{cases}$$

求解得

$$\begin{cases} N_{2-3}=N_{3-4}-\dfrac{10\cos\beta}{\sin\beta}+\dfrac{\cos\beta N_{3-7}}{\sin\beta}=-18.75-\dfrac{1}{2/3}\cdot 7.5-10\cdot\dfrac{1}{2/3}=-45.00(\text{kN}) \\ N_{3-6}=\dfrac{10}{\sin\beta}-\dfrac{N_{3-7}}{\sin\beta}=10\dfrac{\sqrt{(2/3)^2+1}}{2/3}+7.5\dfrac{\sqrt{(2/3)^2+1}}{2/3}=31.55(\text{kN}) \end{cases}$$

对节点6，由 $\sum F_x=0$，$\sum F_y=0$ 可得

$$\begin{cases} \dfrac{3}{\sqrt{9.16}}N_{5-6}=N_{3-6}\cos\beta+\dfrac{3}{\sqrt{9.16}}N_{6-7} \\ \dfrac{0.4}{\sqrt{9.16}}N_{5-6}=N_{2-6}+\dfrac{0.4}{\sqrt{9.16}}N_{6-7}+N_{3-6}\sin\beta \end{cases}$$

求解得

$$\begin{cases} N_{5-6}=\dfrac{\sqrt{9.16}}{3}\cos\beta N_{3-6}+N_{6-7}=\dfrac{\sqrt{9.16}}{3}\cdot\dfrac{1}{\sqrt{(2/3)^2+1}}31.55+18.92=45.40(\text{kN}) \\ N_{2-6}=\dfrac{0.4}{3}\cos\beta N_{3-6}-N_{3-6}\sin\beta=\dfrac{0.4}{3}\cdot\dfrac{1}{\sqrt{(2/3)^2+1}}31.55-31.55\dfrac{2/3}{\sqrt{(2/3)^2+1}} \\ \quad =-14.00(\text{kN}) \end{cases}$$

对节点2，由 $\sum F_x=0$，$\sum F_y=0$ 可得

$$\begin{cases} N_{2-3}=N_{2-5}\cos\alpha+N_{1-2} \\ N_{2-6}+N_{2-5}\sin\alpha=10 \end{cases}$$

求解得

$$\begin{cases} N_{1-2}=N_{2-3}-\dfrac{10\cos\alpha}{\sin\alpha}+\dfrac{N_{2-6}\cos\alpha}{\sin\alpha}=-44.99-\dfrac{10\cos\alpha}{\sin\alpha}-\dfrac{14\cos\alpha}{\sin\alpha}=-74.99(\text{kN}) \\ N_{2-5}=\dfrac{10}{\sin\alpha}-\dfrac{N_{2-6}}{\sin\alpha}=\dfrac{10}{\sin\alpha}+\dfrac{14}{\sin\alpha}=38.42(\text{kN}) \end{cases}$$

综上,各杆内力分别为

$$N_{4-8}=0,\quad N_{7-8}=0\text{(零力杆)}$$

$$N_{1-2}=-74.99\ \text{kN},\quad N_{2-6}=-14.00\ \text{kN},\quad N_{2-3}=-45.00\ \text{kN},$$

$$N_{3-7}=-7.50\ \text{kN},\quad N_{3-4}=-18.75\ \text{kN}\text{(压杆)}$$

$$N_{2-5}=38.42\ \text{kN},\quad N_{5-6}=45.40\ \text{kN},\quad N_{3-6}=31.55\ \text{kN},$$

$$N_{6-7}=18.92\ \text{kN},\quad N_{4-7}=21.25\ \text{kN}\text{(拉杆)}$$

2. 静定刚架结构的静力分析

对于平面刚架,梁元件一般有 3 种内力,即轴力 N、剪力 Q、弯矩 M,平面刚架只有在外载荷不作用在轴线上时才有扭矩。

对于空间刚架,梁元件有 6 种内力,即轴力 N、剪力 Q_y 和 Q_z、弯矩 M_z 和 M_y、扭矩 M_x。其中,轴力、剪力和扭矩可以沿元件轴线方向不变(在集中载荷作用于刚节点的情况下),也可以是变值(在沿轴线有分布载荷作用的情况下)。但弯矩一般为变值,除非在刚节点上只作用有集中弯矩。

对于静定刚架,一般从自由端开始计算其内力。如果没有自由端,首先计算支座的反力,再由支座开始计算内力。

例题 3-4 图 3-16(a)为一平面刚架,求其内力,并作内力图。

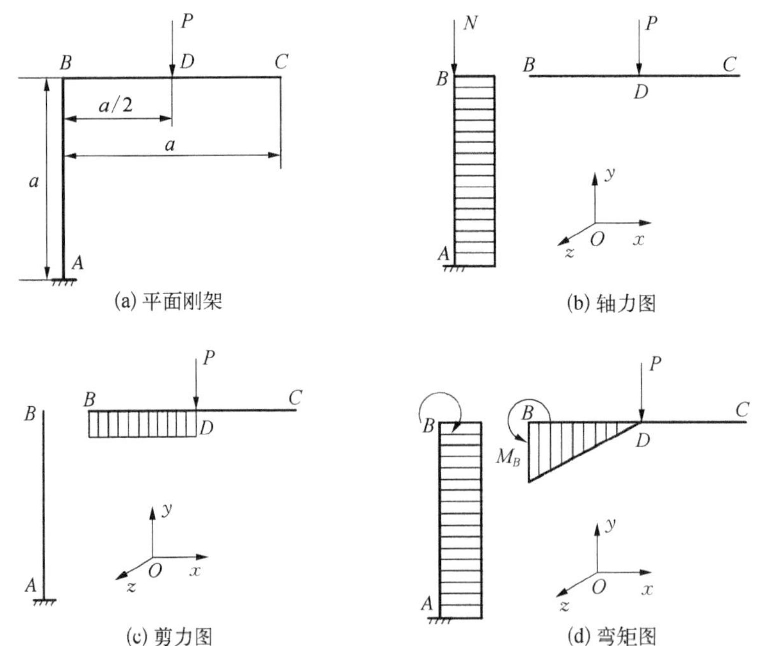

图 3-16 例题 3-4 平面刚架

解：首先，根据运动学方法可以判断其是静定刚架。

然后，从自由端处（结构中的点 C）开始计算静定刚架的内力。

DC 段：没有任何内力。

BD 段：可把点 B 看作固定端（固定在 AB 上）。BD 段没有轴力；由于 P 的作用，BD 段的剪力为常值，等于 P；而弯矩呈线性变化，其中点 B 处的弯矩为 $M_B = -\frac{1}{2}Pa$。

AB 段：A 是固定端。AB 段的轴力为常值，$N = -P$；AB 段没有剪力，所以 AB 段上的弯矩为常值，$M = -\frac{1}{2}Pa$。

3.5.2　静不定结构的静力分析

1. 静不定结构及其特点

与静定结构相比，静不定结构具有以下特点。

（1）静不定结构具有无穷组满足平衡条件和力的边界条件的内力可能解，而同时满足平衡条件和变形协调条件的真实解是唯一的。因此，静不定结构不能仅由平衡条件得到内力，必须由平衡条件和变形协调条件联合求解内力，静定结构是可以直接由平衡条件得到内力的，这是静不定结构与静定该结构最大的不同。

（2）静不定结构在载荷作用下的传力路线是不唯一的，静不定度越高，传力路线越多。每条传力路线传递多少载荷也不是唯一的，它与结构各元件的刚度密切相关，改变结构的几何和物理参数，就可以改变各传力路线所传递载荷的比例。而静定结构在载荷作用下的传力路线是唯一的，因此静不定系统具有更高的安全性和生存力。

（3）静不定结构的内力不仅与外载荷有关，还与各元件的几何特性和材料特性有关。而静定结构的内力则只与载荷有关。

（4）由于静不定结构的内力受协调条件的制约，会受到温度变化和装配误差的影响，而静定结构的内力不受温度变化和装配误差的影响。

为了说明静不定结构与静定结构在传力路线上的区别，对图 3-17 所示的两种结构进行分析。图 3-17(a) 是静定结构，载荷 P 是通过静定桁架的上部三角形（用粗实线表示）传递到支座上的，这也是唯一的传力路线。图 3-17(b) 是静不定结构，由于比静定桁架增加了 1 个元件，在传递载荷 P 时，增加了 1 条传力路线，共有 2 条传力路线。第 1 条传力路线用虚线表示，第 2 条传力路线用点划线表示，其中第 1 条路线与静定结构中的传力路线相同。在各杆的剖面面积和弹性模量都相同的情况下，可以求得其内力[图 3-17(b)]，可以看出，每条传力路线各传递 $P/2$ 的载荷。

在静力学分析的力法中，静定结构和静不定结构的求解具有很大区别。因此，在求解一个结构时，首先要判断结构是静定还是静不定的。如果是静不定结构，还需要求出其静不定度，结构的静不定度可以通过自由度和约束数的关系来直接求得。

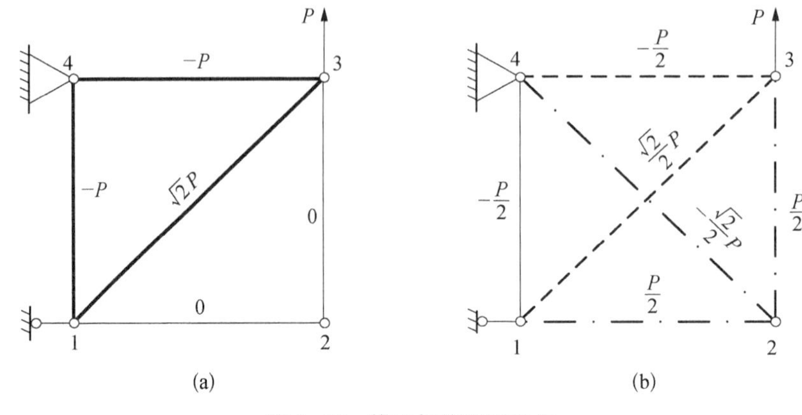

图 3-17　静定与静不定结构

2. 静不定结构内力求法

由于约束数多于自由度数,未知的内力数比平衡方程的数量多,采用力法求解时,不能直接由平衡方程得到所有的内力,需要选取多余约束的内力(或反力)为基本未知量,首先利用平衡条件和变形协调条件,求出这些基本未知力,然后再求出结构的其他内力。

力法对应的能量原理是余虚功原理或最小余能原理,基本步骤如下。

(1) 对于静不定结构,设其具有 $m+n$ 个约束,其中 n 为多余约束数。根据平衡条件可以列出 m 个平衡方程,还有 n 个多余的内力。

(2) 将这 n 个(可任意选择的)内力记为 $X_i(i = 1, 2, 3, \cdots, n)$,则 m 个内力可以通过平衡条件表示为已知外载荷 P 和未知多余内力 X_i 的函数,即

$$N_j = N_j(P, X_i) \quad (j = 1, 2, 3, \cdots, m) \tag{3-2}$$

为了得到用多余未知内力 X_i 和外载荷 P 表示的内力,可以采取以下办法:因为 X_i 是相互独立的,所以可以选择 n 个互相独立的单位状态$\langle 1\rangle$, $\langle 2\rangle$, $\cdots$, $\langle n\rangle$来表示与 X_i 对应的内力分布;由于此时没有外载荷,单位状态都是自身平衡状态。之后,再选择一种$\langle P\rangle$状态来表示与外载荷 P 相关的内力分布,这个状态可以是只要求内力能与外载荷相平衡,并满足力的边界条件。将以上的内力分布求和,就可以得到结构的真实内力。

$$N = N_P + \sum_{k=1}^{n} X_k \overline{N}_k \tag{3-3}$$

式中, $\overline{N}_k$ 为单位$\langle k\rangle$状态的内力。

(3) 通过物理方程,可以得到各元件的真实应变和位移。

(4) 单位状态相当于在未知力 X_i 处施加了一对大小相等方向相反的广义力,这对广义力其对应的广义位移是其相对位移,由变形协调条件(结构应该处处连续),相对位移应该为 0。根据单位载荷法,单位内力状态<i>与真实变形状态(即与 N_j 对应的变形状态)的乘积在整个体积上的积分等于 0:

$$u_i \cdot 1 = \sum_{j=1}^{n} \delta_{ij} X_j + \Delta_{iP} = 0 \quad (i, j = 1, 2, \cdots, n) \tag{3-4}$$

式中，$u_i(i = 1, 2, \cdots, n)$ 表示与单位状态$\langle i \rangle$的广义力对应的广义位移，它由两部分变形组成：第 1 部分是外载荷引起的并与单位广义力 X_i 对应的广义位移 Δ_{iP}，第 1 个下标表示广义位移的性质，第 2 个下标表示引起该广义位移的外载荷；第 2 部分是单位载荷 $X_i = 1$ 引起的并与单位状态$\langle i \rangle$对应的广义位移 δ_{ij}，第 1 个下标表示广义位移的性质，第 2 个下标表示引起该广义位移的单位载荷。

由此，可以建立正则方程：

$$\sum_{j=1}^{n} \delta_{ij} X_j + \Delta_{iP} = 0 \quad (i, j = 1, 2, \cdots, n) \tag{3-5}$$

对于桁架结构：

$$\delta_{ij} = \sum_{k=1}^{m} \frac{N_{ik} N_{jk}}{EA_k} L_k \quad (i, j = 1, 2, \cdots, n) \tag{3-6}$$

$$\Delta_{iP} = \sum_{k=1}^{m} \frac{N_{ik} N_{Pk}}{EA_k} L_k \quad (i = 1, 2, \cdots, n) \tag{3-7}$$

$$\delta_{ij} = \delta_{ji} \quad (i, j = 1, 2, \cdots, n) \tag{3-8}$$

式中，m 是桁架结构杆元件的总数；A 为杆的横截面积；L_k 为第 k 个杆的长度；E 为材料的弹性模量。

对于刚架结构，略去影响较小的轴力、剪力部分，有

$$\delta_{ij} = \sum_{k=1}^{m} \int_0^{l_m} \frac{M_{ik} M_{jk}}{EI_k} \mathrm{d}s \quad (i, j = 1, 2, \cdots, n) \tag{3-9}$$

$$\Delta_{iP} = \sum_{k=1}^{m} \int_0^{l_m} \frac{M_{ik} M_{Pk}}{EI_k} \mathrm{d}s \quad (i = 1, 2, \cdots, n) \tag{3-10}$$

$$\delta_{ij} = \delta_{ji} \quad (i, j = 1, 2, \cdots, n) \tag{3-11}$$

式中，m 为刚架结构梁元件的总数；I_k 为第 k 个梁元件的惯性矩；l_m 为第 m 个梁元件的长度；E 为材料的弹性模量。

（5）由正则方程求得 X_i。

（6）解出全部内力 N_j。

下面以图 3-18 所示的 2 度静不定桁架内力的求解，介绍采用力法求解静不定结构的步骤。其中，桁架各杆的 EA 均相同。

首先，可以判断图 3-18 所示结构的静不定度为 2 度。从平衡的角度看，它具有 2 个多余未知内力。于是，需要有 2 个独立的多余未

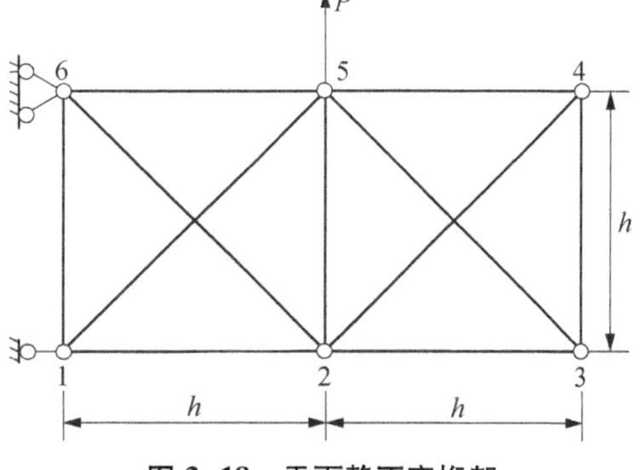

图 3-18　平面静不定桁架

知力，假设多余未知力为 X_1 和 X_2。

下面分别讨论〈P〉状态和单位状态〈1〉和〈2〉（分别为与 X_1 和 X_2 对应的单位状态）的选取。

〈P〉状态：这个状态只要求内力能与外载荷相平衡，并满足力的边界条件即可。因此，〈P〉状态的选择越简单越好，即零力杆越多越好。图 3-19(a) 所示为一种〈P〉状态，图中零力杆用虚线表示。

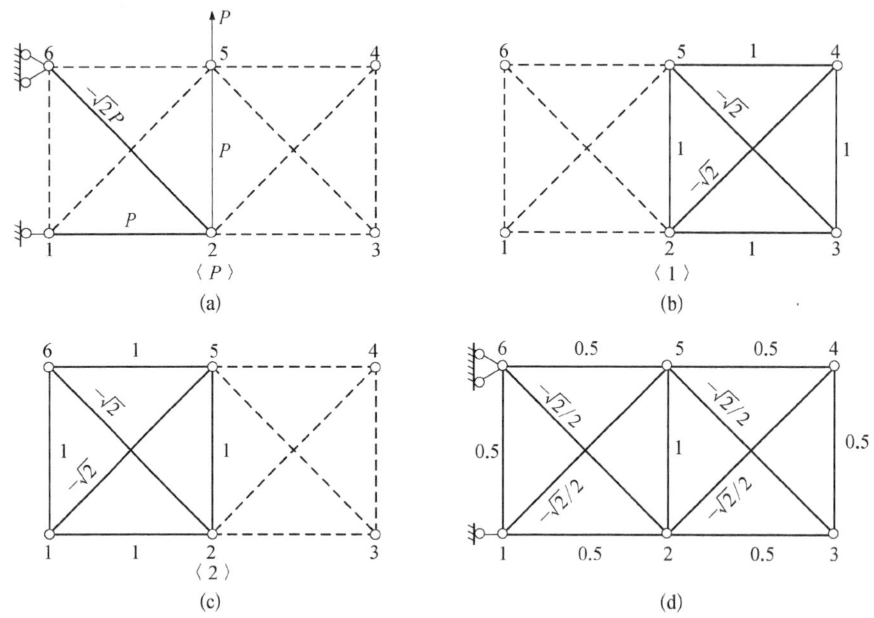

图 3-19 〈P〉状态和单位状态的选取

单位状态〈1〉和〈2〉：单位状态一般要求自身平衡、不同单位状态之间彼此独立。这就意味着每个自身平衡的单位状态的内力分布范围越小越好，与其他单位状态的重叠越少越好。图 3-19(b) 和 (c) 为两个单位状态的一种选择。

桁架的真实内力为

$$N = N_P + X_1\overline{N}_1 + X_2\overline{N}_2 \tag{3-12}$$

由于〈P〉、〈1〉和〈2〉都满足平衡条件，式(3-12)所表达的内力状态也必然满足平衡条件，多余未知力 X_1 和 X_2 现在应看成两个广义力。

根据变形协调条件，得到以下正则方程：

$$\sum_{j=1}^{n} \delta_{ij}X_j + \Delta_{iP} = 0 \quad (i = 1,\ 2) \tag{3-13}$$

将式(3-6)～式(3-8)代入式(3-13)，并展开得

$$\begin{cases} \sum\limits_{i=1}^{11} \dfrac{N_{Pi}N_{1i}}{EA}L_i + X_1 \sum\limits_{i=1}^{11} \dfrac{N_{1i}N_{1i}}{EA}L_i + X_2 \sum\limits_{i=1}^{11} \dfrac{N_{2i}N_{1i}}{EA}L_i = 0 \\ \sum\limits_{i=1}^{11} \dfrac{N_{Pi}N_{2i}}{EA}L_i + X_1 \sum\limits_{i=1}^{11} \dfrac{N_{1i}N_{2i}}{EA}L_i + X_2 \sum\limits_{i=1}^{11} \dfrac{N_{2i}N_{2i}}{EA}L_i = 0 \end{cases}$$

得到正则方程如下：

$$\begin{cases}9.65685X_1+X_2+P=0\\X_1+9.65685X_2+2(1+\sqrt{2})P=0\end{cases}$$

解出 X_1 和 X_2 的值为

$$\begin{cases}X_1=-0.05234P\\X_2=-0.49458P\end{cases}$$

将 X_1 和 X_2 值代入式(3-12)，并参照图 3-19 中的〈P〉、〈1〉和〈2〉状态，可最终得出既满足平衡条件又满足变形协调条件的真实内力解(图 3-20)。

$$N_{1\text{-}2}=0.50542P,\quad N_{1\text{-}5}=0.69944P,\quad N_{1\text{-}6}=-0.49458P,$$

$$N_{2\text{-}3}=-0.05234P,\quad N_{2\text{-}4}=-0.07402P$$

$$N_{2\text{-}5}=0.45308P,\quad N_{2\text{-}6}=-0.71477P,\quad N_{3\text{-}4}=0.05234P,$$

$$N_{4\text{-}5}=N_{3\text{-}4},\quad N_{5\text{-}6}=-0.49458P$$

比较图 3-20 和图 3-12、图 3-13 的结构，可以看出，在相同载荷和边界条件的情况下，静定和静不定结构在内力上的区别主要表现在：静定结构的传力路线是唯一的，而静不定结构的传力路线不是唯一的；图 3-20 所示的静不定结构的主传力路线与图 3-12、图 3-13 所示的静定结构相同，其余部分是对主传力路线的补充。

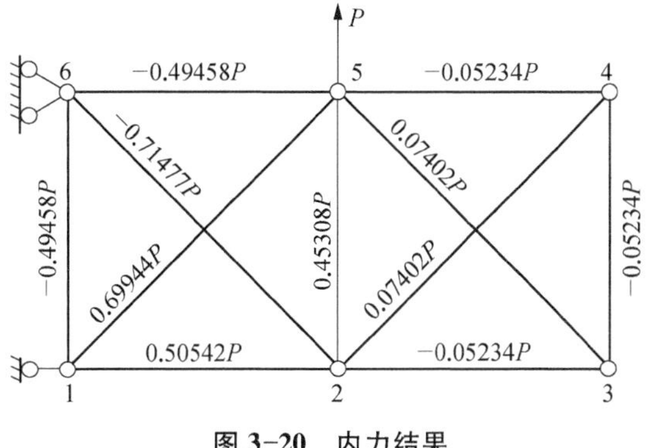

图 3-20　内力结果

为了说明单位状态选取的影响，现在将单位状态〈1〉换为图 3-19(d)，其他状态不变。按照上述步骤，可得正则方程：

$$\begin{cases}5.32843X_1+5.32843X_2+2.91421P=0\\5.32843X_1+9.65685X_2+4.82843P=0\end{cases}$$

解出 X_1 和 X_2 的值为

$$\begin{cases}X_1=-0.10468P\\X_2=-0.44224P\end{cases}$$

进而可以得到内力，与前一种单位状态的选择相比，内力计算结果相当。

分析以上结果，可以看出，第一，选择两种不同单位状态，都可以得到结构和内力；第二，针对两种的不同单位状态，计算效率有差别(在复杂结构的情况下更明显)，而且后者会带来数值误差。比较两种情况下的正则方程，前一种情况下，主对角系数比其他副系数要大得多,这对解的精度有利;而在后一种情况下,主对角系数与副系数相差不大,甚至相等,对保证解的精度不利;第三,比较图 3-20 所示静不定结构和图 3-12、图 3-13 所表示的静定结构,在静定结构中,载荷 P 通过一部分桁架结构传向支座,而在自由端与载荷 P 之间的那部分结构不传递载荷,所以没有应力(内力)。但是,在静不定结构中,虽然不传递载荷,但要满足变形协调要求,所以也会产生自身平衡的内力。当然,这部分内力的值是很小的。

从以上分析还可以看出,载荷状态和单位状态可以有多种选取形式,但是不同的选取对于静不定结构的内力计算效率和精度还是影响比较大的。

下面讨论载荷状态和单位状态的选取原则。

首先分析内力表达式:

$$N = N_P + \sum_{k=1}^{n} X_k \overline{N}_k \tag{3-14}$$

由于 X_k 需要由正则方程求解,可以认为内力是以〈P〉状态为主,而 X_k 是对其进行的修正。为了提高精度,〈P〉状态选取得越接近真实情况越好。

再来分析正则方程:

$$\sum_{j=1}^{n} \delta_{ij} X_j + \Delta_{iP} = 0 \tag{3-15}$$

展开后得到:

$$\begin{cases} X_1\delta_{11} + X_2\delta_{12} + \cdots + X_n\delta_{1n} + \Delta_{1P} = 0 \\ X_1\delta_{21} + X_2\delta_{22} + \cdots + X_n\delta_{2n} + \Delta_{2P} = 0 \\ \qquad\qquad\vdots \\ X_1\delta_{n1} + X_2\delta_{n2} + \cdots + X_n\delta_{nn} + \Delta_{nP} = 0 \end{cases} \tag{3-16}$$

可以看出,为了提高 X_j 的精度,提高效率,正则方程的主对角线系数越大越好,其他取值为 0 的系数越多越好,这样可以确保正则方程中交叉项所占的比例尽量小。

根据以上分析,选取载荷状态和单位状态时,需要满足以下原则:

(1) 载荷状态的传力路线尽量与真实传力路线一致;

(2) 不同单位状态的选取,需要相互独立;

(3) 不同单位状态选取时,彼此互相耦合得越少越好。

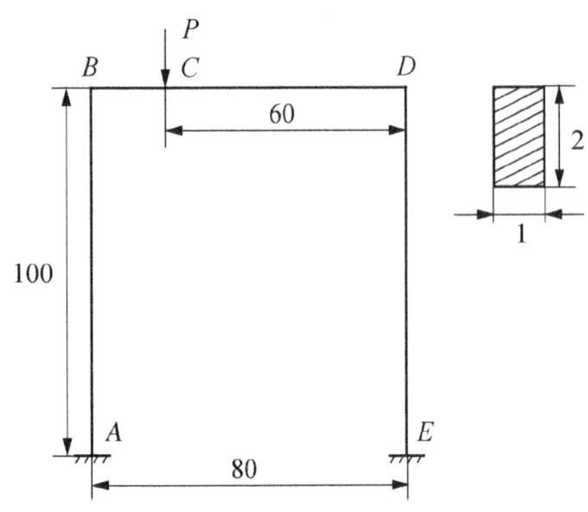

图 3-21 例题 3-5 静不定平面刚架结构

例题 3-5 图 3-21 为一静不定平面刚架,受载荷 P 的作用,刚架的几何尺寸和剖面尺寸如图所示,单位为 cm。剖面横截面积 $A = 2\ \text{cm}^2$,绕中心主轴的惯性矩 $I = 1/12\ \text{cm}^2$,弹性模量 $E = 2 \times 10^7\ \text{N/cm}^2$,求刚架内力。

解: 首先,可以判断结构为 3 度静不定,需要 3 个基本未知量,列出 3 个正则方程。

然后，根据外载荷的传递路线越短越好的原则，选取载荷状态⟨P⟩，如图 3-22 所示。图中，⟨M_P⟩表示⟨P⟩状态中的弯矩分布，⟨N_P⟩表示⟨P⟩状态中的轴力分布，⟨Q_P⟩表示⟨P⟩状态中的剪力分布。弯矩画在受压面；轴力以拉伸为正，压缩为负；剪力的正负根据 $\mathrm{d}M_P/\mathrm{d}s$ 的正负来定。在图 3-22 中规定 A-B-C-D-E 方向为 s 的正方向，使刚架外侧压缩、内侧拉伸的弯矩为正弯矩。

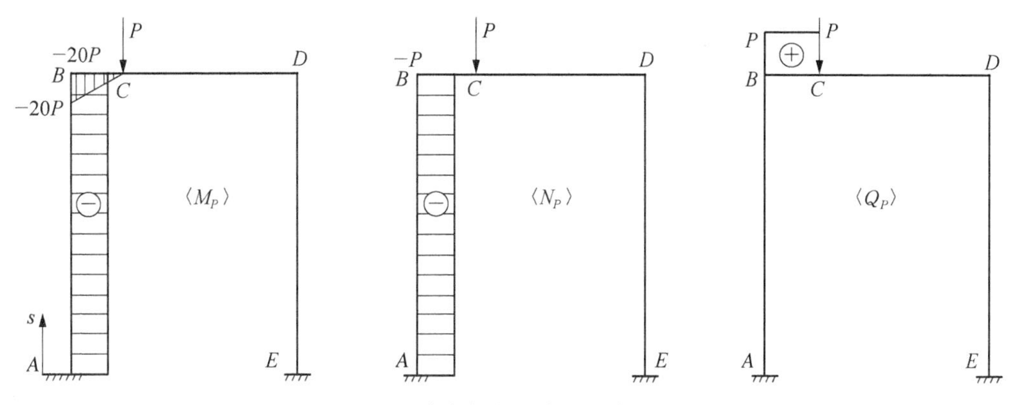

图 3-22　⟨P⟩状态的选取及内力分布

对于单位状态，最基本的要求是保持自身平衡和各单位状态之间的相互独立，进一步的要求则是每一种单位状态在结构中的覆盖面应尽可能地小，而且两种不同单位状态的交叉面也力求尽可能地小（即 δ_{ij} 越小越好，$i \neq j$）。根据上述要求，给出 3 种线性独立的单位状态，如图 3-23 所示。

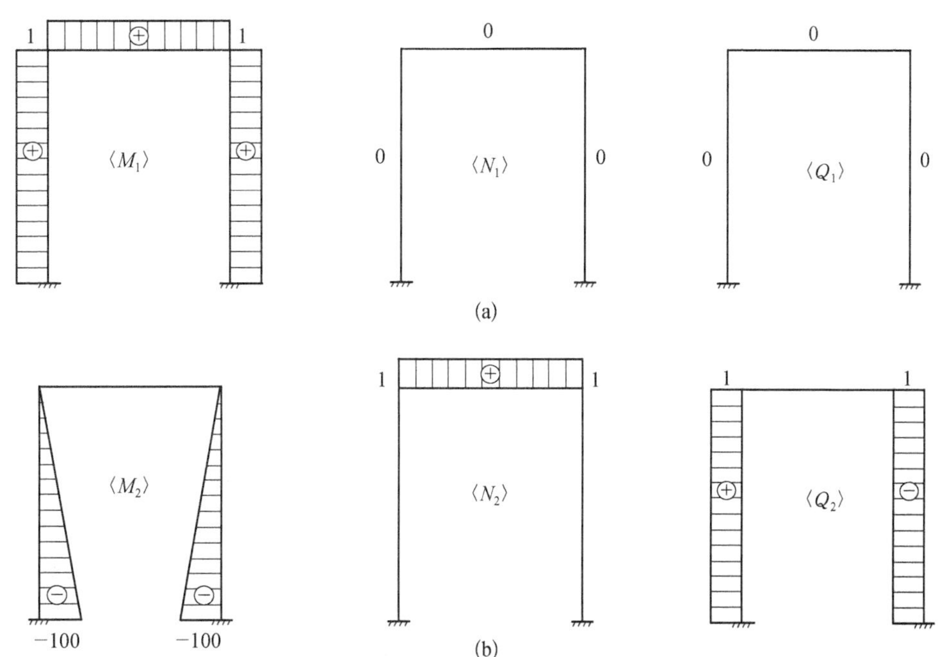

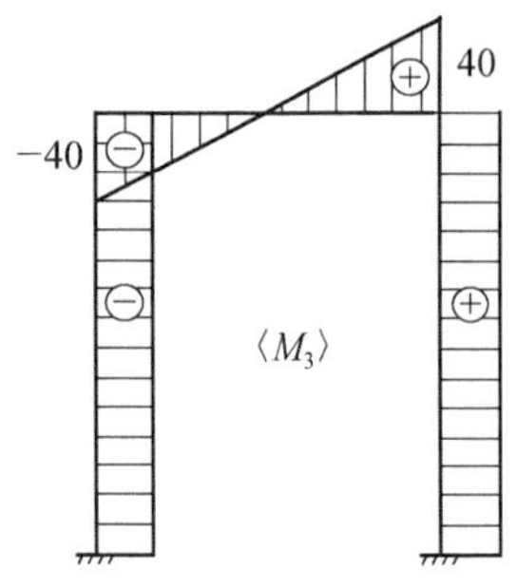

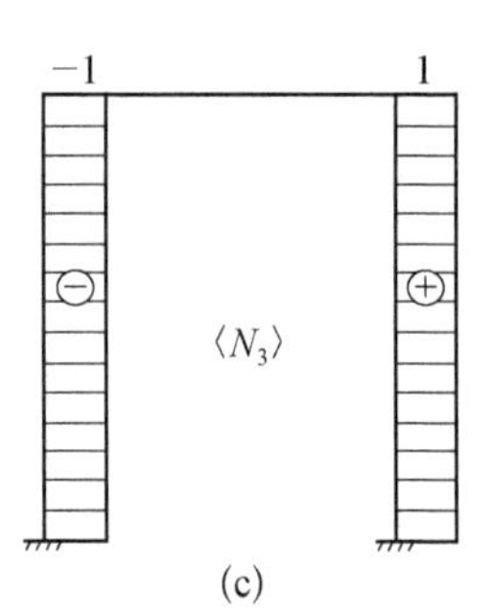

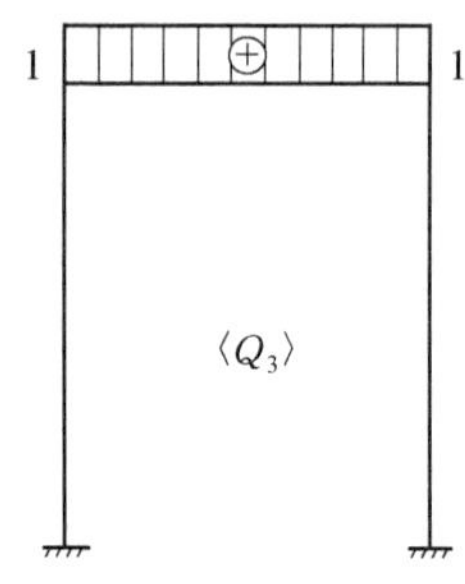

(c)

图 3-23　三种单位状态及内力分布

其次,建立正则方程。

首先计算 δ_{ij} 和 Δ_{iP}:

$$\Delta_{1P}=-\frac{2\,200P}{EI},\quad \Delta_{2P}=\frac{100\,000P}{EI},\quad \Delta_{3P}=\frac{86\,666.67P}{EI}$$

$$\delta_{11}=\frac{280}{EI},\quad \delta_{22}=\frac{666\,666.67}{EI},\quad \delta_{33}=\frac{362\,666.67}{EI}$$

$$\delta_{12}=\delta_{21}=-\frac{10\,000}{EI},\quad \delta_{13}=\delta_{31}=0,\quad \delta_{23}=\delta_{32}=0$$

正则方程为

$$\begin{cases}280X_1-10\,000X_2-2\,200P=0\\-10\,000X_1+666\,666.67X_2+100\,000P=0\\362\,666.67X_3+86\,666.67P=0\end{cases}$$

解得

$$\begin{cases}X_1=5.384\,8P\\X_2=-0.069\,2P\\X_3=-0.239\,0P\end{cases}$$

内力如图 3-24 所示,由图可以看出,载荷 P 通过左、右两侧向基础传送。由于载荷 P 靠近左侧,左侧传力路线传送了大部分载荷(0.761 0P),而右侧则仅传递少部分载荷(0.239 0P)。它表明在多传力路线结构中(即静不定结构中),刚度大且距离短的传力路线将传递较多的载荷。或者说,载荷在结构中总是趋向于沿着更短、更直接且较不易引起变形的结构部分递送。

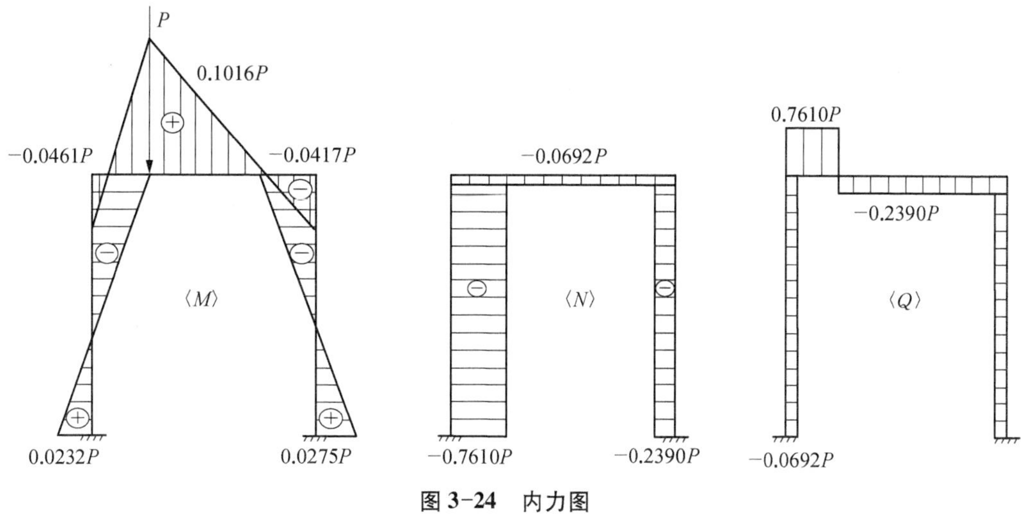

图 3-24　内力图

3.5.3　位移计算

在采用力法分析时，求解内力会区分静定结构和静不定结构。但是，在计算其位移时，可采用单位载荷法，单位载荷法求解位移的步骤如下：

(1) 求解结构的内力，并进而得到结构元件的应变 ε_i、γ_{ij}；

(2) 施加与待求解位移相对应的单位虚广义载荷 $\delta P_r = 1$，得到虚广义单位状态；

(3) 求解虚广义单位状态的内力 $\overline{\sigma}_i^r$、$\overline{\tau}_i^r$。注意，该内力仅需满足结构内部平衡条件和力的边界条件即可；

(4) 采用单位载荷定理，可以得到待求的广义位移为

$$u_r = \int(\varepsilon_x\overline{\sigma}_x^r + \varepsilon_y\overline{\sigma}_y^r + \varepsilon_z\overline{\sigma}_z^r + \gamma_{xy}\,\overline{\tau}_{xy}^r + \gamma_{yz}\,\overline{\tau}_{yz}^r + \gamma_{zx}\,\overline{\tau}_{zx}^r)\,\mathrm{d}V \tag{3-17}$$

例题 3-6　求解图 3-12 中平面静定桁架在节点 3 处 x、y 方向的位移，以及杆 3-4 的转角。

解：首先，求解该结构的内力。利用前面的结果，其内力如图 3-12(c)所示。

然后，根据需要求解的位移，分别给出虚广义单位状态，并利用平衡条件得到其虚内力分布，进而利用单位载荷法求出相应的位移。

(1) 节点 3 处 x、y 方向的位移。

分别在节点 3 施加 x 和 y 方向的单位载荷，得到相应的单位载荷状态的内力，如图 3-25(b)、(c)所示。其中，图 3-25(a)为实际载荷作用下的内力情况。

节点 3 处 x 和 y 方向的位移可以根据各自的单位载荷状态，由以下公式分别求得

$$\Delta_{3x} = \sum_i \frac{\overline{N}_i N_i}{EA_i}L_i = 0$$

$$\Delta_{3y} = \sum_i \frac{\overline{N}_i N_i}{EA_i}L_i = 5.828\,\frac{Ph}{EA}$$

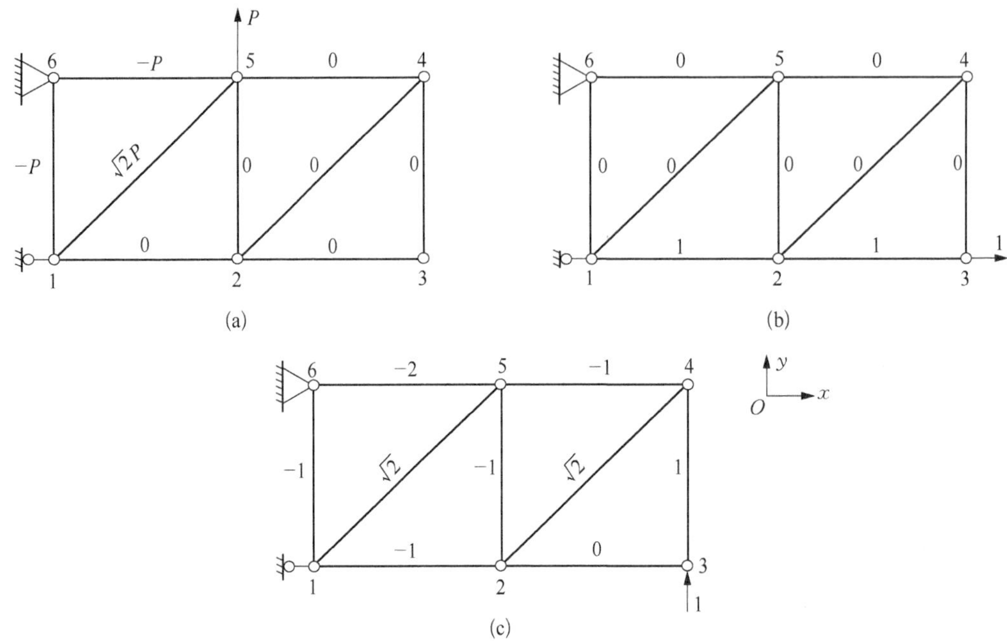

图 3-25　例题 3-6 载荷状态与两种单位载荷状态的内力图

（2）杆 3-4 的转角。

与转角对应的广义力应是力矩，因此在节点 3 和 4 处各加虚力 $1/h$（其中 h 是杆 3-4 的长度），得到相应的单位载荷状态的内力，如图 3-26 所示。

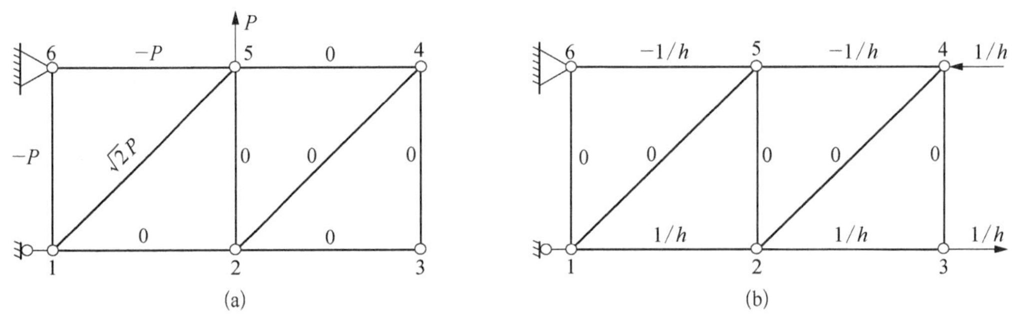

图 3-26　载荷状态与单位载荷状态的内力图

杆 3-4 的转角为

$$\theta = \sum_i \frac{\overline{N}_i N_i}{EA_i} L_i = \left(P \times \frac{1}{h}\right) \frac{h}{EA} = \frac{P}{EA}$$

例题 3-7　求解图 3-18 中平面静不定桁架在节点 3 处 x、y 方向的位移，以及杆 3-4 的转角。

解：首先，求解该结构的内力。利用前面的结果，其内力如图 3-20 所示。

然后，根据需要求解的位移，分别给出虚广义单位状态，并利用平衡条件得到其虚内力分布，进而利用单位载荷法求出相应的位移。

（1）节点 3 处 x、y 方向的位移。

分别在节点 3 处施加 x 和 y 方向的单位载荷，得到相应的单位载荷状态的内力，如图 3-27(b)、(c)所示。其中，如图 3-27(a)为实际载荷作用下的内力情况。

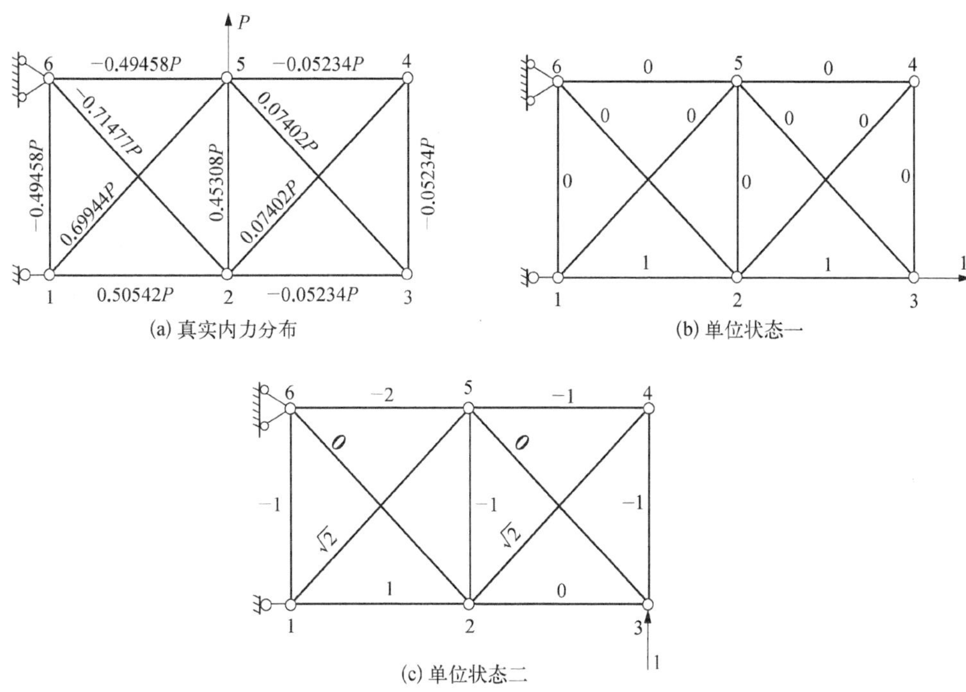

图 3-27　载荷状态与两种单位载荷状态的内力图（求解位移）

节点 3 处 x 和 y 方向的位移可以根据各自的单位载荷状态，由如下公式分别求得

$$\Delta_{3x} = \sum_i \frac{\overline{N}_i N_i}{EA_i} L_i = 0.453\,08 \frac{Ph}{EA}$$

$$\Delta_{3y} = \sum_i \frac{\overline{N}_i N_i}{EA_i} L_i = 3.187\,68 \frac{Ph}{EA}$$

（2）杆 3-4 的转角。

与转角对应的广义力应是力矩，为此，在节点 3 和 4 处各加虚力 $1/h$（其中 h 是杆 3-4 的长度）。得到相应的单位载荷状态的内力，如图 3-28 所示。

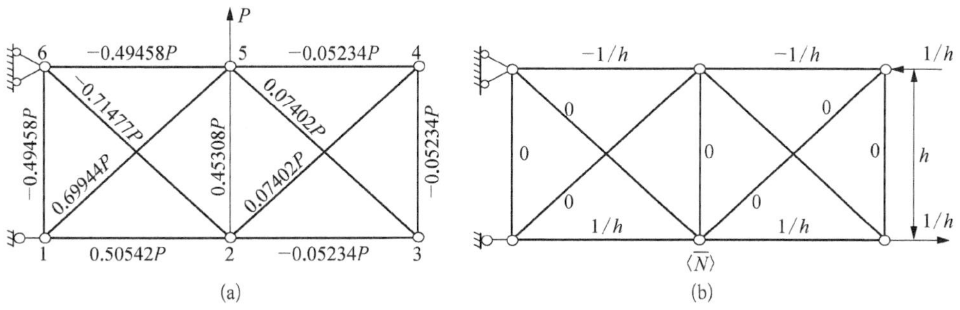

图 3-28　载荷状态与单位载荷状态的内力图（求解转角）

杆 3-4 的转角为

$$\theta=\sum_i \frac{\overline{N}_i N_i}{EA_i}L_i=(0.49458+0.05234+0.50542-0.05234)\frac{P}{EA}=\frac{P}{EA}$$

读者可以根据以上结果对静定、静不定结构的变形情况进行分析，也可以通过进一步的计算，来全面分析静定、静不定结构的区别。

3.6 静力分析——位移法

位移法是将位移作为基本未知量，通常是选取满足位移边界条件的位移函数（含有未知量），再由几何方程写出应变，由物理方程写出应力表达式，最后由平衡条件（或虚功原理、最小势能原理）解出位移函数中的未知量，再返回求解得到结构的位移、应变和应力。瑞利-里兹法和伽辽金法都是位移法，位移法的基本步骤：

（1）假设位移函数（含有未知量）；

（2）基于几何方程，写出应变表达式；

（3）基于物理方程，写出应力表达式；

（4）基于静力等效，写出内力表达式；

（5）基于平衡方程或虚功原理（最小势能原理），列出正则方程：

$$\boldsymbol{K}\boldsymbol{u}=\boldsymbol{P} \tag{3-18}$$

式中，$\boldsymbol{K}$ 为刚度矩阵；$\boldsymbol{u}$ 为位移向量；$\boldsymbol{P}$ 为载荷向量。

（6）求解正则方程，求出位移函数中的未知量；

（7）代回（2）、（3）、（4），分别得到应变、应力和内力。

位移法的优势是求解步骤规范，便于用计算机求解，其主要问题是，难以找到满足位移边界条件的全局位移函数。为了解决此问题，可以采用有限单元法，该方法是一种十分有效的途径。

例题 3-8 对于图 3-29 所示桁架，设各杆横截面积和材料弹性模量均相同，分别为 A 和 E。采用位移法求解各杆的轴力。

解： 对于图 3-29 所示的平面桁架，如果采用力法求解，首先要分析其静定性。可以看出图（a）为静定结构、（b）为一度静不定结构、（c）为两度静不定结构。如果按照规律继续增加杆件的数量，静不定度也会增加，用力法求解的难度也会增加。

采用位移法求解时，由于平面桁架仅有 1 点可以产生位移，仅有两个位移未知量 Δ_x 和 Δ_y。下面采用位移法分别求解图示结构中各杆的轴力。

（1）对于图 3-29（a）所示结构。

首先，用 Δ_x 和 Δ_y 来表示各杆的位移。各杆由于 Δ_x 产生的应变为

$$\varepsilon_{2\text{-}3}=\frac{\Delta_x}{L},\quad \varepsilon_{1\text{-}2}=\frac{\Delta_x\cos\dfrac{\pi}{4}}{L/\cos\dfrac{\pi}{4}}=0.5\frac{\Delta_x}{L}$$

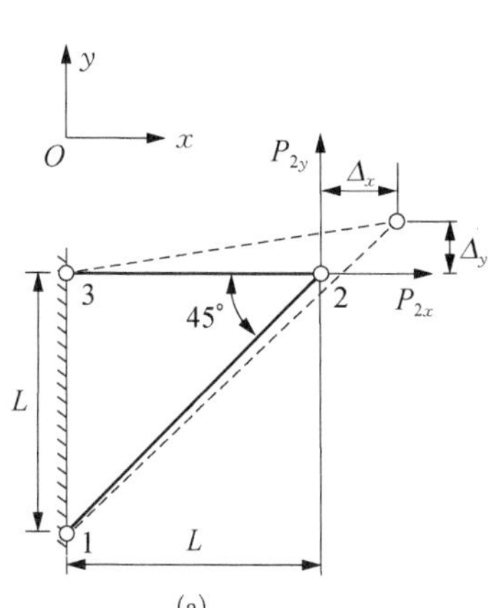

(a)

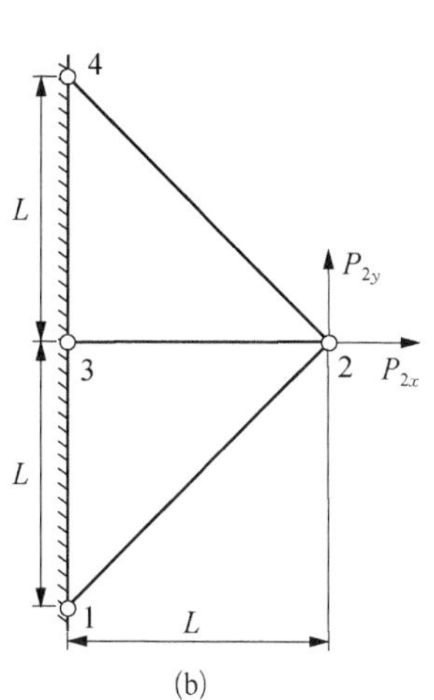

(b)

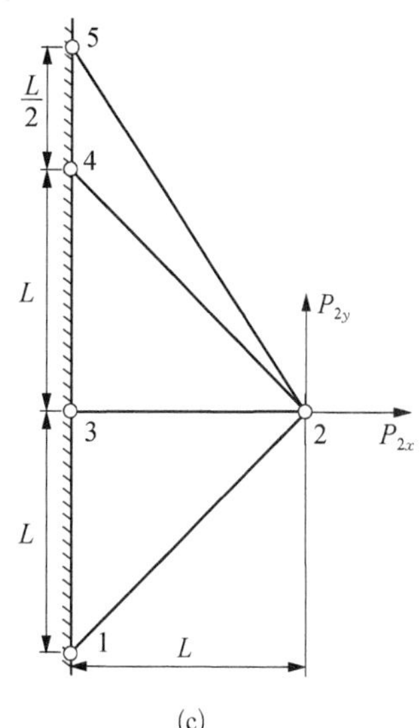

(c)

图 3-29　例题 3-8 桁架结构

各杆由于 Δ_y 产生的应变为

$$\varepsilon_{2\text{-}3} = 0, \quad \varepsilon_{1\text{-}2} = 0.5\frac{\Delta_y}{L}$$

于是得到各杆的应变:

$$\begin{cases} \varepsilon_{2\text{-}3} = \dfrac{\Delta_x}{L} \\ \varepsilon_{1\text{-}2} = 0.5\dfrac{\Delta_x + \Delta_y}{L} \end{cases}$$

然后,将上式代入物理方程求取应力,有

$$\begin{cases} \sigma_{2\text{-}3} = E\varepsilon_{2\text{-}3} = E\dfrac{\Delta_x}{L} \\ \sigma_{1\text{-}2} = E\varepsilon_{1\text{-}2} = 0.5E\dfrac{\Delta_x + \Delta_y}{L} \end{cases}$$

然后,根据平衡条件建立正则方程。

根据节点 1 在 x 和 y 方向的平衡条件,可得

$$N_{2\text{-}3} + N_{1\text{-}2}\cos\frac{\pi}{4} = P_{2x}, \quad N_{1\text{-}2}\cos\frac{\pi}{4} = P_{2y}$$

将 $N = \sigma A$ 代入上式,可以得到正则方程:

$$\begin{cases} \dfrac{E}{L}(1.353\ 6\Delta_x + 0.353\ 6\Delta_y) = \dfrac{P_{2x}}{A} \\ \dfrac{E}{L}(0.353\ 6\Delta_x + 0.353\ 6\Delta_y) = \dfrac{P_{2y}}{A} \end{cases}$$

最后,求解以上方程,得到位移:

$$\begin{cases} \Delta_x = \dfrac{(P_{2x} - P_{2y})L}{EA} \\ \Delta_y = \dfrac{(3.828\ 1P_{2y} - P_{2x})L}{EA} \end{cases}$$

进而得到

$$N_{2-3} = P_{2x} - P_{2y}, \quad N_{1-3} = 1.414P_{2y}$$

(2) 对于图 3-29(b)所示结构。

首先,用 Δ_x 和 Δ_y 来表示各杆的位移。各杆由于 Δ_x 产生的应变为

$$\varepsilon_{2-3} = \frac{\Delta_x}{L}, \quad \varepsilon_{1-2} = \frac{\Delta_x \cos\dfrac{\pi}{4}}{L/\cos\dfrac{\pi}{4}} = 0.5\frac{\Delta_x}{L}, \quad \varepsilon_{2-4} = \frac{\Delta_x \cos\dfrac{\pi}{4}}{L/\cos\dfrac{\pi}{4}} = 0.5\frac{\Delta_x}{L}$$

各杆由于 Δ_y 产生的应变为

$$\varepsilon_{2-3} = 0, \quad \varepsilon_{1-2} = 0.5\frac{\Delta_y}{L}, \quad \varepsilon_{2-4} = -0.5\frac{\Delta_y}{L}$$

于是得到各杆的应变:

$$\begin{cases} \varepsilon_{2-3} = \dfrac{\Delta_x}{L} \\ \varepsilon_{1-2} = 0.5\dfrac{\Delta_x + \Delta_y}{L} \\ \varepsilon_{2-4} = 0.5\dfrac{\Delta_x - \Delta_y}{L} \end{cases}$$

然后,将上式代入物理方程求取应力,有

$$\begin{cases} \sigma_{2-3} = E\varepsilon_{2-3} = E\dfrac{\Delta_x}{L} \\ \sigma_{1-2} = E\varepsilon_{1-2} = 0.5E\dfrac{\Delta_x + \Delta_y}{L} \\ \sigma_{2-4} = E\varepsilon_{2-4} = 0.5E\dfrac{\Delta_x - \Delta_y}{L} \end{cases}$$

然后,根据平衡条件建立正则方程。

根据节点 1 在 x 和 y 方向的平衡条件,可得

$$\begin{cases} N_{2-3} + N_{1-2}\cos\dfrac{\pi}{4} + N_{2-4}\cos\dfrac{\pi}{4} = P_{2x} \\ N_{1-2}\cos\dfrac{\pi}{4} - N_{2-4}\cos\dfrac{\pi}{4} = P_{2y} \end{cases}$$

将 $N = \sigma A$ 代入上式,可以得到正则方程:

$$\begin{cases} \dfrac{E}{L}\dfrac{2+\sqrt{2}}{2}\Delta_x = \dfrac{P_{2x}}{A} \\ \dfrac{E}{L}\dfrac{\sqrt{2}}{2}\Delta_y = \dfrac{P_{2y}}{A} \end{cases}$$

最后,求解以上方程,得到位移:

$$\begin{cases} \Delta_x = \dfrac{0.586P_{2x}L}{EA} \\ \Delta_y = \dfrac{\sqrt{2}P_{2y}L}{EA} \end{cases}$$

进而得到

$$N_{2-3} = 0.586P_{2x}, \quad N_{1-2} = 0.293P_{2x} + 0.707P_{2y}, \quad N_{2-4} = 0.293P_{2x} - 0.707P_{2y}$$

(3) 对于图 3－29(c)所示结构。

首先,用 Δ_x 和 Δ_y 来表示各杆的位移。各杆由于 Δ_x 产生的应变为

$$\varepsilon_{2-3} = \frac{\Delta_x}{L}, \quad \varepsilon_{1-2} = \frac{\cos\dfrac{\pi}{4}\Delta_x}{L/\cos\dfrac{\pi}{4}} = 0.5\frac{\Delta_x}{L},$$

$$\varepsilon_{2-4} = \frac{\Delta_x\cos\dfrac{\pi}{4}}{L/\cos\dfrac{\pi}{4}} = 0.5\frac{\Delta_x}{L}, \quad \varepsilon_{2-5} = \frac{\dfrac{2}{\sqrt{13}}\Delta_x}{\dfrac{\sqrt{13}}{2}L} = 0.307\frac{\Delta_x}{L}$$

各杆由于 Δ_y 产生的应变为

$$\varepsilon_{2-3} = 0, \quad \varepsilon_{1-2} = 0.5\frac{\Delta_y}{L}, \quad \varepsilon_{2-4} = -0.5\frac{\Delta_y}{L}, \quad \varepsilon_{2-5} = -0.461\frac{\Delta_y}{L}$$

于是得到各杆的应变：

$$\begin{cases} \varepsilon_{2-3} = \dfrac{\Delta_x}{L} \\ \varepsilon_{1-2} = 0.5\dfrac{\Delta_x + \Delta_y}{L} \\ \varepsilon_{2-4} = 0.5\dfrac{\Delta_x - \Delta_y}{L} \\ \varepsilon_{2-5} = \dfrac{0.307\Delta_x - 0.461\Delta_y}{L} \end{cases}$$

然后,求取应力。

将上式代入物理方程,有

$$\begin{cases} \sigma_{2-3} = E\varepsilon_{2-3} = E\dfrac{\Delta_x}{L} \\ \sigma_{1-2} = E\varepsilon_{1-2} = 0.5E\dfrac{\Delta_x + \Delta_y}{L} \\ \sigma_{2-4} = E\varepsilon_{2-4} = 0.5E\dfrac{\Delta_x - \Delta_y}{L} \\ \sigma_{2-5} = E\varepsilon_{2-5} = E\dfrac{0.307\Delta_x - 0.461\Delta_y}{L} \end{cases}$$

然后,根据平衡条件建立正则方程。

根据节点 1 在 x 和 y 方向的平衡条件,可得

$$N_{2-3} + N_{1-2}\cos\frac{\pi}{4} + N_{2-4}\cos\frac{\pi}{4} + N_{2-5}\frac{2\sqrt{13}}{13} = P_{2x}$$

$$N_{1-2}\cos\frac{\pi}{4} - N_{2-4}\cos\frac{\pi}{4} - N_{2-5}\frac{3\sqrt{13}}{13} = P_{2y}$$

将 $N = \sigma A$ 代入上式,可以得到正则方程:

$$\begin{cases} \dfrac{E}{L}(1.877\Delta_x - 0.256\Delta_y) = \dfrac{P_{2x}}{A} \\ \dfrac{E}{L}(-0.255\Delta_x + 1.091\Delta_y) = \dfrac{P_{2y}}{A} \end{cases}$$

最后,求解以上方程,得到位移:

$$\begin{cases} \Delta_x = \dfrac{(0.550P_{2x} + 0.129P_{2y})L}{EA} \\ \Delta_y = \dfrac{(0.129P_{2x} + 0.947P_{2y})L}{EA} \end{cases}$$

进而得到

$$N_{2-3} = 550P_{2x} + 0.129P_{2y}, \quad N_{1-2} = 0.339P_{2x} + 0.539P_{2y},$$
$$N_{2-4} = 0.211P_{2x} - 0.409P_{2y}, \quad N_{2-5} = 0.110P_{2x} - 0.397P_{2y}$$

例题 3-9　如图 2-10 所示的桁架由杆 1-2、1-3、1-4 和铰节点组成,其中各杆的横截面积和弹性模量均分别为 A 和 E,在节点 1 处作用有水平方向的集中力。试求桁架的内力和节点 1 处的位移(该例题与例题 2-3 相同)。

解:分析可知:桁架受力后,只有节点 1 将产生位移。设节点 1 处水平方向的位移为 u_x,垂直方向的位移为 u_y。

在节点 1 处有位移的情况下,桁架各杆将产生相应的变形。根据图 3-30 给出的几何参数,可以得出各杆原长度 L_i 及变形量 ΔL_i,如表 3-1 所示。

表 3-1　各杆原长度及变形量

编号 i	L_i	ΔL_i
1-2	$2.5a$	$0.6u_x - 0.8u_y$
1-3	$2.236a$	$0.4472u_x - 0.8944u_y$
1-4	$2.236a$	$-0.4472u_x - 0.8944u_y$

于是,各杆因变形而产生的内力为

$$N_i = \sigma A = E\varepsilon A = \frac{EA}{L_i}\Delta L_i$$

式中,EA/L_i 为杆的拉伸(压缩)刚度。

在节点 1 处,各杆的内力与载荷 P 满足以下平衡条件:

$$\sum F_x = 0, \quad \sum F_y = 0$$

将各杆内力代入上式,可以得到:

$$P - \frac{3EA}{12.5a}(0.6u_x - 0.8u_y) - \frac{EA}{5a}(0.4472u_x - 0.8944u_y) + \frac{EA}{5a}(-0.4472u_x - 0.8944u_y) = 0$$

$$\frac{4EA}{12.5a}(0.6u_x - 0.8u_y) + \frac{2EA}{5a}(0.4472u_x - 0.8944u_y)$$
$$+ \frac{2EA}{5a}(-0.4472u_x - 0.8944u_y) = 0$$

进而得到

$$\frac{EA}{a}(0.3229u_x - 0.1920u_y) - P = 0$$

$$\frac{EA}{a}(-0.1920u_x + 0.9715u_y) = 0$$

求解得到节点 1 处的位移：

$$u_x = 3.5096\frac{Pa}{EA}$$

$$u_y = 0.6936\frac{Pa}{EA}$$

进而求出各杆的内力：

$$N_{1\text{-}2} = 0.6203P$$

$$N_{1\text{-}3} = 0.4245P$$

$$N_{1\text{-}4} = -0.9793P$$

从以上过程可以看出，位移法的优点是按部就班，无论结构多么复杂，其计算过程始终是不变的。它不像力法那样，要针对具体结构来分析静不定度，选择单位状态和载荷状态，再建立正则方程求解。力法计算过程的繁简在很大程度上依赖于分析者对力学的掌握程度和计算经验。而位移法则不然，没有静定和静不定之说，只要掌握了上述步骤，就可以求解问题，其中不涉及任何技巧或诀窍。

对于位移法，系统自由度数与正则方程阶数一致。例如，如图 3-18 所示的桁架，如果用力法求解，它是 2 度静不定的，正则方程是 2 阶的。但若要用位移法求解，由于它有 5 个可移动节点(其中 1 被约束了 1 个自由度)，正则方程是 9 阶的。对于复杂的实际结构，用位移法求解的正则方程可以高达几万阶甚至几十万阶，计算上存在较大困难。因此，虽然位移法有很大优点，但在获得计算工具以前，位移法只是一种理论方法，并没有得到广泛的应用。

自电子计算机问世后，高阶的正则方程可以较为容易地求解，位移法从而获得广泛应用，同时在理论上也取得了很大的进展，如矩阵位移法、有限元法等。而力法中由于力学概念清晰，通常利用其传力特性的分析来指导结构设计。

习　题

习题 3-1　试分析习题 3-1 图所示的桁架的几何不变性及不可移动性，并计算桁架在载荷 P 作用下的内力，标出载荷 P 的传力路线。

习题 3-2　试分析习题 3-2 图所示结构的几何不变性和不可移动性。分别采用节点法和截面法，计算结构在载荷 P 作用下的内力，并标出载荷 P 的传力路线。

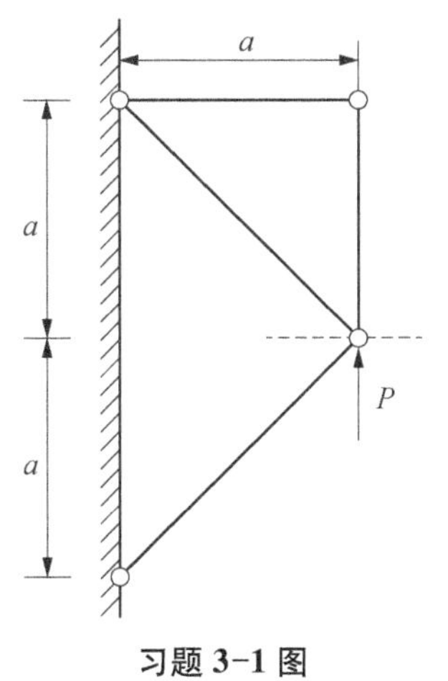

习题 3-1 图

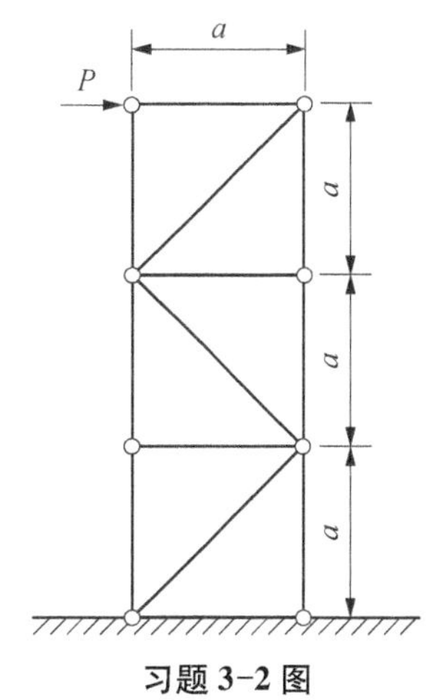

习题 3-2 图

习题 3-3　试分析习题 3-3 图所示结构的几何不变性和不可移动性，计算结构在载荷 P 作用下的内力。

习题 3-4　习题 3-4 图为一空间桁架结构，试求此桁架结构中各杆的轴力。

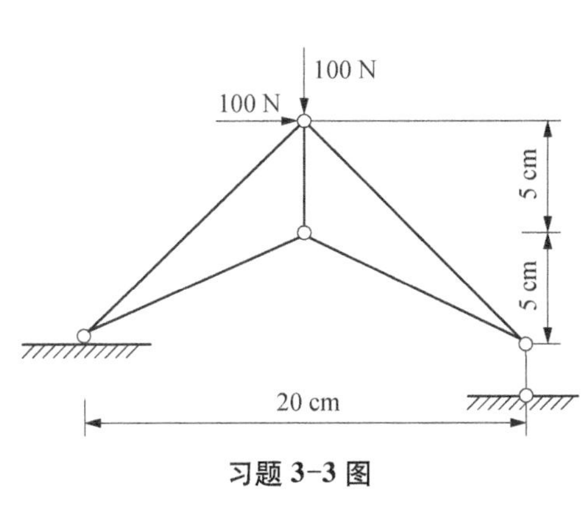

习题 3-3 图

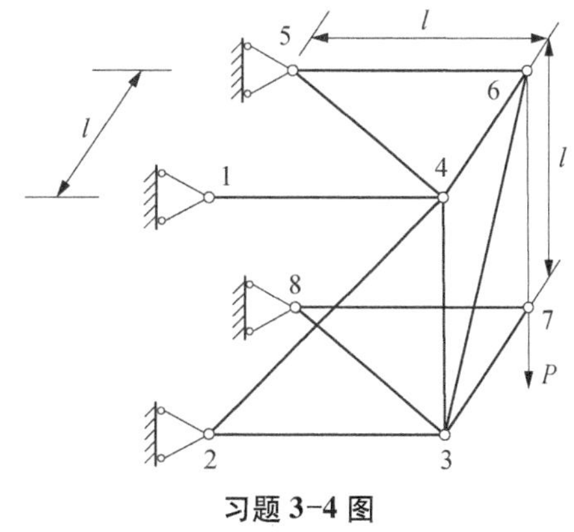

习题 3-4 图

习题 3-5　计算习题 3-5 图所示的刚架的静不定度及内力(轴力、剪力和弯矩)，并分别画出这些内力的分布图。设 $P = 10\,000$ N，刚架的 $EI = 8 \times 10^5$ N · cm^2。

习题 3-6　分别用力法和位移法，计算习题 3-6 图所示桁架在载荷 P 作用下节点 A 处的水平和垂直位移，其中各杆剖面的 EA 均相同。

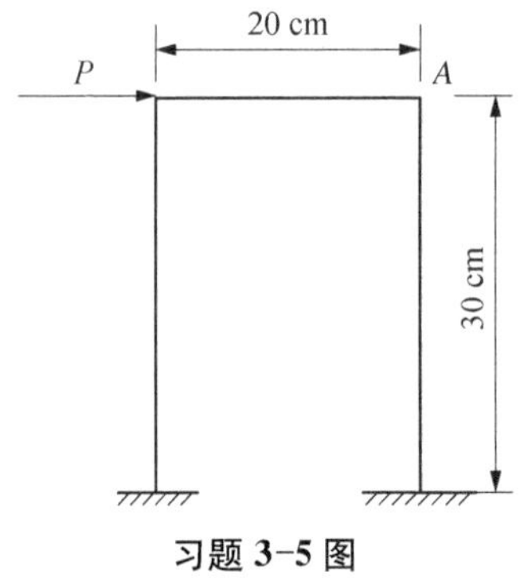

习题 3-5 图

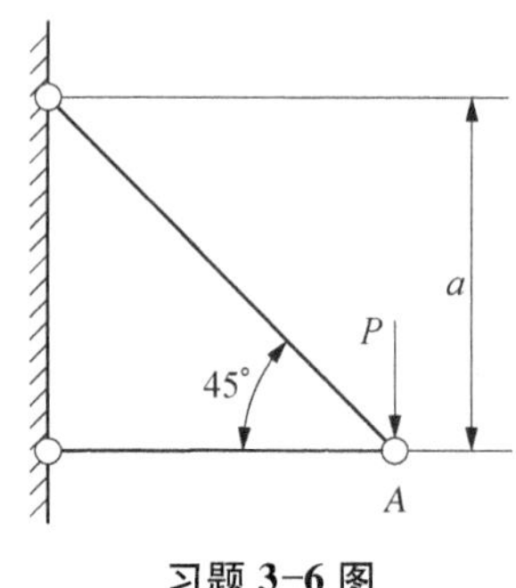

习题 3-6 图

习题 3-7 如习题 3-7 图所示为某航天飞行器结构中的刚架结构，因太阳辐射，梁段 BC 下侧和柱段 AB 右侧温度升高 10℃，而段 BC 上侧和柱段 AB 左侧温度无变化。AB 和 BC 各杆截面为矩形，长度 $a=6\ \mathrm{m}$，材料的线膨胀系数为 $\alpha=0.000\,01$，截面高度 $h=60\ \mathrm{cm}$。试由单位载荷法求此刚架点 C 处的竖直方向位移。

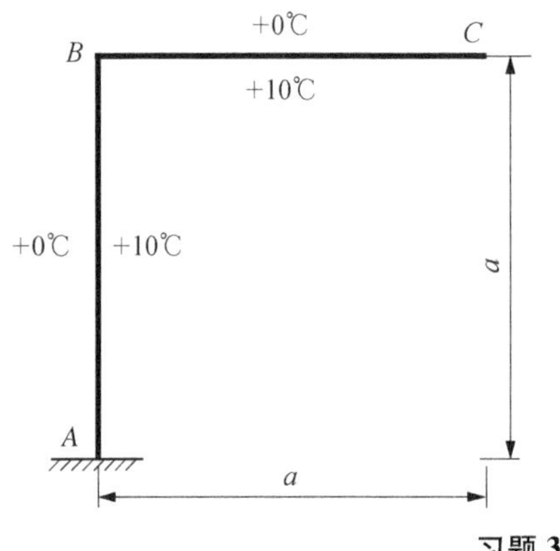

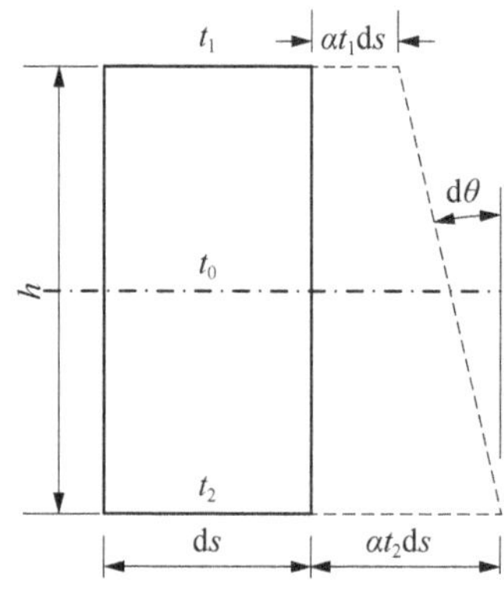

习题 3-7 图

第 4 章
板杆结构的静力分析

学习要点

(1) 掌握板杆结构模型内力及传力的特点,并掌握板杆结构静不定度的判定方法。

(2) 掌握静定板杆结构和静不定板杆结构的静力分析方法,并了解其与杆系结构的差别。

(3) 掌握板杆结构的位移计算方法,并了解单位载荷法在板杆结构位移计算中的应用。

(4) 了解加筋壁板结构剪切扩散问题,以及其在飞行器结构设计中的应用。

4.1 引　　言

蒙皮骨架式结构形式是飞行器中一种典型结构形式,由于其在同等力学性能条件下具有较小的质量,在飞行器中得到了广泛的应用,如飞机的机翼和机身等。这种结构是由横向骨架(如机翼的翼肋、机身的隔框等)和纵向骨架(如机翼的梁、桁条和机身的桁梁、桁条等)及金属薄板(如蒙皮、腹板等)组成,为了便于分析和计算,在对其进行力学性能分析时,可以根据结构元件的受力和传力特点,将真实的结构简化为板杆结构计算模型。本章主要介绍对这种板杆结构进行静力分析的主要方法。

4.2 板 杆 结 构

4.2.1 板杆结构模型

图 4-1(a)所示为一个典型的飞机机翼结构,为了对其进行分析,可以将其简化为如图 4-1(b)所示的板杆结构模型。

板杆结构由板和杆组成,主要通过杆的轴力和板的剪力来承受和传递载荷,板杆结构的计算模型如下。

(1) 板杆结构由板元件(蒙皮、腹板)、杆元件(桁条、缘条)和节点组成。

(2) 各杆元件之间在交点(节点)处的连接是无摩擦的理想铰接。

(3) 杆元件只承受沿轴线的轴向力。

(4) 板元件边界上只承受剪力,不承受正应力(板承受正应力的能力归并到相邻的杆件上去)。

(5) 板杆结构能承受作用在节点上的集中力。

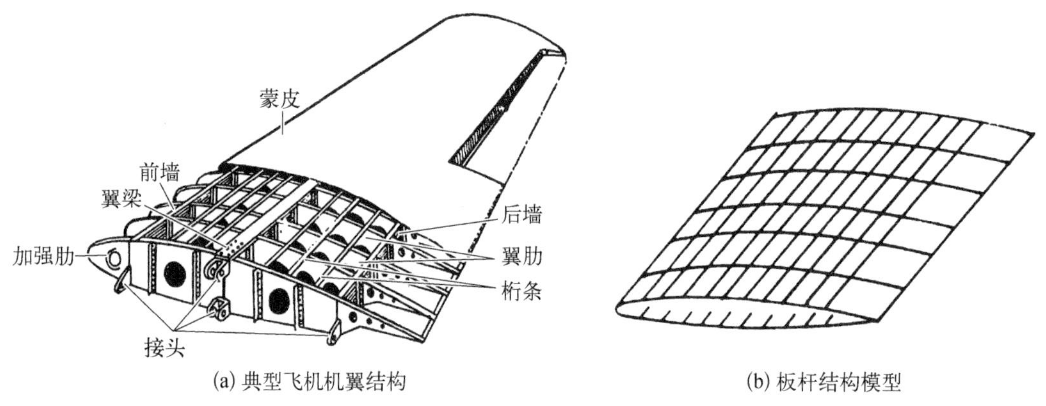

(a) 典型飞机机翼结构　　(b) 板杆结构模型

图 4-1　典型飞机机翼结构及简化板杆结构模型

4.2.2　内力及传力形式

板杆结构的计算模型由两种受力元件组成:一种是边界上只受剪力的板,另一种是只受轴力的杆,下面研究这两种元件的受力情况。

1. 板的受力情况

飞行器蒙皮骨架结构上的蒙皮和腹板形状主要有长方形、平行四边形、梯形、三角形和其他任意四边形等,最后一种情况比较少见,其平衡情况也比较复杂,在此不进行研究,主要研究前四种比较常见的板的受力情况。在飞行器实际结构中,蒙皮通常是有曲度的,但在曲度较小时,可以近似看作平板。

基本假设:

(1) 由于板很薄,可以假定板剖面上的剪应力沿厚度为常量,见图 4-2(a),为方便起见,通常板截面上的单位长度上的剪力用剪流来表示,$q = \tau t$。在此,用平分板厚的"中面"来代表板,在剖面图上,平分板厚度的线称为剖面的中线或周线,见图 4-2(b)。

(2) 因为外载荷只作用在节点上,所以板表面没有切向载荷,由剪应力互等定律可知,剪流的方向总是与板剖面周线的切向方向一致,见图 4-2(b)。

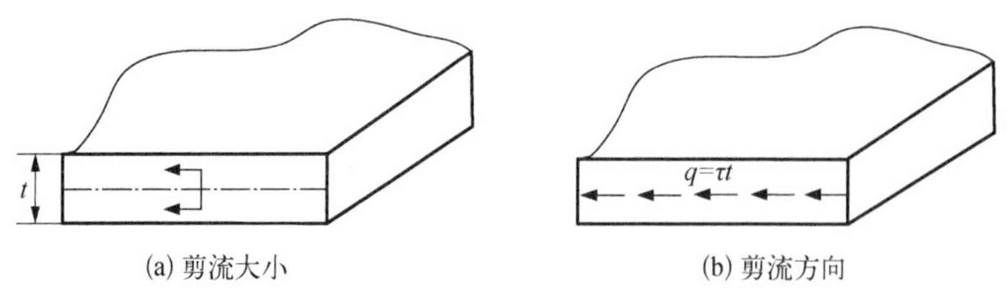

(a) 剪流大小　　(b) 剪流方向

图 4-2　板的剪流示意

(3) 因为外载荷只作用在节点上,所以两个节点之间的板的边上不同点的剪流相等,如图 4-2(b)所示,这样板的每个边上就只有一个相等的剪流。

1) 矩形板

图 4-3 所示为矩形板,其四个边上的未知剪流为 q_{2-1}、q_{2-3}、q_{4-1} 和 q_{4-3},由于板上没有其他的外载荷,板在这四个剪流作用下处于平衡。

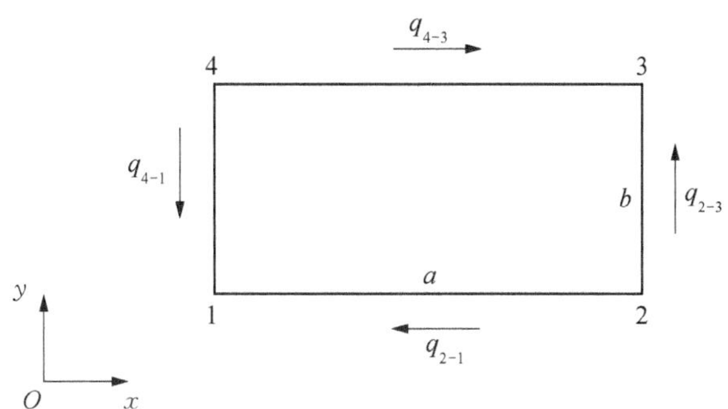

图 4-3　矩形板的平衡情况

根据平衡条件,可以列出以下平衡方程,并由平衡方程得到各边的剪流大小:

$$\text{由} \sum F_x = 0, \quad \text{有} -aq_{2-1} + aq_{4-3} = 0, \quad \text{得到 } q_{2-1} = q_{4-3}$$

$$\text{由} \sum F_y = 0, \quad \text{有} -bq_{4-1} + bq_{2-3} = 0, \quad \text{得到 } q_{4-1} = q_{2-3}$$

$$\text{由} \sum M_1 = 0, \quad \text{有 } bq_{2-3}a - aq_{4-3}b = 0, \quad \text{得到 } q_{2-3} = q_{4-3}$$

求解以上平衡方程,得到

$$q_{2-1} = q_{2-3} = q_{4-1} = q_{4-3} = q \tag{4-1}$$

分析式(4-1)可知,矩形板四边的剪流相等,剪流方向沿矩形板四个边呈头对头、尾对尾,如图 4-3 所示。可以看出,矩形板的内力是一个独立变量。

2) 平行四边形板

图 4-4 为平行四边形板,其四个边上的未知剪流为 q_{2-1}、q_{2-3}、q_{4-1} 和 q_{4-3},由于板上没有其他的外载荷,板在这四个剪流作用下处于平衡。

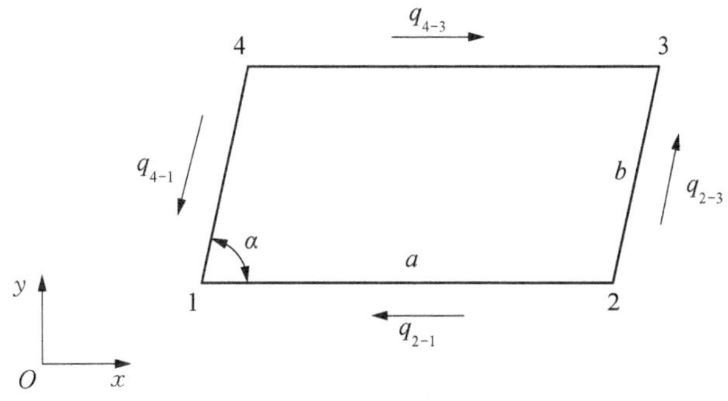

图 4-4　平行四边形板的平衡情况

根据平衡条件,可以列出以下平衡方程,并由平衡方程得到各边剪流的大小:

$$\text{由}\sum M_1=0,\quad \text{有}\ bq_{2-3}a\sin\alpha-aq_{4-3}b\sin\alpha=0,\quad \text{得到}\ q_{2-3}=q_{4-3}$$

$$\text{由}\sum M_2=0,\quad \text{有}\ bq_{4-1}a\sin\alpha-aq_{4-3}b\sin\alpha=0,\quad \text{得到}\ q_{4-1}=q_{4-3}$$

$$\text{由}\sum M_3=0,\quad \text{有}\ bq_{4-1}a\sin\alpha-aq_{2-1}b\sin\alpha=0,\quad \text{得到}\ q_{4-1}=q_{2-1}$$

求解以上平衡方程,得到

$$q_{2-1}=q_{2-3}=q_{4-1}=q_{4-3}=q \tag{4-2}$$

分析式(4-2)可知,平行四边形板四边的剪流相等,因此可以认为平行四边形板的内力是一个独立变量。

3)梯形板

如图 4-5 所示的梯形板,其四个边上的未知剪流为 q_{2-1}、q_{2-3}、q_{4-1} 和 q_{4-3},由于板上没有其他的外载荷,板在这四个剪流作用下处于平衡。

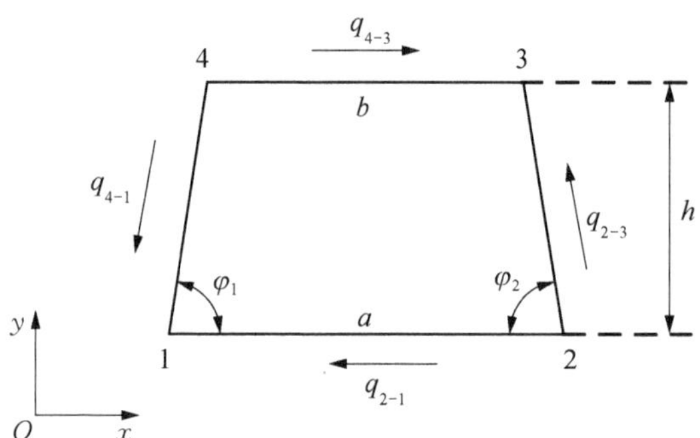

图 4-5 梯形板的平衡情况

根据平衡条件,可以列出以下平衡方程,并由平衡方程得到各边的剪流的大小:

$$\text{由}\ \sum F_y=0,\quad \text{有}\frac{h}{\sin\varphi_2}q_{2-3}\sin\varphi_2-\frac{h}{\sin\varphi_1}q_{4-1}\sin\varphi_1=0,\quad \text{得到}\ q_{2-3}=q_{4-1}$$

$$\text{由}\sum M_1=0,\quad \text{有}\frac{h}{\sin\varphi_2}q_{2-3}a\sin\varphi_2-bq_{4-3}h=0,\quad \text{得到}\ q_{2-3}a=q_{4-3}b$$

$$\text{由}\sum M_4=0,\quad \text{有}\frac{h}{\sin\varphi_2}q_{2-3}b\sin\varphi_2-aq_{2-1}h=0,\quad \text{得到}\ q_{2-3}b=q_{2-1}a$$

求解以上平衡方程,得到

$$q_{2-3}=q_{4-1}=\bar{q} \tag{4-3}$$

$$q_{4-3}=\frac{a}{b}\bar{q} \tag{4-4}$$

$$q_{2-1}=\frac{b}{a}\bar{q} \tag{4-5}$$

并且有

$$q_{2-3}q_{4-1}=q_{4-3}q_{2-1}=\bar{q}^2 \tag{4-6}$$

分析式(4-3)~式(4-6)可知,梯形板四边的剪流也可以用一个剪流表示,因此可以认为梯形板的内力是一个独立变量。

4）三角形板

如图 4-6 所示的三角形板,其三个边上的未知剪流为 q_{2-1}、q_{2-3} 和 q_{3-1},由于板上没有其他的外载荷,板在这三个剪流作用下处于平衡。

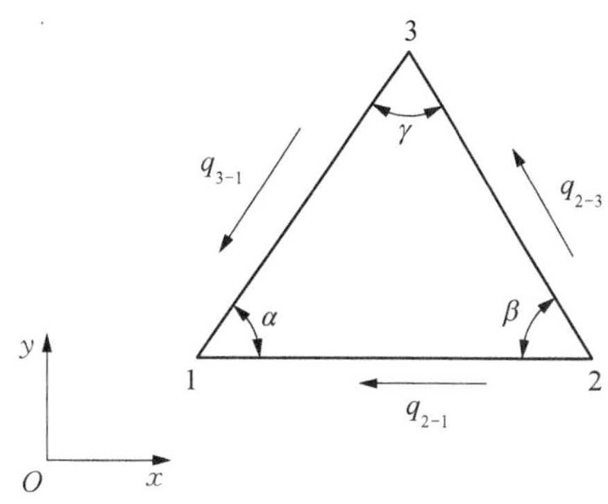

图 4-6　三角形板的平衡情况

根据平衡条件,可以列出以下平衡方程,并由平衡方程得到各边的剪流大小(具体读者可以自己推导一下):

由 $\sum M_1=0$,　得到 $q_{2-3}=0$

由 $\sum M_2=0$,　得到 $q_{3-1}=0$

由 $\sum M_3=0$,　得到 $q_{2-1}=0$

求解以上平衡方程,得到

$$q_{2-3}=q_{3-1}=q_{2-1}=0 \tag{4-7}$$

分析式(4-7)可知,三角形板三边的剪流都是零。从受力角度讲,外载荷主要由三角形板周围的三角形骨架承担,因为三角形铰接骨架本身就是几何不变系统。

由此可以得出以下结论:对于矩形、平行四边形和梯形剪板,只要知道任意边的剪流,就可以得出其他三边的剪流,也就是说,四边形受剪板的内力是一个独立变量。因此,可以将四边形受剪板看作一个约束,而三角形受剪板不起约束作用。

2. *杆的受力情况*

从两个节点中间取出一根杆,如图 4-7 所示,其未知的轴力为 N。

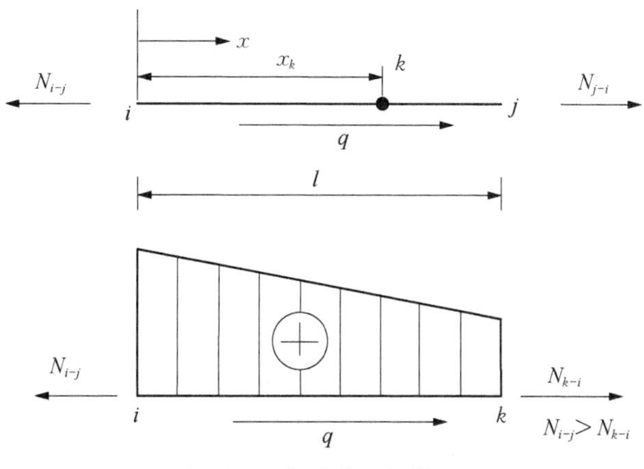

图 4-7　杆件的平衡情况

此杆受到由板件传给杆的剪流 q(当杆的侧面对多个板件连接时,q 代表各板件剪流的合成剪流,即 q 为各剪流的代数和)和两端轴力的作用,杆在轴力和剪流的作用下平衡。

为了计算杆中任意一点 k 处的轴力,取杆件的 $i-k$ 段。根据平衡条件,可以列出以下平衡方程,并由平衡方程得到 k 处的轴力:

$$\text{由} \sum F_x = 0, \quad \text{有} \ N_{i-j} = N_{k-i} + x_k q$$

求解以上平衡方程,得到

$$N_{k-i} = N_{i-j} - x_k q \tag{4-8}$$

分析式(4-8)可知,若已知杆一端的轴力和作用在侧面的剪流,则杆上任一点处的轴力可以由平衡条件求得。

由于 q 是常量,轴力是线性变化的:

$$q = \frac{N_{i-j} - N_{j-i}}{l} \tag{4-9}$$

由此可以得出结论:对于杆件,只要知道一端轴力,就可以确定另一端的轴力,因此杆件的轴力本身也是一个独立变量,可以将杆件作为一个约束。

如图 4-1 所示的典型蒙皮骨架式机翼结构,由纵向骨架(翼梁、桁条)、横向骨架(翼肋)和金属薄板(蒙皮、腹板)组成。在结构分析中,为了在满足计算精度的前提下方便计算,可将其简化为仅由板、杆和节点所组成的板杆结构受力系统,如图 4-8(a)所示。在简化的计算模型中,假设纵向和横向骨架的交叉处是铰节点,将分布的气动外载荷等效地简化到节点上,组成骨架的缘条(杆)只承受轴力,与骨架相连的壁板只承受剪切作用,如图 4-8(b)所示。因此,外载荷只作用在节点上,而节点又以集中力(杆端轴力)的形式传递给所连接的杆,杆又把节点传来的集中力以剪流形式传递给所连接的板。在板杆结构中,节点只受到外力和杆端轴力的作用,杆受到杆端轴力和沿杆轴方向剪流的作用,板只受由杆传递的剪流作用。

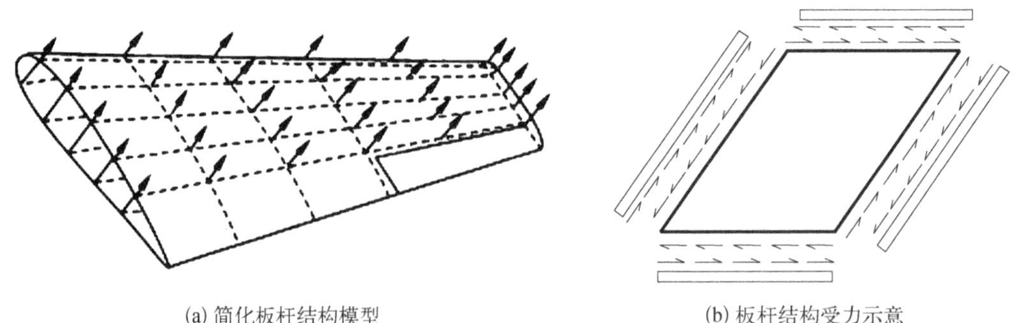

(a) 简化板杆结构模型　　(b) 板杆结构受力示意

图 4-8　蒙皮骨架式机翼结构简化为板杆结构模型

4.2.3　板杆结构的几何不变性和不可移动性

由 4.2.2 节的分析可以看出,板杆结构中的四边形板和杆都可以看作一个约束,因此在采用运动学方法判断板杆结构的几何不变性时，可以将四边形的板看作一个斜杆，然后用桁架结构的判断方法来分析板杆结构的几何不变性和不可移动性。

图 4-9 给出了平面板杆结构和空间板杆结构的示例。对于图 4-9(a) 中的平面板杆结构：共有 6 个节点，所以有 12 个自由度；共有 7 根杆和 2 个板，所以有 9 个约束；自由度和约束的差为 3，是几何不变结构。对于图 4-9(b) 中的空间板杆结构：共有 12 个节点，所以有 36 个自由度；共有 20 根杆和 11 个板，所以有 31 个约束；自由度和约束的差为 5，是几何不变结构。

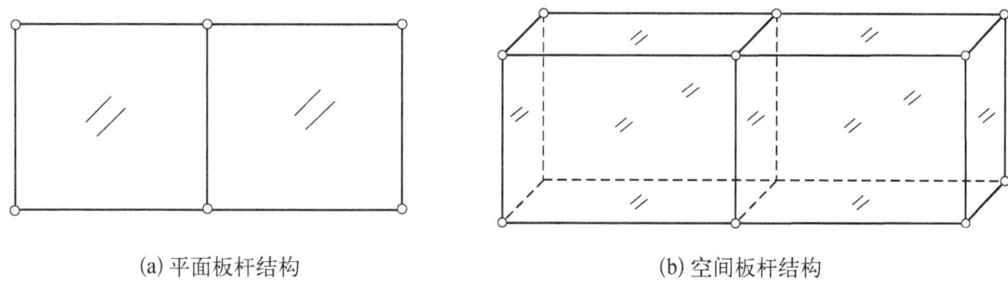

(a) 平面板杆结构　　(b) 空间板杆结构

图 4-9　板杆结构的几何不变性

4.2.4　板杆结构静不定度判断

与杆系结构等其他结构类似，在任意载荷作用下，仅用静力平衡方程无法确定其全部未知内力的结构，称为静不定结构或超静定结构。结构中全部未知力的数目与独立静力平衡方程的数目之差称为静不定度或超静定度。为了判断板杆结构的静不定度，可以通过自由度和约束数的关系来直接求得。由以上分析可知，板杆结构中的四边形板元件可以等效为杆元件，提供一个约束，进一步参考杆系结构的静不定度判定方法进行判断。但同时需要强调的是，三角形板剪流为 0，因此不提供约束，进行静不定度判定的时候可直接将其忽略。

对于板杆结构，也可以用一些十分直观简便的方法判断其是否静定，并给出静不定结构的静不定度。

1. 平面板杆结构

如图 4-10 所示的平面板杆结构，可以根据以下原则判断其几何不变性。

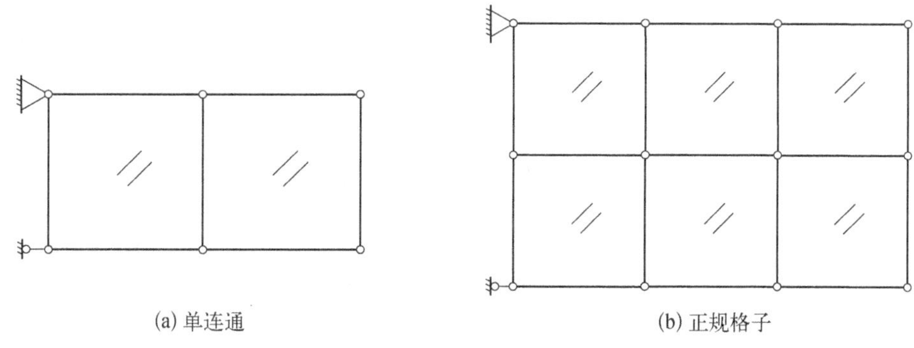

(a) 单连通　　(b) 正规格子

图 4-10　平面静定板杆结构

(1) 凡是单连通的没有内部节点的平面板杆结构,都是几何不变的,且是静定的。“单连通”是指板杆结构的轮廓线可以一笔画出,即中间无孔,如图 4-10(a)所示。

(2) 有内部节点的“正规格子”的单连通平面板杆结构,具有多余的约束数 K,它等于内部节点数 $Y_{内}$。“正规格子”是指划分网格的直线均与外轮廓线相交的格子,如图 4-10(b)所示。

2. 空间板杆结构

如图 4-11 所示的空间薄壁结构,由一个隔框(本身平面内几何不变)和若干纵向元件(板或杆)组成。

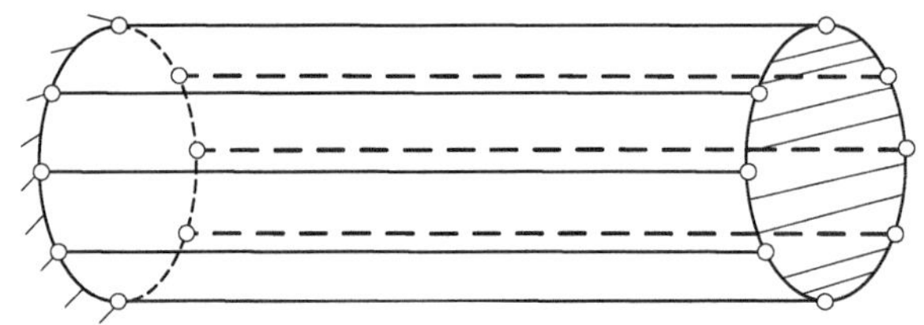

图 4-11　空间隔框板杆结构

1) 约束数

隔框使其上的几个节点失掉 $2n-3$ 个自由度,因此提供 $2n-3$ 个约束;$2n$ 个纵向元件(n 个板和 n 个杆)提供 $2n$ 个约束。

2) 自由度数

n 个节点具有 $3n$ 个自由度,因此多余的约束数 $K = 4n - 3 - 3n = n - 3$。采用以上方法,可以通过基本结构的组装方式,方便地判断复杂板杆结构的静不定度。图 4-12(a)和(b)分别给出了不同两种基本板杆结构:① 单边连接盒段;② 双边连接盒段,其多余约束数分别为 1 和 3。对于复杂组合结构,可以通过基本结构的组装方式,求出其多余约束数。如图 4-12(c)所示的复杂组合结构,通过从盒段 1 到盒段 7 的组装,可以得到多余约束数为 1+1+1+3+3+3+3=15。

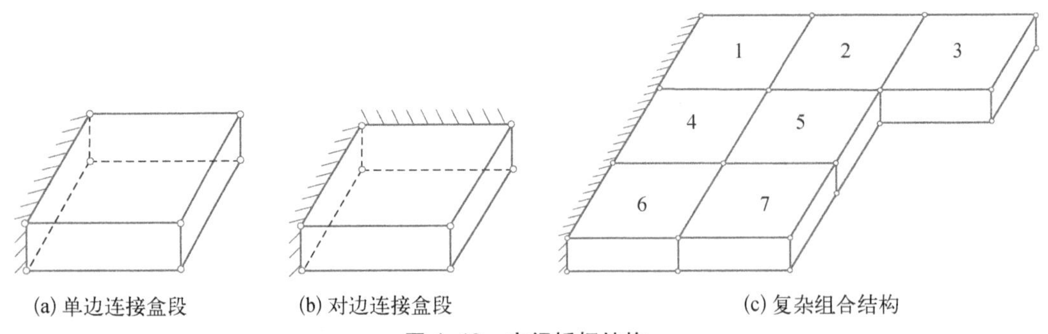

(a) 单边连接盒段　(b) 对边连接盒段　(c) 复杂组合结构

图 4-12　空间板杆结构

4.3　静定板杆结构的静力分析

静定板杆结构内力可以根据节点及杆的平衡条件求得。

求解桁架内力时，判断零力杆采用的节点法和截面法都适用于板杆结构的内力求解。在此，板杆结构中采用零端力杆的概念，零端力杆是指杆在该端的轴力为 0。因为杆的轴力是线性变化的，所以杆的另一端的轴力应采用平衡方程计算或判定。先判断零端力杆，可使计算大大简化，常用的零端力杆准则如下。

(1) 平面(空间)铰节点上只连接两个(三个)不在同一直线(平面)上的杆，若此铰节点没有外力作用，则此二杆(三杆)在此端的轴力为 0。

(2) 假设连接三杆(其中两杆在同一直线上)的平面铰节点或连接 n 杆(其中 n-1 杆在同一平面内)的空间铰节点上没有任何外力作用，那么孤立杆在此端的轴力为 0。

例题 4-1　对于图 4-13(a)所示的平面板杆结构，求其在载荷 P 作用下的内力。

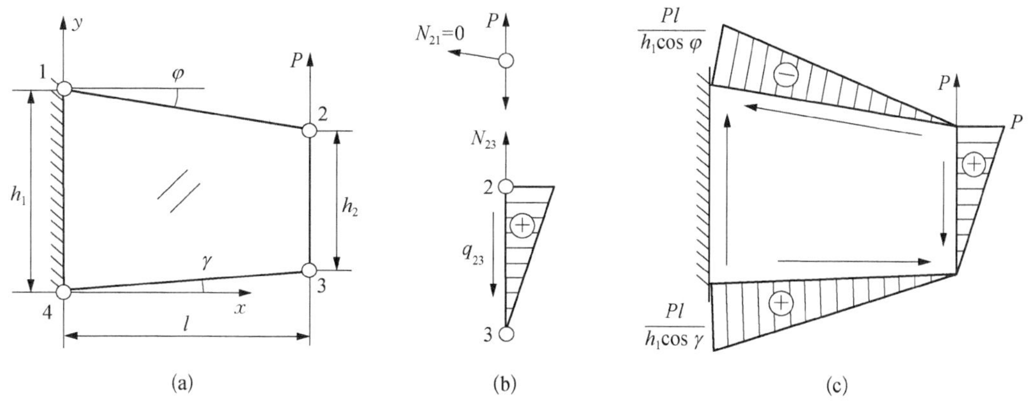

图 4-13　平面静定板杆结构

解：首先，根据运动学方法判断该结构为静定结构。然后，判断零端力杆。

考虑在节点 2 作用仅有载荷 P，在节点 3 上无载荷，由零力杆分析原则可知

$$N_{21} = N_{32} = N_{34} = 0$$

取节点 2 为分离体，如图 4-13(b)所示，列节点平衡条件：

$$\sum F_y = 0$$

得

$$N_{23} = P$$

取杆 23 作为分离体，由杆的平衡条件得

$$N_{23} - q_{23} h_2 = 0$$

$$q_{23} = \frac{P}{h_2}$$

由梯形板各边的剪流关系得

$$q_{23} h_2 = \bar{q} h_1$$

$$\bar{q} = q_{23} \frac{h_2}{h_1} = \frac{P}{h_1}$$

然后,由杆 12 和杆 34 的平衡条件,可得轴力为

$$N_{12} = -\bar{q} \frac{l}{\cos\varphi} = -\frac{P}{h_1} \frac{l}{\cos\varphi}$$

$$N_{43} = \bar{q} \frac{l}{\cos\gamma} = \frac{P}{h_1} \frac{l}{\cos\gamma}$$

图 4-13(c)为内力图,其中剪流方向表示板作用于杆上的剪流方向。

例题 4-2 如图 4-14 所示,某机翼翼盒结构 $ABCD-EFGH$ 由 4 根纵向缘条 AB、EF、DC、HG 与 4 块板组成,不考虑上部蒙皮的承载。结构几何尺寸如图所示,$a = 100$ cm、$b = 40$ cm、$h = 10$ cm,外部载荷 $P_1 = 2\,000$ N、$P_2 = 3\,000$ N、$P_3 = 5\,000$ N,试求结构内力并作内力图。

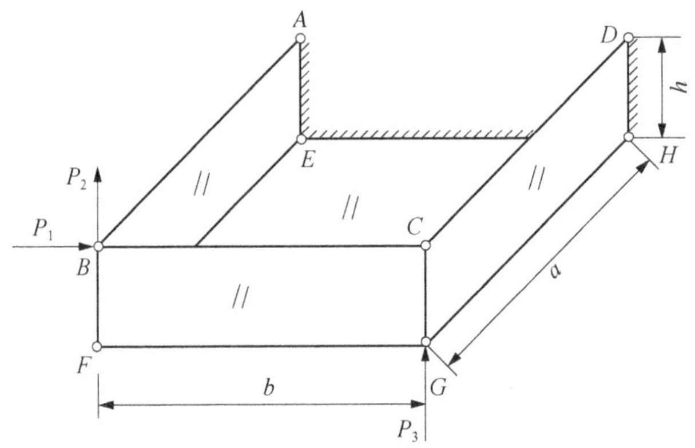

图 4-14 例题 4-2 机翼盒段结构

解:(1) 首先判断静定结构。

空间板杆结构中,$BCGF$ 共有 4 个节点,12 个自由度;8 根杆、4 块板,共有 12 个约束,因此为静定结构。由于该系统为线性系统,求解结构内力时,可以考虑将 3 个外载荷分为两组分别加载在结构上,求出两组内力后再叠加。

(2) P_1 单独作用时的内力计算。

由杆 BC 的受力分析可知,板 $BCGF$ 对杆 BC 的剪流为 q_1,又由杆 CG、杆 GF、杆 FB 的受力分析可知,4 块板结构的剪流大小相等,如图 4-15(a)所示;通过力的平衡关系,可进一步求得结构内力,如图 4-15(c)所示,图中未标注杆 FE 的轴力。图 4-15 中,轴力单位为 N,剪流单位为 N/cm。

(3) P_2 和 P_3 作用时的内力计算。

由杆 BC 的受力分析可知,板 $BCGF$ 对杆 BC 的剪流为 0;通过杆 GF 的受力分析可知,板 $GFEH$ 的剪流为 0;再分别由杆 BF 和 CG 的受力平衡可推出板 $BFEA$ 和板 $CGHD$ 的剪流分别为 q_2、q_3,方向如图 4-15(b)所示。通过力的平衡关系,可进一步求得结构内力,如图 4-15(d)所示。

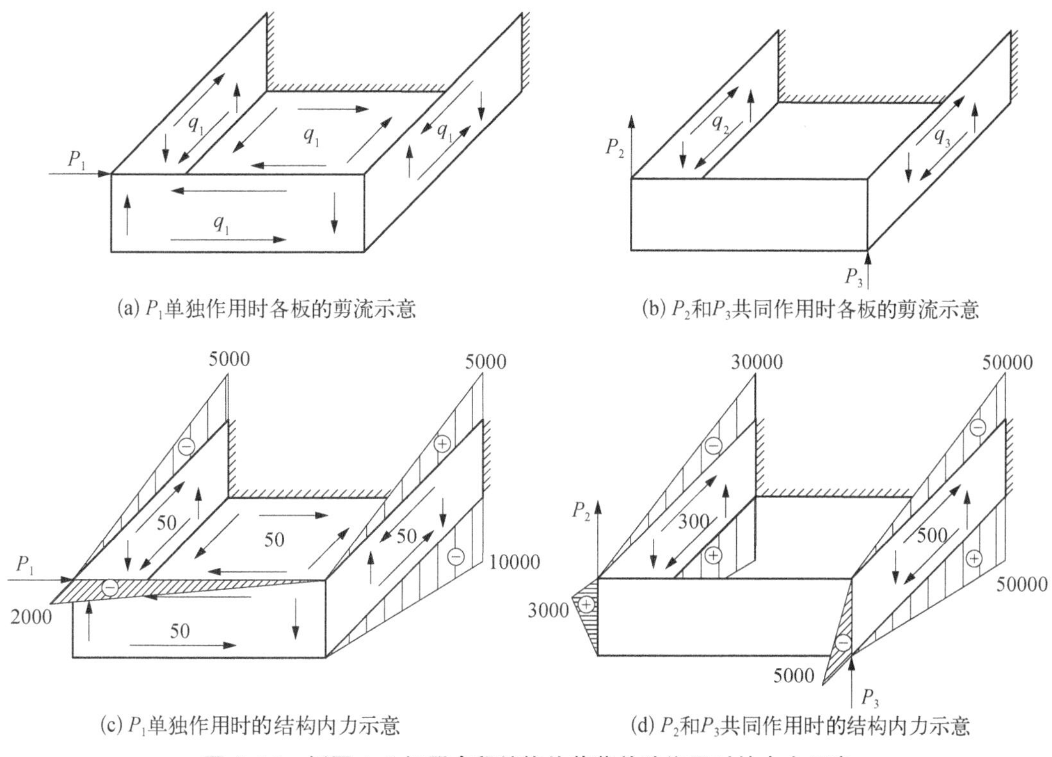

图 4-15　例题 4-2 机翼盒段结构外载荷单独作用时的内力示意

（4）总内力求解。

机翼盒段结构内力可由和相加所得，如图 4-16 所示，图中未标注杆 FE 的轴力。图中轴力单位为 N，剪流单位为 N/cm。

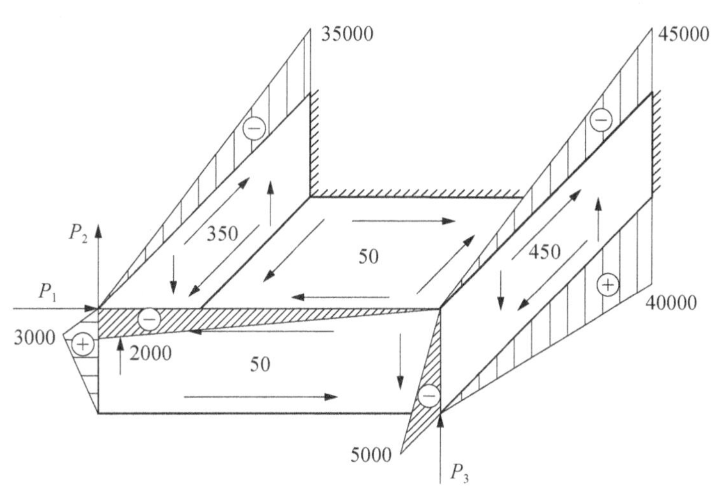

图 4-16　例题 4-2 机翼盒段结构内力图

例题 4-3　如图 4-17 所示为某导弹弹体结构，由 3 块壁板 122′1′、22′3′3、3′344′和 4 根桁条组成，长度为 l，可等效为空间板杆结构，自由端 1-2-3-4 为自身在平面内几何不变的刚性框，半径为 R，外载荷 Q 作用在刚性框的平面内，作用线与框的中心点距离为 a，结构上下对称。试求此结构内力。

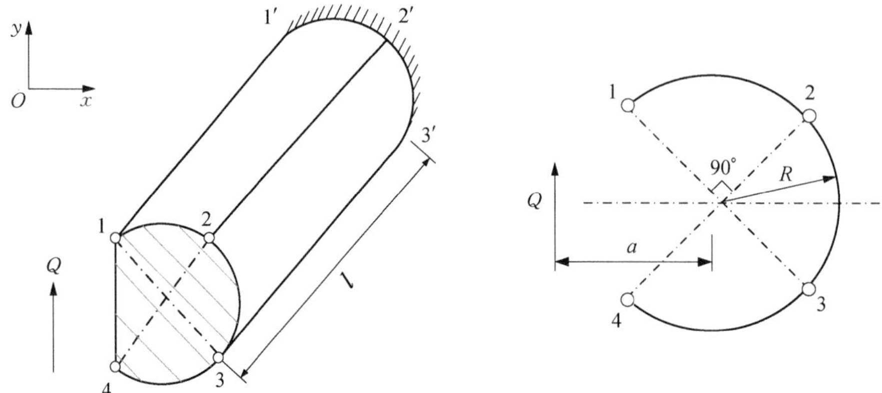

图 4-17　例题 4-3 导弹弹体结构示意

解:(1) 首先判断静定结构。空间板杆结构,共有 4 个节点,本应该有 12 个自由度;但刚性框提供 $2n-3$ 个自由度,共 5 个约束。4 根杆、3 块板,共有 7 个约束,因此为静定结构。

(2) 取自由端刚性框为研究对象,由平衡条件可知

$$\sum X = 0, \quad 可得\ q_{12} = q_{34}$$

$$\sum Y = 0, \quad 可得\ q_{23} = -\frac{Q}{\sqrt{2}R}$$

$$\sum M = 0, \quad 可得\ Qa = \frac{2\pi R^2}{4}(q_{12} + q_{23} + q_{34}) \Rightarrow q_{12} = q_{34} = \frac{Q}{\pi R^2}\left(a + \frac{\pi R}{2\sqrt{2}}\right)$$

计算所得三个剪流均为正,即方向与图 4-18(a)中假设的方向一致。

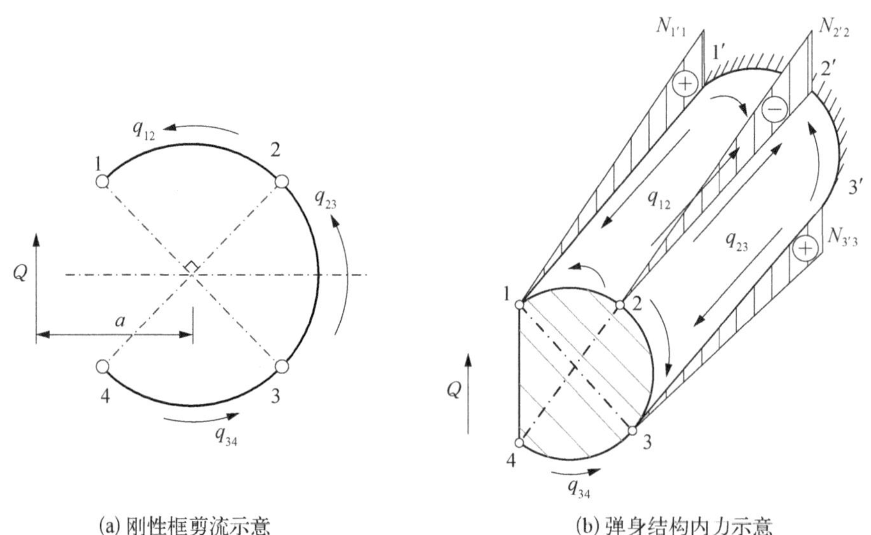

图 4-18　例题 4-3 机翼盒段结构外载荷单独作用时的内力示意

（3）由各杆平衡条件可得

$$N_{1'1}=-N_{4'4}=\frac{Ql}{\pi R^2}\left(a+\frac{\pi R}{2\sqrt{2}}\right)$$

$$N_{3'3}=-N_{2'2}=\frac{Ql}{\pi R^2}\left(a+\frac{3\pi R}{2\sqrt{2}}\right)$$

根据计算结果画出弹身结构内力图,如图 4-18(b)所示。

4.4　静不定板杆结构的静力分析

在判定了静不定结构的静不定度 n 之后,其内力的求解方法与 3.5.2 节相同,即通过建立正则方程进行求解。

$$\sum_{j=1}^{n}\delta_{ij}X_j+\Delta_{iP}=0\quad(i,\ j=1,\ 2,\ \cdots,\ n)\tag{4-10}$$

对于板杆结构,有

$$\delta_{ij}=\sum_{k=1}^{m}\int_0^{L_k}\frac{N_{ik}N_{jk}}{EA_k}\mathrm{d}s+\sum_{k=1}^{u}\frac{q_{ik}q_{jk}}{Gt_k}S_k\quad(i,\ j=1,\ 2,\ \cdots,\ n)\tag{4-11}$$

$$\Delta_{iP}=\sum_{k=1}^{m}\int_0^{L_k}\frac{N_{ik}N_{Pk}}{EA_k}\mathrm{d}s+\sum_{k=1}^{u}\frac{q_{ik}q_{Pk}}{Gt_k}S_k\quad(i=1,\ 2,\ \cdots,\ n)\tag{4-12}$$

$$\delta_{ij}=\delta_{ji}\quad(i,\ j=1,\ 2,\ \cdots,\ n)\tag{4-13}$$

式中,m 为板杆结构中杆元件的总数;u 为板杆结构中板元件的总数;A_k 为第 k 个杆的横截面积;L_k 为第 k 个杆的长度;E 为材料的杨氏模量;G 为材料的剪切模量;t_k 为第 k 个板的厚度;S_k 为第 k 个板元件的面积。

例题 4-4　对于图 4-19(a)所示的平面薄壁结构,已知各杆横截面积均为 A,杆长为 L,板厚为 t,弹性系数 $E/G=2.6$, $tL/A=2.6$。求其内力。

解:首先:可以判断结构为 2 度静不定,需要两个基本未知量,列出两个正则方程。

然后:选取中间水平杆为多余约束,在节点 5 和 6 处将水平杆切断,得静定的基本系统。可以得到载荷状态〈P〉、单位状态〈1〉、〈2〉的内力分别如图 4-19(b)、(c)和(d)所示。

其次,建立正则方程。

首先计算 δ_{ij} 和 Δ_{iP}:

$$\delta_{11}=6\frac{L}{3EA}\left(-\frac{1}{2}\right)^2+4\frac{L}{3EA}1^2+4\frac{\left(\frac{1}{2L}\right)^2L^2}{Gt}=\frac{17L}{6EA}$$

$$\delta_{12}=2\frac{L}{6EA}\left(-\frac{1}{2}\right)^2+\frac{L}{6EA}1^2+2\frac{L}{3EA}1\left(-\frac{1}{2}\right)+2\frac{\left(\frac{1}{2L}\right)\left(-\frac{1}{2L}\right)L^2}{Gt}=-\frac{7L}{12EA}$$

$$\delta_{22}=4\frac{L}{3EA}\left(-\frac{1}{2}\right)^2+\frac{L}{3EA}1^2+2\frac{\left(\frac{1}{2L}\right)^2L^2}{Gt}=\frac{7L}{6EA}$$

$$\Delta_{1P}=4\frac{PL}{2EA}\left(-\frac{1}{2}\right)=-\frac{PL}{EA}$$

$$\Delta_{2P}=2\frac{PL}{2EA}\left(-\frac{1}{2}\right)=-\frac{PL}{2EA}$$

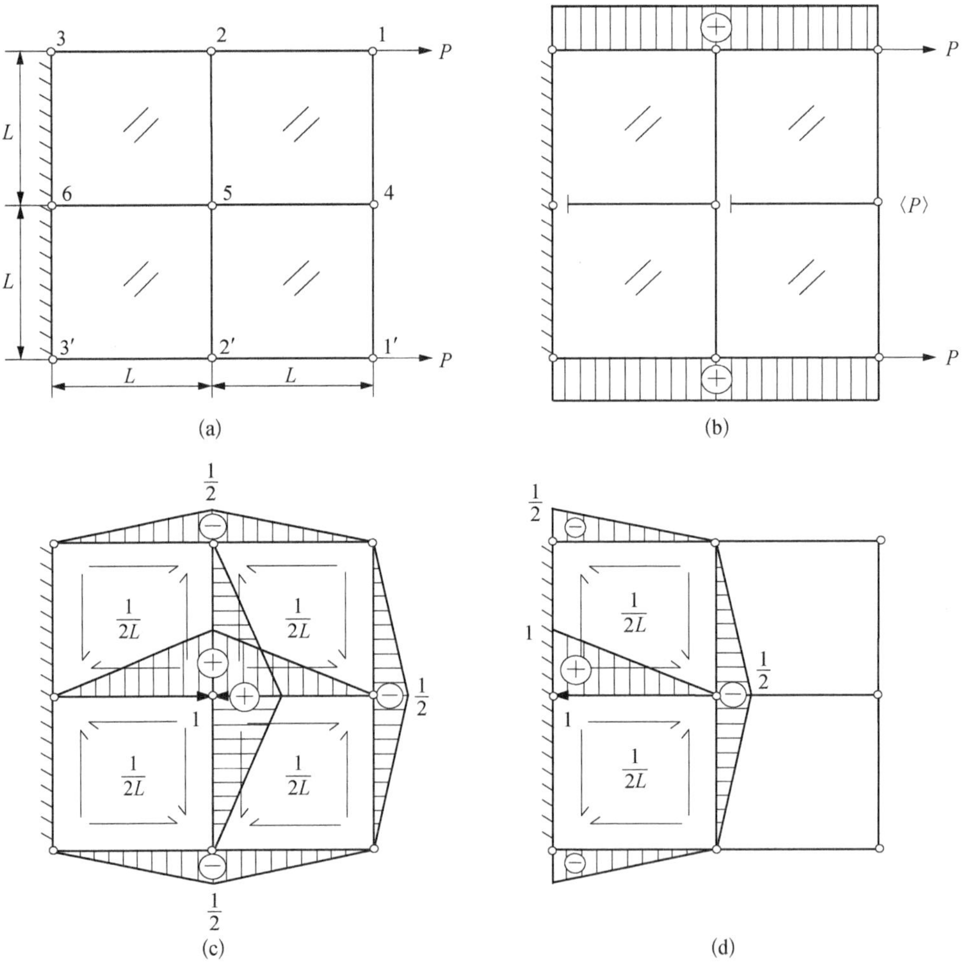

(a) (b)

(c) (d)

图 4-19 例题 4-4 板杆结构

建立正则方程，得

$$\frac{17}{6}X_1-\frac{7}{12}X_2-P=0$$

$$-\frac{7}{12}X_1+\frac{7}{6}X_2-\frac{P}{2}=0$$

求解正则方程，求得多余未知力为

$$X_1=\frac{30}{61}P$$

$$X_2=\frac{288}{427}P$$

利用叠加原理求结构元件内力：

$$N=N_P+N_1X_1+N_2X_2$$

$$q=q_P+q_1X_1+q_2X_2$$

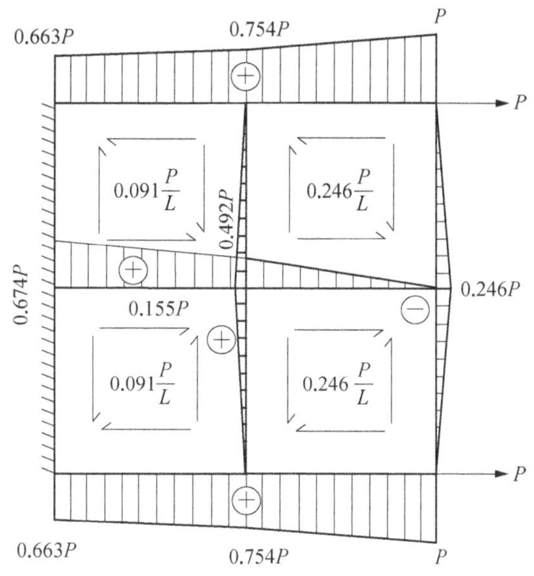

图 4-20　例题 4-4 板杆结构内力图

例题 4-5　一机翼部段的空间板杆结构模型。各杆的横截面积为 A，各板厚均为 t，且 $EA=aGt$。$P=12\,000$ N，$a=50$ cm，$H=10$ cm，$\alpha=30°$，$A=5$ cm^2，$E=7.2\times10^4$ N/cm^2，求其在载荷 P 作用下的内力。

解： 首先进行结构静不定度分析，该结构有两个空间节点，对应 6 个自由度。有 2 个四边形板和 5 根杆，对应 7 个约束。结构为静不定结构，静不定度为 1。

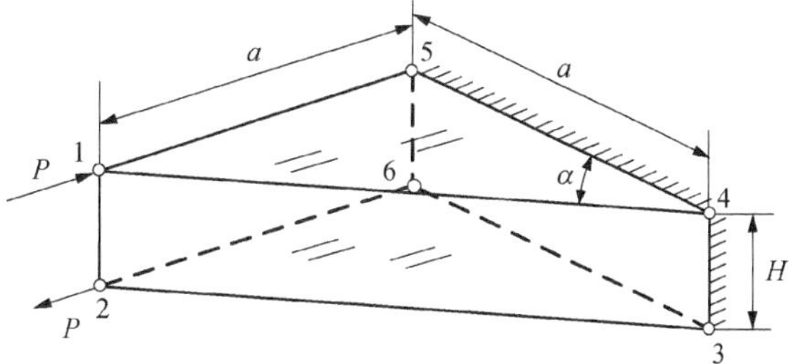

图 4-21　例题 4-5 机翼部段空间板杆结构模型

下面根据解除的约束不同，给出两种方法。

1）解法 1

(1) 解除约束，并写出〈P〉状态和〈1〉状态。

解除约束，选取板 1234 为多余约束，解除该约束，得到静定的基本系统。载荷状态〈P〉的内力如图 4-22(a) 所示，单位状态〈1〉的内力图如图 4-22(b) 和 (c) 所示。

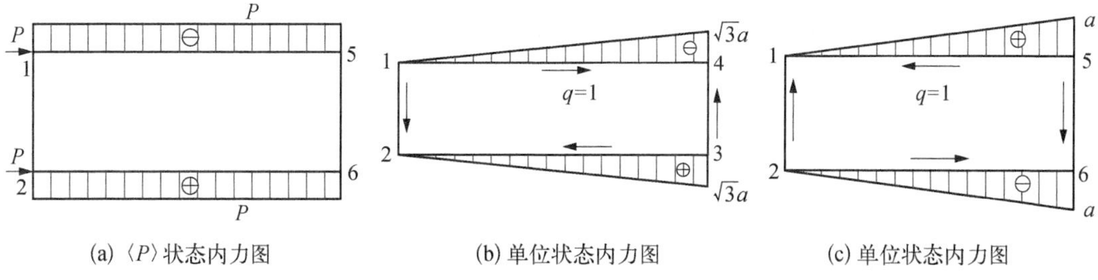

(a)〈P〉状态内力图　(b) 单位状态内力图　(c) 单位状态内力图

图 4-22　例题 4-5 不同状态下的板杆结构内力图（解法 1）

(2) 建立正则方程,并求解。

正则方程为

$$\delta_{11}X_1 + \Delta_{1P} = 0$$

计算:

$$\Delta_{1P} = \frac{-2 \times P \times \frac{1}{2}a \times a}{EA} = \frac{-Pa^2}{EA}$$

$$\delta_{11} = \frac{\frac{1}{3}a^3 \times 2 + \frac{1}{3}(\sqrt{3}a)^3 \times 2}{EA} + \frac{Ha + \sqrt{3}Ha}{Gt} = \frac{(6\sqrt{3} + 2)a^3}{3EA} + \frac{(\sqrt{3} + 1)Ha}{Gt}$$

$$= \frac{(6\sqrt{3} + 2)a^3 + (3\sqrt{3} + 3)Ha^2}{3EA}$$

代入正则方程,求解得

$$X_1 = -\frac{\Delta_{1P}}{\delta_{11}} = \frac{\frac{Pa^2}{EA}}{\frac{(6\sqrt{3} + 2)a^3}{3EA} + \frac{(\sqrt{3} + 1)Ha^2}{EA}} = \frac{3P}{(6\sqrt{3} + 2)a + (3\sqrt{3} + 3)H} \approx 5\ 131.3(\mathrm{N/m})$$

(3) 画出内力图。

板杆结构内力图见图 4-23。

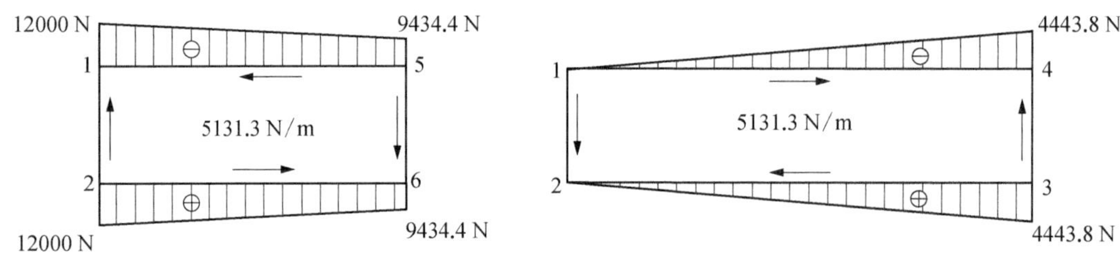

图 4-23　例题 4-5 板杆结构内力图

2) 解法 2

(1) 解除约束,并写出〈P〉状态和〈1〉状态。

解除约束:选取杆 1-4 为多余约束,在节点 4 处将杆 1-4 截断,得到静定的基本系统。载荷状态〈P〉的内力如图 4-24(a)所示,单位状态〈1〉的内力图分别如图 4-24(b)和(c)所示。

(2) 建立正则方程,并求解。

正则方程为

$$\delta_{11}X_1 + \Delta_{1P} = 0$$

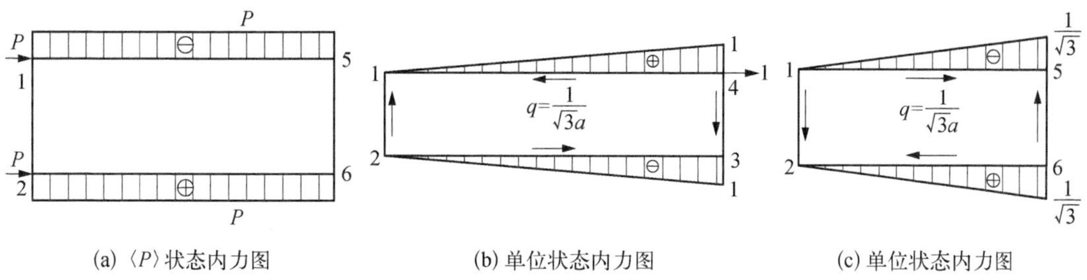

图 4-24　例题 4-5 板杆结构不同状态下结构内力图(解法 2)

计算得

$$\Delta_{1P}=\frac{2\times P\times\frac{1}{2}\frac{1}{\sqrt{3}}\times a}{EA}=\frac{Pa}{\sqrt{3}EA}$$

$$\delta_{11}=\frac{\frac{\sqrt{3}}{3}a\times 2+\frac{1}{3}\cdot\frac{1}{3}a\times 2}{EA}+\frac{\frac{1}{3a^2}Ha+\frac{\sqrt{3}}{3a^2}Ha}{Gt}=\frac{(6\sqrt{3}+2)a}{9EA}+\frac{(\sqrt{3}+1)H}{3aGt}$$

$$=\frac{(6\sqrt{3}+2)a+(3\sqrt{3}+3)H}{9EA}$$

代入正则方程,求解得

$$X_1=-\frac{\Delta_{1P}}{\delta_{11}}=-\frac{\frac{Pa}{\sqrt{3}EA}}{\frac{(6\sqrt{3}+2)a+(3\sqrt{3}+3)H}{9EA}}$$

$$=-\frac{3\sqrt{3}Pa}{(6\sqrt{3}+2)a+(3\sqrt{3}+3)H}=-4\,443.8(\mathrm{N})$$

(3) 画出内力图。

采用该解法得到的板杆结构内力图见图 4-25。

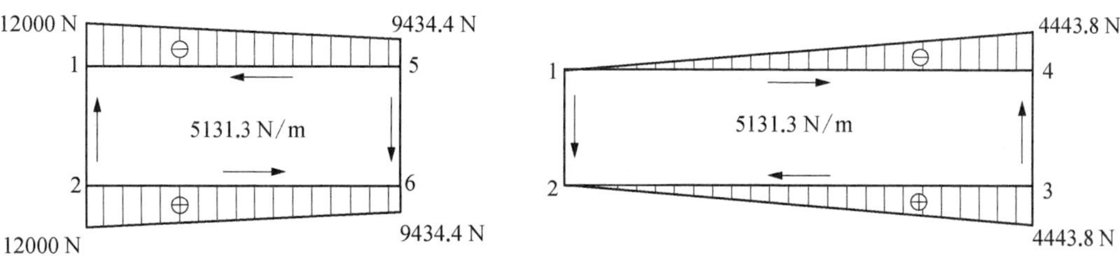

图 4-25　例题 4-5 板杆结构内力图(解法 2)

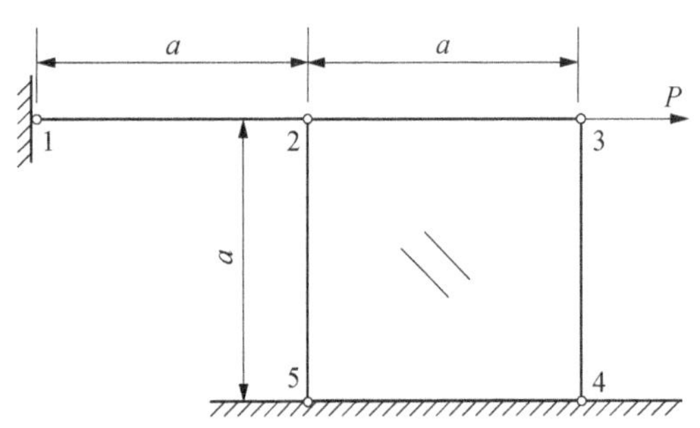

图 4-26　例题 4-6 桁架板杆混合结构

例题 4-6　图 4-26 为桁架-板杆混合结构,各结构元件形状、尺寸和受载如图所示,其中各杆剖面的刚度系数均为 EA,板的剪切模量为 G,厚度为 t,且 $aGt = 2EA$。试求此结构中的内力。

解:(1) 结构静定/静不定分析。

该结构中的 2 个节点对应 4 个自由度,同时 4 根杆和一个板对应 5 个约束。结构为静不定结构,且静不定度为 1

(2) 解除约束,写出〈P〉状态和〈1〉状态。

解除约束:在杆 1-2 的节点 2 处将水平杆切断,得静定的基本系统。〈P〉状态的内力如图 4-27(a)所示,单位状态的内力如图 4-27(b)所示。

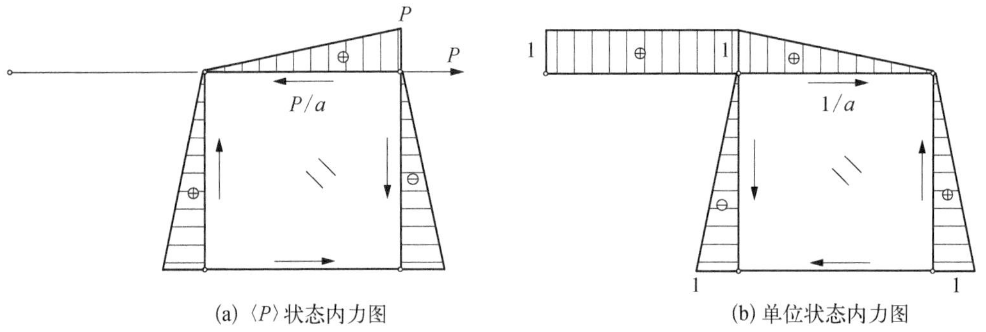

图 4-27　例题 4-6 板杆结构不同状态下的内力图

(3) 建立正则方程,并求解。

正则方程为

$$\delta_{11}X_1 + \Delta_{1P} = 0$$

计算得

$$\delta_{11} = \sum_{k=1}^{5}\frac{N_{1k}N_{1k}}{EA_k}L_k + \frac{q_1q_1}{Gt}S = \frac{a}{EA} + \frac{a}{3EA}\times 3 + \frac{a^2}{a^2Gt} = \frac{2a}{EA} + \frac{a}{2EA} = \frac{5a}{2EA}$$

$$\Delta_{1P} = \sum_{k=1}^{5}\frac{N_{1k}N_{Pk}}{EA_k}L_k + \frac{q_1q_P}{Gt}S = \frac{\frac{1}{2}Pa\cdot\frac{1}{3}}{EA} - \frac{\frac{1}{2}Pa\cdot\frac{2}{3}}{EA} - \frac{\frac{1}{2}Pa\cdot\frac{2}{3}}{EA} - \frac{PS}{a^2Gt}$$

$$= \frac{Pa}{6EA} - \frac{Pa}{3EA} - \frac{Pa}{3EA} - \frac{PS}{2EAa} = -\frac{Pa}{EA}$$

代入正则方程,得

$$\frac{5a}{2EA}X_1 = \frac{Pa}{EA}$$

求解得

$$X_1 = \frac{2P}{5}$$

(4) 画出内力图。

板杆结构内力图如图 4-28 所示。

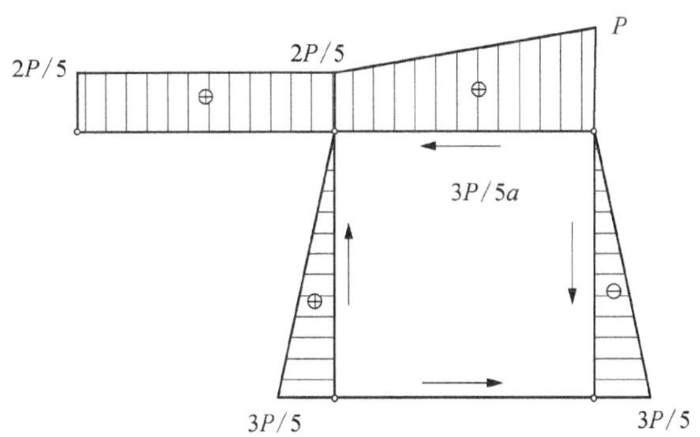

图 4-28　例题 4-6 板杆结构内力图

4.5　位移计算

无论是静定或静不定的板杆结构,均可采用单位载荷法计算其位移。

例题 4-7　如图 4-29 所示为一平面板杆结构 $ABCDE$,所有杆件的弹性模量为 E,横截面积为 A,所有板的剪切模量为 G,厚度为 t,试由单位载荷法求点 C 的水平位移。

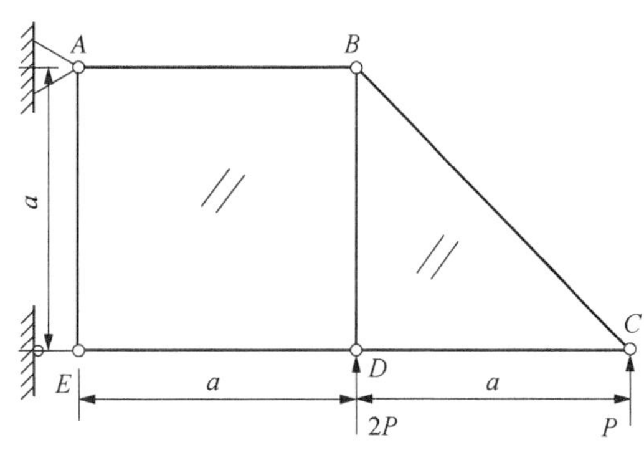

图 4-29　例题 4-7 平面板杆结构

解: (1) 结构静不定度分析。

5 个平面节点,共有 10 个自由度;6 根杆和 2 个板,但三角形板不提供约束,另外还有 3 个支座约束,因此共有 10 个约束;此板杆结构为静定结构。

(2) 〈P〉状态内力求解。

由于三角形板剪流为 0,则节点 C 处仅有杆受力,可得 BC 杆和 CD 杆的轴力分别为 $-\sqrt{2}P$ 和 P。对正方形板 $ABDE$ 各节点进行受力分析,可得整个结构的内力图,如图 4-30(a)所示。

(3) 单位状态内力求解。

为了求解节点 C 处的水平位移,在 C 处增加水平单位载荷,求解内力如图

4-30(b)所示。

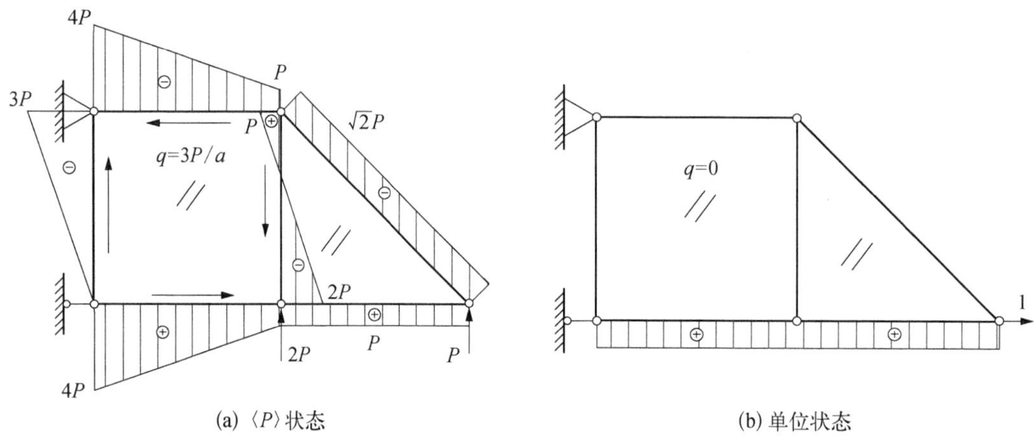

图 4-30　例题 4-7 平面板杆结构〈P〉状态和单位状态内力图

(4) 水平位移求解。

由单位载荷法求得水平位移为

$$\Delta_{Cx} = \frac{1}{EA}\left(P \times 1 \times 2a + \frac{1}{2} \times 3P \times a \times 1\right) = \frac{7Pa}{2EA} \tag{4-14}$$

即节点 C 的水平位移方向与单位载荷方向一致,大小为 $\frac{7Pa}{2EA}$。

例题 4-8　为了便于伸入内部操作或维修,在飞行器结构设计中经常会在壁板等板杆结构的局部进行开口。如图 4-31 所示的盒段结构,一端固支、一端自由,同时下部有大开口。已知杆的截面面积为 A,盒段长度为 l,宽度为 b,高度为 h,杆的弹性模量为 E,板的剪切模量为 G,板的厚度为 t。假设在自由端作用一对力偶 M/b,试求自由端的扭转角。

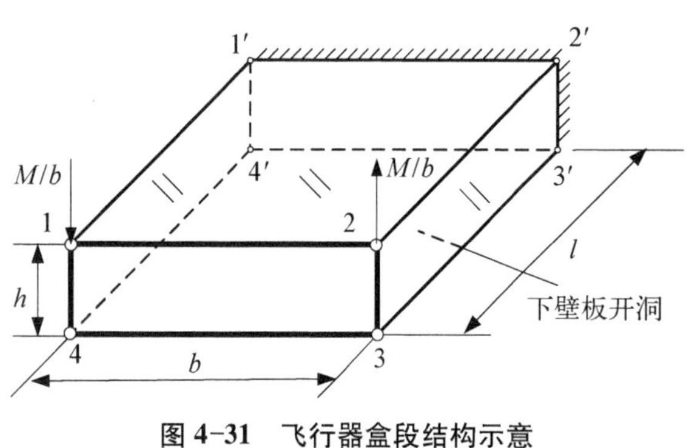

图 4-31　飞行器盒段结构示意

解: (1) 结构静不定度分析。

假设盒段下部封闭,则多余的约束数 $K = n - 3 = 4 - 3 = 1$, 现下壁板开洞,解除 1 个多余约束,因此该结构为静定结构。

(2) 扭转角求解。

由于盒段下端开口,同时杆 3-4 没有承受外载荷,杆 3-4 和板 1-2-3-4 中下边的剪流均为 0,另外由矩形板四边的剪流相等可知,板 1-2-3-4 中所有边的剪流均为 0。

以杆 1-2 为研究对象,由于不承受外载荷,同时板 1-2-3-4 的剪流为 0,上端板 1-1′-

2′-2 的剪流也为 0。

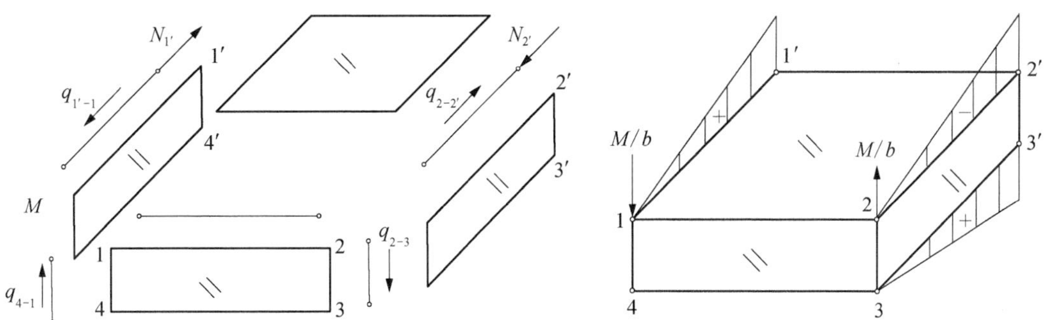

图 4-32　例题 4-3 板杆受力示意图

由力平衡可知

$$q_{1-2} = q_{3-4} = 0$$

$$q_{4-1} = q_{2-3}$$

由力矩平衡可知

$$q_{4-1}hb = M \Rightarrow q_{4-1} = M/hb$$

即板 1-1′-4′-4 的剪流为 M/hb，同理，板 2-2′-3′-3 的剪流也为 M/hb。

以杆 1-1′为研究对象，1′端轴力为

$$N_{1'} = Ml/hb$$

同理可得杆 2-2′、杆 3-3′、杆 4-4′自由端的轴力均为 0，固支端轴力为

$$N_{1'} = N_{2'} = N_{3'} = N_{4'} = Ml/hb$$

因此，对于含有轴力的杆，其轴力为

$$N_{1-1'} = N_{2-2'} = N_{3-3'} = N_{4-4'} = Mx/hb \quad (0 \leqslant x \leqslant l)$$

对于含有剪流的板，其剪流为

$$q_{1-1'-4'-4} = q_{2-2'-3'-3} = M/hb$$

利用单位载荷法，求取单位载荷状态对应的结构内力，其分布形式与以上求解类似：

$$\overline{N}_{1-1'} = \overline{N}_{2-2'} = \overline{N}_{3-3'} = \overline{N}_{4-4'} = x/hb \ (0 \leqslant x \leqslant l), \quad \overline{q}_{1-1'-4'-4} = \overline{q}_{2-2'-3'-3} = 1/hb$$

则盒段自由端扭转角为

$$\theta = 4\int_0^l \frac{Mx}{EAhb} \cdot \frac{x}{hb}\mathrm{d}x + 2\frac{\frac{M}{hb} \cdot \frac{1}{hb}}{Gt} \cdot lh = \frac{4Ml^3}{3EAh^2b^2} + \frac{2Ml}{Gthb^2}$$

4.6 加筋壁板结构的剪切扩散

飞行器结构中常采用加筋薄壁结构,这些结构的纵向加筋件——桁梁经常承受集中力的作用。桁梁承受的集中载荷通过蒙皮的剪力传递给桁条,经过一段传递,集中力将变成均布力,这就是剪切扩散问题。

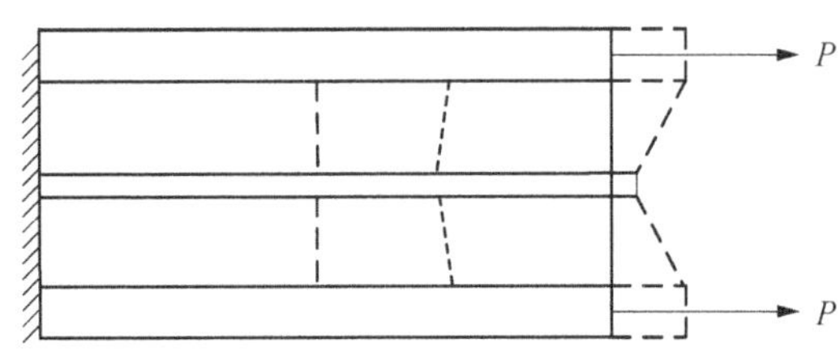

图 4-33 加筋板的剪切扩散

下面以图 4-33 所示的加筋壁板为例,介绍剪切扩散问题。该结构的纵向加强件有上下两根桁梁和中间一根桁条,载荷 P 作用在两根桁梁的端部,在桁梁中将产生很大的应力和相应的拉伸变形。桁梁的变形拉着蒙皮,使其产生剪切变形和剪应力。由于蒙皮的剪切变形将带动桁条产生拉伸变形,桁条内也产生了拉伸应力。这样,作用在横梁上的载荷 P,有一部分就通过蒙皮的剪切变形传递给了桁条。

很显然,端部桁梁的拉伸变形最大,蒙皮的剪切变形也最大,这是因为蒙皮的剪切变形量取决于桁梁和桁条变形差值。

随着距载荷 P 作用点的距离增加,桁梁上的载荷 P 不断通过蒙皮传给桁条,桁梁中的应力减小,变形也减小;而桁条中的应力增加,变形也增加。桁梁与桁条的变形差值减小了,蒙皮的剪切变形也减小了。直到某一个位置,桁梁与桁条中的应力大致相等,蒙皮中的剪应力也趋于 0,至此,集中力全部扩散为均布力。

以上定性地说明了集中力通过蒙皮剪切扩散的物理过程。只有部分桁梁载荷通过蒙皮的剪切变形传给桁条,由此,桁条的载荷总是滞后于桁梁的载荷且是逐渐参与承载的,因此剪切扩散问题也称为剪切滞后问题或剪切参与问题。

在研究剪切扩散问题的解法时,可采用以下假设:

(1) 蒙皮只承受剪应力,该应力沿厚度均匀分布;

(2) 横向构件在壁板横向的拉伸刚度为无限大,即壁板没有横向应变;

(3) 桁梁、桁条和蒙皮内的应力沿纵向连续变化,其不受横向构件的影响。

下面对一些典型的剪切扩散情况进行介绍。

1. 双等截面桁梁单桁条壁板的集中力扩散

对于双等截面桁梁单桁条壁板条件下的加筋壁板剪切扩散问题(图 4-34),假设加筋壁板的长度为 l、宽度为 $2H$,在 $z = l$ 端固支、$z = 0$ 端自由,两侧桁梁在自由端分别承受载荷 P_0 的作用,且桁梁的横截面积为 B,中间桁条的横截面积为 A。

加筋板为对称结构,因此只需研究加筋板上半部分,包括上桁梁、上蒙皮及中间的桁条。同时,上下蒙皮的剪流是相等的,假设蒙皮剪流 q 的方向如图 4-34 所示。

首先在上桁梁截面 z 处取长度为 $\mathrm{d}z$ 的微小单元,P_B 表示其内力,则 $z + \mathrm{d}z$ 处的内力可表示为 $P_B + \dfrac{\partial P_B}{\partial z}\mathrm{d}z$, 此单元平衡方程可表示为

$$P_B + \frac{\partial P_B}{\partial z}\mathrm{d}z + q\mathrm{d}z - P_B = 0 \tag{4-15}$$

由此可得

$$\frac{\partial P_B}{\partial z} = -q \tag{4-16}$$

同理,分析长度为 dz 的微小桁条单元,P_S 表示截面 z 处的内力,则由平衡方程可得

$$\frac{\partial P_S}{\partial z} = 2q \tag{4-17}$$

分析加筋壁板整体,截面 z 处的内力应与外载荷平衡,即

$$2P_B + P_S - 2P_0 = 0 \tag{4-18}$$

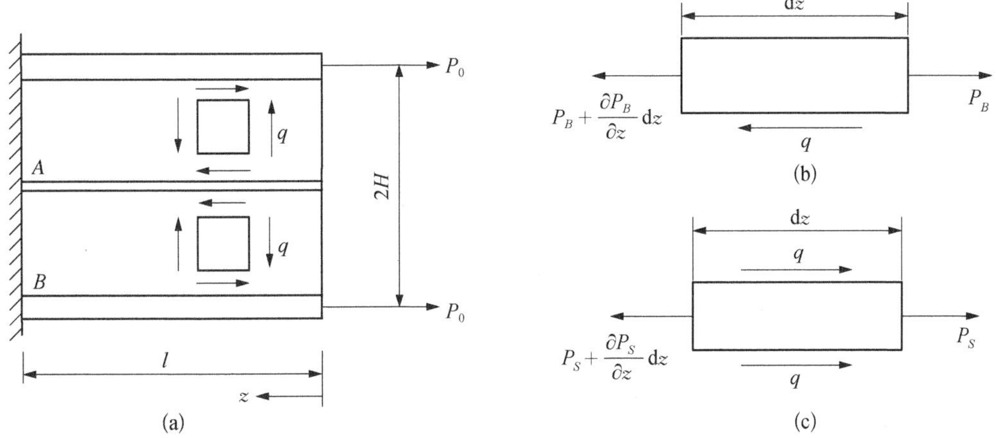

图 4-34　双等截面桁梁单桁条条件下的加筋壁板

另外,需要进一步考虑桁梁、蒙皮和桁条之间的变形协调条件。对于加筋板上半部分,在截面 z 处选取长度为 dz 的微小单元,其变形如图 4-35 所示。假设蒙皮不承受正应力,即其剪应力 τ 和剪应变 γ 在宽度 H 方向上保持不变。桁梁和桁条的正应变分别表示为 ε_B 和 ε_S,则由图中几何关系可知

$$(1 + \varepsilon_S)\mathrm{d}z = (1 + \varepsilon_B)\mathrm{d}z + \left[H\left(\gamma + \frac{\partial \gamma}{\partial z}\mathrm{d}z\right) - H\gamma\right] \tag{4-19}$$

由于 γ 仅与 z 有关,进一步将式(4-19)整理可得

$$\frac{\mathrm{d}\gamma}{\mathrm{d}z} = \frac{1}{H}(\varepsilon_S - \varepsilon_B) \tag{4-20}$$

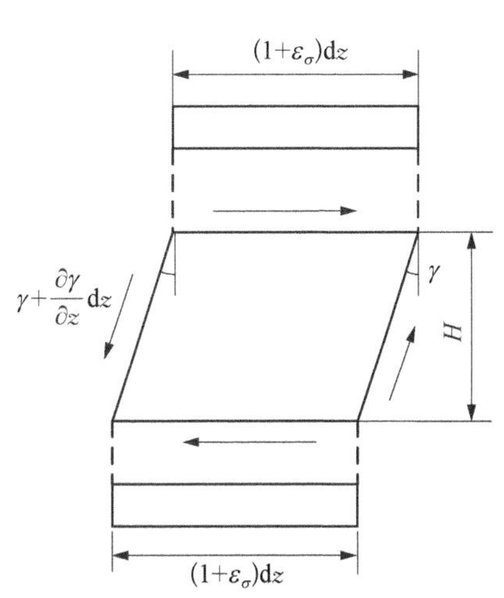

图 4-35　加筋板上半部分的变形协调关系

由应力-应变关系可知

$$E\varepsilon_S = \frac{P_S}{A}, \quad E\varepsilon_B = \frac{P_B}{B}, \quad G\gamma = \frac{q}{h} \tag{4-21}$$

式中，h 为蒙皮的厚度。

将式(4-21)代入式(4-20)可得

$$\frac{\mathrm{d}q}{\mathrm{d}z} = \frac{Gh}{HE}\left(\frac{P_S}{A} - \frac{P_B}{B}\right) \tag{4-22}$$

进一步，由式(4-17)和式(4-18)分别求出 q 和 P_B，代入式(4-22)可得

$$\frac{1}{2}\frac{\mathrm{d}^2P_S}{\mathrm{d}z^2} = \frac{Gh}{HE}\left[\frac{P_S}{A} - \frac{1}{2B}(2P_0 - P_S)\right] \tag{4-23}$$

将其整理为关于 P_S 的微分方程：

$$\frac{\mathrm{d}^2P_S}{\mathrm{d}z^2} - \frac{2Gh}{HE}\left(\frac{1}{A} + \frac{1}{2B}\right)P_S = -\frac{2Gh}{HE}\frac{P_0}{B} \tag{4-24}$$

将微分方程系数表示为

$$\frac{2Gh}{HE}\left(\frac{1}{A} + \frac{1}{2B}\right) = \lambda^2, \quad \frac{2Gh}{HE}\frac{P_0}{B} = \beta \tag{4-25}$$

则式(4-24)可写成微分方程的标准形式：

$$\frac{\mathrm{d}^2P_S}{\mathrm{d}z^2} - \lambda^2P_S + \beta = 0 \tag{4-26}$$

微分方程的解可表示为

$$P_S = C\cosh(\lambda z) + D\sinh(\lambda z) + \frac{\beta}{\lambda^2} \tag{4-27}$$

进一步，由边界条件求相关系数。由于加筋壁板 $z=0$ 端自由，即 $P_S\big|_{z=0} = 0$，代入式(4-27)可求得

$$C = -\frac{\beta}{\lambda^2} \tag{4-28}$$

而 $z=l$ 端固定，蒙皮的剪应变应为 0，由此可得剪应力 τ 和剪流 q 也应该为 0，由式(4-17)可得 $\left.\frac{\partial P_S}{\partial z}\right|_{z=l} = 0$，将其代入式(4-27)中，并结合式(4-28)可得

$$D = \frac{\beta}{\lambda^2}\tanh(\lambda l) \tag{4-29}$$

将式(4-28)和式(4-29)中 C 和 D 的数值代入式(4-27)中，即可得微分方程的最终解为

$$P_S = \frac{\beta}{\lambda^2}1 - \cosh(\lambda z) + \tanh(\lambda l)\sinh(\lambda z) \tag{4-30}$$

将式(4-25)代入式(4-30)整理后可得

$$P_S = 2P_0 \frac{A}{2B + A}\left\{1 - \frac{\cosh[\lambda(l - z)]}{\cosh(\lambda l)}\right\} \tag{4-31}$$

因此，桁条的正应力可表示为

$$\sigma_S = \frac{2P_0}{2B + A}\left\{1 - \frac{\cosh[\lambda(l - z)]}{\cosh(\lambda l)}\right\} \tag{4-32}$$

进一步，可得到加筋壁板的剪流分布

$$q = \lambda P_0 \frac{A}{2B + A} \frac{\sinh[\lambda(l - z)]}{\cosh(\lambda l)} \tag{4-33}$$

剪应力的分布为

$$\tau = \lambda P_0 \frac{A}{(2B + A)h} \frac{\sinh[\lambda(l - z)]}{\cosh(\lambda l)} \tag{4-34}$$

接下来，求解桁梁中的内力 P_B 和正应力 σ_B。将式(4-31)代入式(4-18)即可求出

$$P_B = 2P_0 \frac{B}{2B + A}\left\{1 + \frac{A}{2B} \frac{\cosh[\lambda(l - z)]}{\cosh(\lambda l)}\right\} \tag{4-35}$$

$$\sigma_B = \frac{2P_0}{2B + A}\left\{1 + \frac{A}{2B} \frac{\cosh[\lambda(l - z)]}{\cosh(\lambda l)}\right\} \tag{4-36}$$

以上即可完全确定加筋壁板的桁条内力 P_S、桁梁内力 P_B 及蒙皮剪流 q。由 P_S 和 P_B 与长度方向坐标 z 之间的关系可知，桁条内力 P_S 随着 z 值的增大而增大，即桁条越远离自由端，其内力越大；而桁梁内力 P_B 则随着 z 值的增大而减小，即桁梁越远离自由端，其内力越小。由此可知，随着远离自由端蒙皮的剪切变形不断变化，逐渐将桁梁的内力传递给中部的桁条。因此，在进行加筋壁板的结构设计过程中，可考虑将桁梁设计为变截面的(图 4-36)，从而满足等强度的要求。

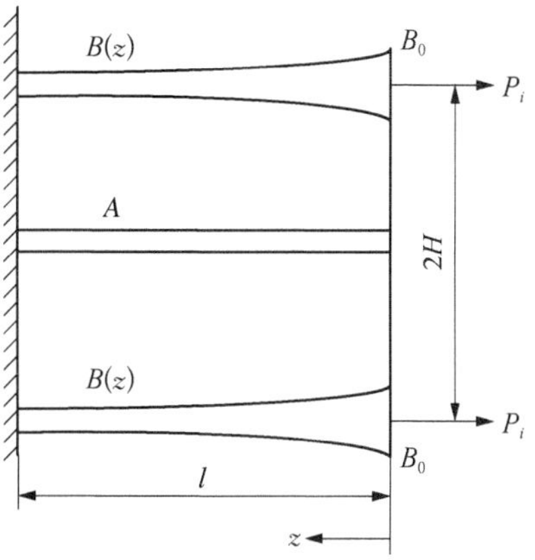

图 4-36　双等强度桁梁单桁条壁板

2. 单等截面桁梁单桁条壁板的集中力扩散

对于单等截面桁梁单桁条壁板条件下的加筋壁板集中力扩散问题(图 4-37)，假设加筋壁板的长度为 l、宽度为 H，在 $z = l$ 端固支、$z = 0$ 端自由，上侧单桁梁在自由端承受载荷 P_0，且桁梁的横截面积为 B，下侧桁条的横截面

积为 A。同样分别在截面 z 处取长度为 $\mathrm{d}z$ 的桁梁、桁条的微小单元,如图 4-38 所示,根据平衡条件可知

$$\frac{\partial P_B}{\partial z} = -q \tag{4-37}$$

$$\frac{\partial P_S}{\partial z} = q \tag{4-38}$$

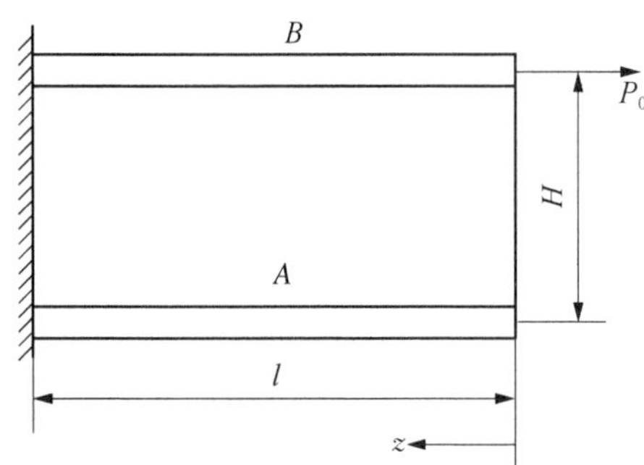

图 4-37 单等截面桁梁单桁条壁板

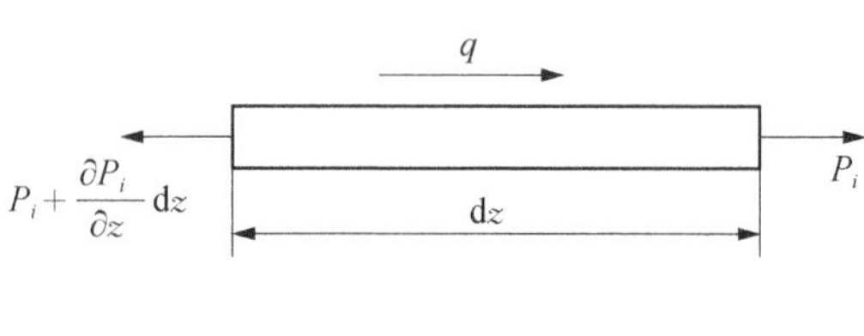

图 4-38 桁条单元的平衡关系

由于仅有单桁梁和单桁条,壁板整体平衡条件可写为

$$P_B + P_S - P_0 = 0 \tag{4-39}$$

同样,由桁梁、桁条和蒙皮的变形协调条件和应力-应变关系可得

$$\frac{\mathrm{d}q}{\mathrm{d}z} = \frac{Gh}{HE}\left(\frac{P_S}{A} - \frac{P_B}{B}\right) \tag{4-40}$$

联合式(4-38)~式(4-40),消去 q 和 P_B 可得关于 P_S 的微分方程:

$$\frac{\mathrm{d}^2 P_S}{\mathrm{d}z^2} - \lambda'^2 P_S + \beta' = 0 \tag{4-41}$$

式中,$\lambda'^2 = \frac{Gh}{HE}\left(\frac{1}{A} + \frac{1}{B}\right)$;$\beta' = \frac{Gh}{HE}\frac{P_0}{B}$。

则该微分方程的解可写为

$$P_S = C'\cosh(\lambda' z) + D'\sinh(\lambda' z) + \frac{\beta'}{\lambda'^2} \tag{4-42}$$

由桁条在自由端和固定端的边界条件 $P_S\Big|_{z=0} = 0$, $\frac{\mathrm{d}P_S}{\mathrm{d}z}\Big|_{z=l} = q\Big|_{z=l} = 0$, 可进一步求出系数 C' 和 D':

$$C' = -\frac{\beta'}{\lambda'^2}, \quad D' = \frac{\beta'}{\lambda'^2}\tanh(\lambda' l) \tag{4-43}$$

因此,可求解出桁条内力为

$$P_S = \frac{AP_0}{B + A}\left\{1 - \frac{\cosh[\lambda'(l - z)]}{\cosh(\lambda' l)}\right\} \tag{4-44}$$

桁条正应力为

$$\sigma_S = \frac{P_0}{B + A}\left\{1 - \frac{\cosh[\lambda'(l - z)]}{\cosh(\lambda' l)}\right\} \tag{4-45}$$

蒙皮剪流为

$$q = \frac{\partial P_S}{\partial z} = \lambda' \frac{AP_0}{B + A} \frac{\sinh[\lambda'(l - z)]}{\cosh(\lambda' l)} \tag{4-46}$$

剪应力为

$$\tau = \lambda' \frac{AP_0}{(B + A)h} \frac{\sinh[\lambda'(l - z)]}{\cosh(\lambda' l)} \tag{4-47}$$

进一步得到桁梁的内力和正应力分别为

$$P_B = \frac{P_0 B}{B + A}\left\{1 + \frac{A}{B} \frac{\cosh[\lambda'(l - z)]}{\cosh(\lambda' l)}\right\} \tag{4-48}$$

$$\sigma_B = \frac{P_0}{B + A}\left\{1 + \frac{A}{B} \frac{\cosh[\lambda'(l - z)]}{\cosh(\lambda' l)}\right\} \tag{4-49}$$

以上桁条内力 P_S 和 P_B 随长度方向坐标 z 的变化规律与“双等截面桁梁单桁条壁板的集中力扩散”部分所得结论类似。同时,考虑桁梁从自由端至固定端逐渐将部分正应力扩散至桁条,使得二者在固定端的正应力相等,称桁梁中的应力完全扩散均匀。由 σ_B 和 σ_S 在固定端的表达式可知

$$\sigma_B\Big|_{z=l} = \frac{P_0}{B + A}\left[1 + \frac{A}{B} \frac{1}{\cosh(\lambda' l)}\right] \tag{4-50}$$

$$\sigma_S\Big|_{z=l} = \frac{P_0}{B + A}\left[1 - \frac{1}{\cosh(\lambda' l)}\right] \tag{4-51}$$

如若实现 $\sigma_B\Big|_{z=l} = \sigma_S\Big|_{z=l}$,式(4-50)和式(4-51)的中括号内的第二项应为零,即 $\lambda' l \to \infty$,则在加筋壁板长度一定的情况下,$\lambda' = \left[\frac{Gh}{HE}\left(\frac{1}{A} + \frac{1}{B}\right)\right]^{1/2}$ 取值应尽量大,具体可采取三种方法:① 使蒙皮厚度 h 尽量大;② 使桁梁和桁条之间的距离 H 尽量小;③ 适当选择桁条的横截面积 B 和桁梁的横截面积 A。通过将桁梁设计为变截面也可实现其等强度要求,如图 4-39 所示。

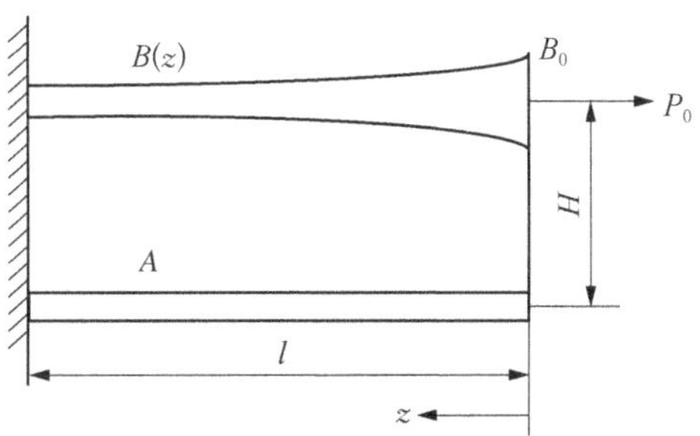

图 4-39　单等强度桁梁单桁条壁板

习　题

习题 4-1　如习题 4-1 图所示的平面薄壁结构,各结构元件的形状、尺寸和承受载荷情况如图所示,载荷 $P=1\,000$ N, $a=30$ cm, $b=40$ cm。试求此结构中各元件的内力并作内力图。

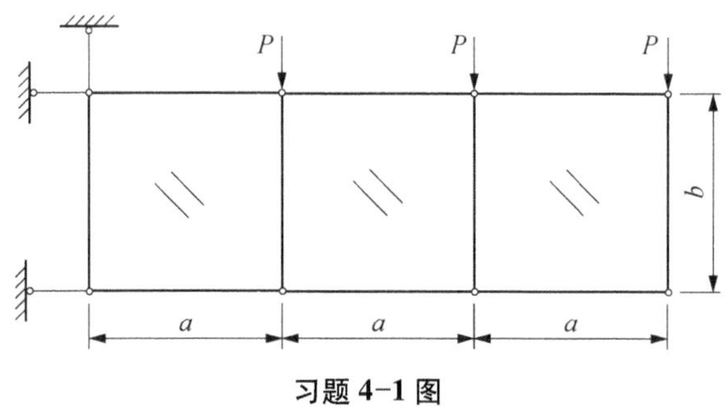

习题 4-1 图

习题 4-2　如习题 4-2 图所示为一平面薄壁结构,承受载荷情况如图所示。试求此结构中各元件的内力并作内力图。

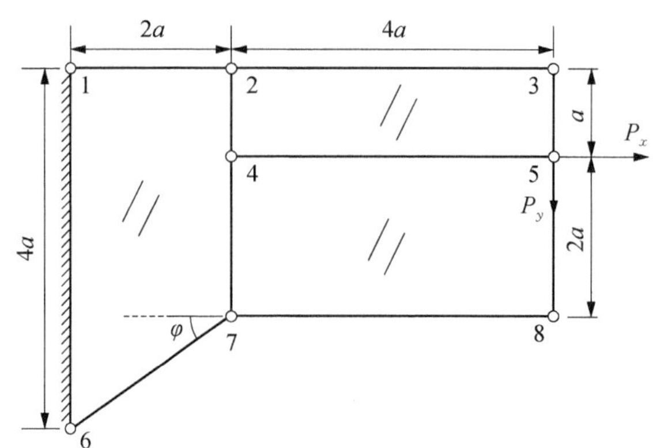

习题 4-2 图

习题 4-3　习题 4-3 图所示为某机翼结构后缘简化的三角形剖面薄壁梁,已知端框的截面形状是直角三角形,外载荷 P 作用在端框平面内,并垂直于杆 1-3。试求此薄壁梁内力,并作出内力图。

习题 4-4　如习题 4-4 图所示,某机翼翼肋后段可简化为平面壁板结构。几何尺寸如图所示,所承受载荷包括均匀作用在杆 3-4 上的剪力 Q,以及集中载荷 P_1 和 P_2。具体参数如下: $P_1=70\,000$ N, $P_2=100\,000$ N, $Q=2\,000$ N, $a=0.3$ m, $b=0.2$ m, $h=0.45$ m, $E=70\,000$ MPa, $G=26\,500$ MPa,各杆的横截面积 $A=0.000\,5$ m^2,板厚 $t=0.002$ m。试求:(1) 节点 3 处的垂直位移和水平位移;(2) 杆 3-4 的转角。

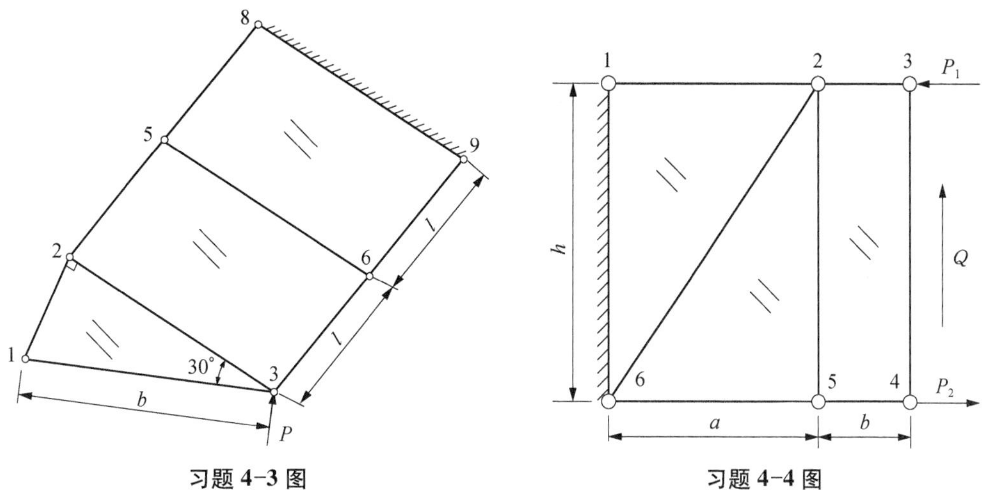

习题 4-3 图　　　　习题 4-4 图

习题 4-5　如习题 4-5 图所示的薄壁结构，几何尺寸如图所示，节点 6 处承受集中载荷。具体参数如下：$P=10\,000$ N，$a=100$ cm，$b=80$ cm，$E=7\times10^6$ N/cm^2，且 $E/G=2.6$，板厚 $t=0.1$ cm，垂直杆的横截面积 $A_1=30$ cm^2，上下缘条的横截面积 $A_2=5$ cm^2。试求节点 7 和 9 之间的相对位移 Δ_{79}。

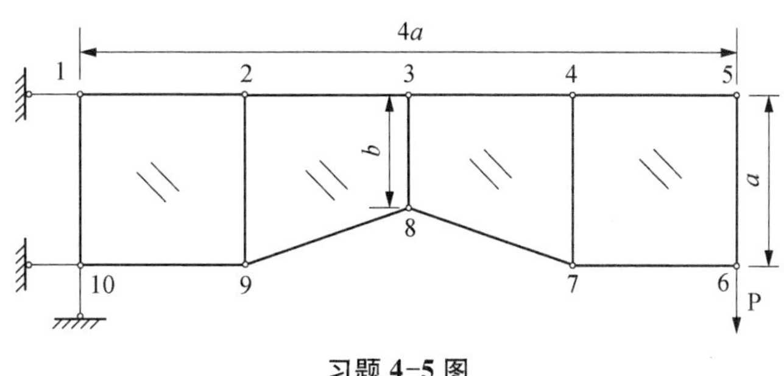

习题 4-5 图

习题 4-6　如习题 4-6 图所示为某后掠机翼的盒段结构，可等效为空间板杆结构。各杆的横截面积相等，均为 $A=10$ cm^2；各板厚度也相等，均为 $t=0.25$ cm；材料相同，$E=7.2\times10^6$ N/cm^2，$E/G=2.67$；$P=10\,000$ N，$l=100$ cm，$h=20$ cm。假设各支柱均为绝对刚硬元件。试求：(1) 各元件内力并画出内力图；(2) 计算节点 1 和 6 处的竖直方向位移。

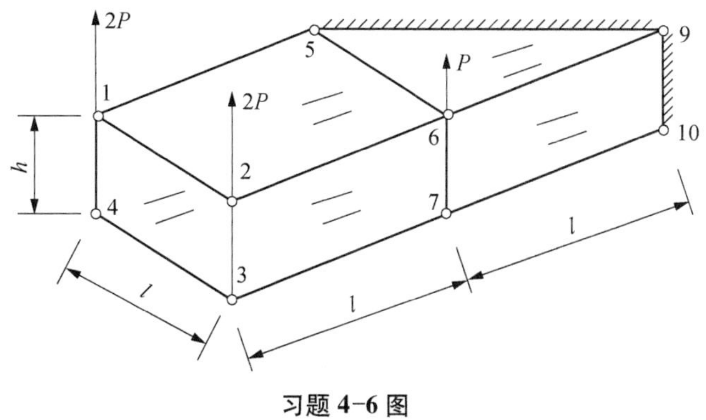

习题 4-6 图

第 5 章
薄壁梁的自由弯曲和自由扭转

学习要点

(1) 掌握薄壁梁结构模型的基本假设和基本定义，了解蒙皮和加强件的承力特点。

(2) 掌握薄壁梁结构正应力求解方法，了解不同坐标系下求解方法的差别。

(3) 掌握开剖面和单闭室剪流、弯心的求解方法，了解线位移和扭转角的求解方法。

(4) 掌握多闭室剖面剪流和刚心的求解方法，了解限制扭转的概念及其工程应用。

5.1 引　言

薄壁结构是飞行器结构中十分典型和常用的结构形式，如飞机的机翼和机身、运载火箭的箭体、导弹的弹体等。在分析这些结构时，可以采用第 4 章介绍的理想化方法，将真实结构简化为板杆结构计算模型，能够取得比较理想的分析结果。但是，求解这种模型的计算量十分庞大，如果采用力法，计算模型是高度静不定的；如果采用位移法，节点自由度总数(即刚度方程的阶数)可以高达上万阶。一般在设计的初始阶段或进行粗略估计时，可采用工程方法，在满足计算精度的情况下，尽量减少计算量。

对于细长的薄壁结构，其变形情况类似于细长梁，称为薄壁梁。薄壁梁结构的主要特点如下：① 长度远大于剖面尺寸；② 在剖面上，纵向元件的尺寸远小于剖面的其他尺寸。对于飞机的机翼和机身、火箭和导弹的箭体和弹体等，一般都可以简化为薄壁梁，飞行器的典型薄壁梁结构如图 5-1 所示。根据薄壁梁的结构特点，可以采用建立在工程梁理论基础上的“棱柱形薄壁壳自由弯曲和自由扭转理论”来计算剖面上的应力，这里的“棱柱形”是指壳体剖面的几何尺寸及材料沿壳体轴向不变。试验表明，对于离开壳体与其他部件相结合处一定距离的地方，这种理论是相当准确的。本章主要介绍薄壁梁的正应力、剪应力的求解方法，并简要介绍限制弯曲和限制扭转的概念。

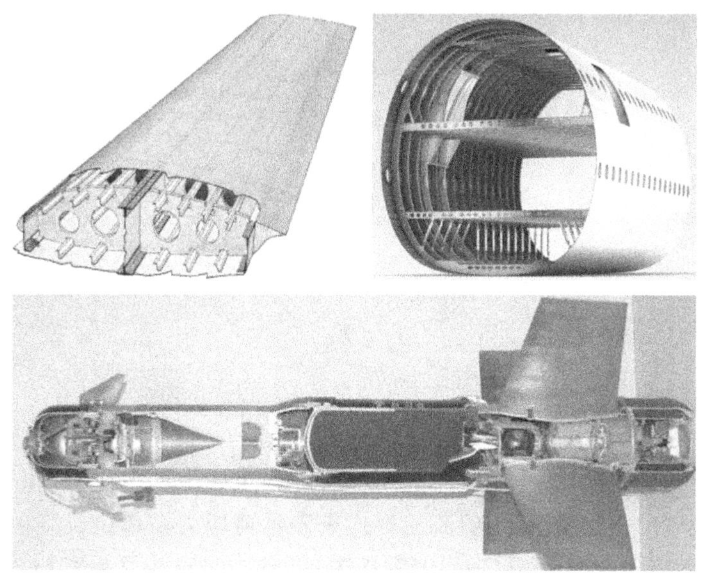

图 5-1　飞行器的典型薄壁结构

5.2　基本假设和基本定义

5.2.1　基本假设

在分析薄壁梁结构的剖面应力时，除了满足线弹性和小变形假设以外，还需要满足以下假设。

（1）结构在承受载荷后发生变形时，横剖面各点沿纵向的位移是自由的，但其横剖面形状在垂直于纵轴的平面上的投影保持不变。

（2）平面应变假设：结构发生变形时，剖面上各点的纵向线应变符合平面分布规律（与工程梁理论中的平剖面假设相比，更加宽松一些），即

$$\varepsilon_z = ax + by + c \tag{5-1}$$

（3）剖面上的正应力和剪应力沿壁厚均匀分布。考虑到薄壁结构的壁面与剖面尺寸相比很薄，因此可以不考虑应力沿壁厚方向的变化，认为剖面上的正应力和剪应力沿壁厚均匀分布。在此沿用第 4 章板杆结构模型的剪流表达，用剪流取代剪应力：

$$q = \tau t \tag{5-2}$$

（4）剖面上的剪应力的方向与薄壁中线的切线方向一致。考虑到剪应力沿壁厚方向均匀分布，如果剪应力方向与薄壁中线的切线方向不一致，则在壁面法向方向有一个剪应力分量。根据剪应力互等定理，在壁面的上下表面处，这个剪应力应该与壁面上的剪应力相等。壁面上的剪应力为零，这个剪应力也为零，因此，剪应力的方向与薄壁中线的切线方向一致，进而，剪流的方向与薄壁中线的切线方向一致。

(5) 忽略泊松效应。根据弹性力学基本方程,应力-应变关系为

$$\varepsilon_z = \frac{\sigma_z}{E} - \frac{\mu(\sigma_x + \sigma_y)}{E}$$

式中,可以认为 $\frac{\mu(\sigma_x + \sigma_y)}{E} \approx 0$, 即不存在横向变形效应。

于是,可以得到正应力和正应变的关系:

$$\sigma_z = E\varepsilon_z \tag{5-3}$$

5.2.2 内力形式与方向

薄壁梁结构在外载荷作用下,在横剖面上将产生正应力和剪应力(由于壁板很薄,认为剪应力在厚度方向为常量,采用剪流的形式来表示剪应力在单位长度上的合力),也可用其合力(即等效内力)来表示横剖面上的内力,即轴力、剪力、弯矩和扭矩。为了后续分析方便,首先对薄壁梁结构在外载荷作用下的等效内力情况(图 5-2)进行介绍。

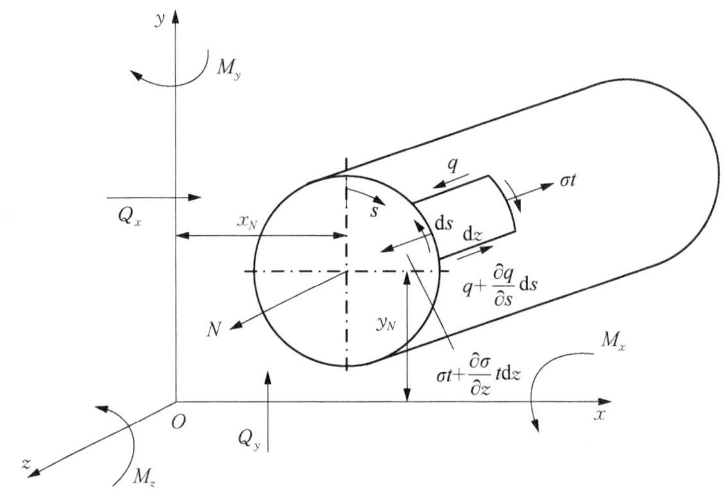

图 5-2 薄壁结构载荷与内力图

图 5-2 中给出了坐标系及在此坐标系下的等效内力和应力,其中 M_x、M_y 分别为横剖面上绕 x、y 轴的等效弯矩;M_z 为横剖面上的等效扭矩;Q_x、Q_y 分别为横剖面上在 x、y 方向的等效剪力;N 为横剖面内的等效轴力; σ 为横剖面上的正应力;q 为横剖面上的剪流;x_N、y_N 是轴力 N 对坐标原点 O 的偏离;s 为壁板的线坐标。

对于正应力及其相关的等效弯矩,规定使剖面的 x、y 坐标的第一象限产生拉应力的内力为正方向,按照此规定可以看出,在规定的坐标系和力系下,M_x 满足右手定则,M_y 符合左手定则;正应力 σ 与 z 方向一致为正。

对于正应力及其相关的等效轴力,规定 N 与 z 方向一致为正,正应力 σ 与 z 方向一致为正。

对于剪流及其相关的等效剪力和扭矩，规定 Q_x、Q_y 与 Ox、Oy 轴一致时为正，M_z 符合右手定则时为正。剪流 q 的方向由壁板的线坐标 s 的方向确定：如果剪流 q 为正，则剪流 q 的方向与 s 的方向相反；如果剪流 q 为负，则剪流 q 的方向与 s 的方向相同。例如，取剖面壁板线 s 绕剖面内任意一参考点顺时针为正方向时，如果剪流 q 的计算结果为正，则剪流的方向为绕同一点逆时针方向；如果剪流计算结果为负，则剪流的方向为绕同一点顺时针方向。可以看出，s 的方向并不是绝对的，可以任取，其作用就是确定剪流的方向。

根据这个定义，有

$$Q_x = \frac{\mathrm{d}M_y}{\mathrm{d}z}, \quad Q_y = \frac{\mathrm{d}M_x}{\mathrm{d}z} \tag{5-4}$$

5.2.3　剖面形式与单元

在进行薄壁梁结构内力分析时，由于其剪流的求解与剖面的形式有关，需要对结构的剖面进行分类。根据实际情况，薄壁梁结构的剖面可分为开剖面［图 5-3(a)］和闭剖面，闭剖面又可进一步分为单闭室［图 5-3(b)］和多闭室［图 5-3(c)］。

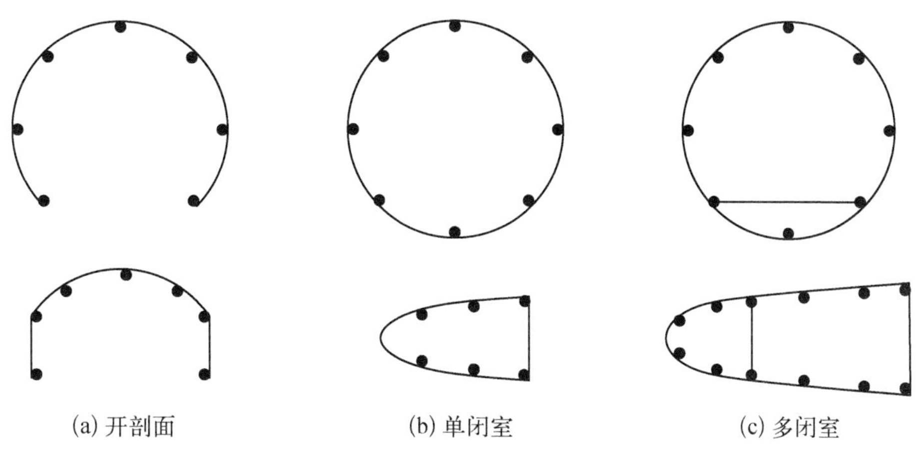

图 5-3　薄壁结构的剖面形式

剖面上主要有两种单元：蒙皮（和腹板）和加强件（梁的凸缘、桁条、长桁等），由于加强件的横截面积与剖面面积相比非常小，分析时可忽略其形状而用集中面积来代替。

5.3　正 应 力 求 解

5.3.1　折算系数

薄壁梁结构的部件和组合件，如机翼的桁条、凸缘和蒙皮通常是由不同材料组合而成的，如铝合金、钛合金和钢等，可以把薄壁梁结构不同的材料折算为同一种材料，或者说向同一弹性模量折算，再采用工程梁理论进行求解。

假设薄壁梁结构的壳体剖面上坐标为(x, y)的一点 i 处,有一横截面积为 A_i、弹性模量为 E_i 的结构元件,或者有横截面积为 $\mathrm{d}A_i = t_i\mathrm{d}s$、弹性模量为 E_i 的蒙皮微段,其中 t_i 为蒙皮在该点处的厚度。现在,用横截面积为 A_{ir} 或 $\mathrm{d}A_{ir} = t_{ir}\mathrm{d}s$、弹性模量为 E_r 的虚拟元件来替代真实元件 i,其中下标 r 表示折算的意思。不同材料的结构元件向同一种结构元件折算的变形协调条件体现为剖面上同一位置处的应变相等,即在线弹性范围内有

$$\frac{\sigma_i}{E_i} = \frac{\sigma_{ir}}{E_r} = \varepsilon_{ir} \tag{5-5}$$

定义折算系数为

$$\phi_i = \frac{E_i}{E_r} \tag{5-6}$$

进一步,由式(5-5)和式(5-6)可得

$$\sigma_i = \frac{E_i}{E_r}\sigma_{ir} = \phi_i\sigma_{ir} \tag{5-7}$$

而真实元件的内力可表示为

$$\begin{gathered}\sigma_iA_i = (\phi_i\sigma_{ir})A_i = \sigma_{ir}(\phi_iA_i) = \sigma_{ir}A_{ir} \\ \sigma_it_i\mathrm{d}s = (\phi_i\sigma_{ir})t_i\mathrm{d}s = \sigma_{ir}(\phi_it_i)\mathrm{d}s = \sigma_{ir}t_{ir}\mathrm{d}s\end{gathered} \tag{5-8}$$

式中,A_{ir} 和 t_{ir} 分别表示虚拟结构元件和蒙皮微段的截面面积和厚度,计算公式为

$$A_{ir} = \phi_iA_i \tag{5-9}$$

$$t_{ir}\mathrm{d}s = \phi_it_i\mathrm{d}s \tag{5-10}$$

这样,为了把不同材料的实际元件变换成同一种材料的虚拟元件,只需把它们的剖面面积和蒙皮厚度进行折算就可以了,折算的方法就是将实际剖面面积和蒙皮厚度乘以减缩系数。

因此,折算的方法是,选取一种材料来代替剖面上的各种材料,这种材料可以是剖面材料中的一种,也可以是假想的一种理想材料。这样,剖面就可以用一种虚拟的材料来代替了。为了达到等价的要求,折算需要满足以下两个条件:

(1) 虚拟元件和真实元件的应变是相等的;

(2) 虚拟元件和真实元件的内力是相等的。

对整个剖面上的各个元件都进行上述替换,使剖面的所有元件都变换成具有相同弹性模量 E_r 的虚拟元件。既然所有经过折算的虚拟剖面都属于同一种材料(弹性模量为 E_r),那么点 i 处的正应力 σ_{ir} 就可以根据工程梁理论进行计算了。当求出应力 σ_{ir} 后,再由式(5-7)得到真实的应力 σ_i。

5.3.2 正应力计算

根据平面应变假设,剖面上点 i 处的正应变 ε_i 可表示为

$$\varepsilon_i = ax_i + by_i + c \tag{5-11}$$

式中，a、b 和 c 是待定常数，与外载荷有关。

根据折算系数法，可以将剖面上不同的材料向一种材料进行折算，就可以计算同一种材料下剖面的正应力：

$$\sigma_{ir} = E_r\varepsilon_{ir} = E_r\varepsilon_i = E_r(ax_i + by_i + c) \tag{5-12}$$

进一步可以得到真实的正应力：

$$\sigma_i = \phi_i\sigma_{ir} = \phi_i(\alpha x_i + \beta y_i + \gamma) \tag{5-13}$$

式中，$\alpha = E_r a$；$\beta = E_r b$；$\gamma = E_r c$。因此，可以首先确定式中的系数 α、β 和 γ，就可以得到正应力 σ_i。

下面讨论求解正应力的方法。

1. 任意坐标系下的正应力求解

在图 5-2 所示的薄壁结构中，在坐标 z 为常数的剖面上的正应力应该与其上的弯矩 M_x、M_y 和轴力 N 等价，由此可得到以下三个条件：

$$\begin{cases} \oint \sigma yt\mathrm{d}s + \sum\limits_j \sigma_j A_j y_j = M_x + Ny_N \\ \oint \sigma xt\mathrm{d}s + \sum\limits_j \sigma_j A_j x_j = M_y + Nx_N \\ \oint \sigma t\mathrm{d}s + \sum\limits_j \sigma_j A_j = N \end{cases} \tag{5-14}$$

式中，t 为蒙皮厚度；A_j 为第 j 个纵向元件（如长桁、桁梁、缘条）的横截面积；x_N、y_N 是轴力 N 对坐标原点 O 的偏离（考虑外载荷合力 N 不作用在点 O 的一般情况）。

将所有真实结构元件向某一个统一的结构元件折算，即将式(5-13)代入式(5-14)，得

$$\begin{cases} \alpha I_{xy} + \beta I_x + \gamma S_x = M_x + Ny_N \\ \alpha I_y + \beta I_{xy} + \gamma S_y = M_y + Nx_N \\ \alpha S_y + \beta S_x + \gamma A = N \end{cases} \tag{5-15}$$

式中，

$$\begin{cases} I_{xy} = \oint \phi xyt\mathrm{d}s + \sum\limits_j \phi_j A_j x_j y_j \\ I_x = \oint \phi y^2 t\mathrm{d}s + \sum\limits_j \phi_j A_j y_j^2 \\ I_y = \oint \phi x^2 t\mathrm{d}s + \sum\limits_j \phi_j A_j x_j^2 \end{cases} \tag{5-16}$$

$$\begin{cases} S_x = \oint \phi yt\mathrm{d}s + \sum\limits_j \phi_j A_j y_j \\ S_y = \oint \phi xt\mathrm{d}s + \sum\limits_j \phi_j A_j x_j \\ A = \oint \phi t\mathrm{d}s + \sum\limits_j \phi_j A_j \end{cases} \tag{5-17}$$

式中，I_{xy}、I_x、I_y 分别是折算剖面对任意坐标系 Oxy 中 Ox、Oy 坐标轴的惯性积和惯性矩；S_x、S_y 是折算剖面对任意坐标系 Oxy 中 Ox、Oy 坐标轴的静矩；A 是折算剖面对任意坐标系 Oxy 中 Ox、Oy 坐标轴的横截面积。

联立求解式(5-15)的 3 个方程，即可得 3 个未知量 α、β 和 γ，进而可以由(5-13)求得真实的正应力。

在实际飞行器结构中，一般薄壁结构有两种形式，即硬壳式和半硬壳式。由推导不难看出，式(5-16)和式(5-17)中的面积仅包括能够承受正应力的单元的折算面积。对于硬壳式结构(图 5-4)，由于薄壁结构的剖面上仅有蒙皮，则正应力和剪应力均由蒙皮承受。

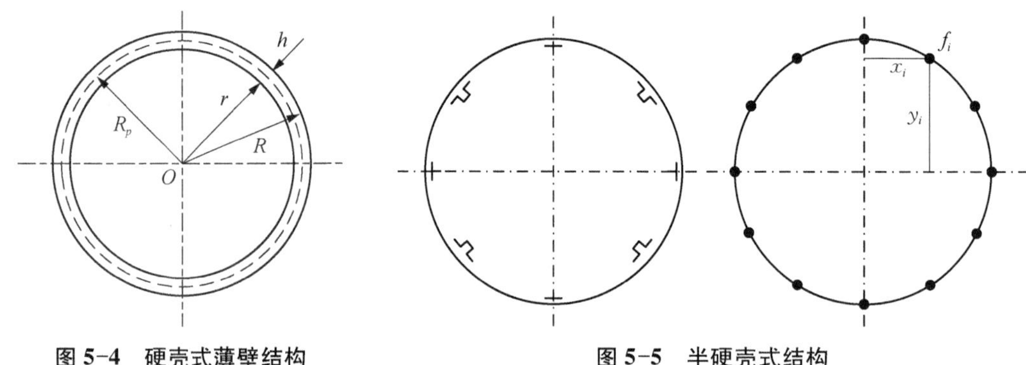

图 5-4　硬壳式薄壁结构　　图 5-5　半硬壳式结构

对于半硬壳式结构(图 5-5)，其剖面上一般有蒙皮和纵向元件，为了方便计算，可以认为蒙皮仅承受剪应力，或将蒙皮承受正应力的能力折算到纵向元件的面积上一起考虑，纵向元件仅承受正应力，剪应力由蒙皮承受。

2. 折算剖面形心坐标系下的正应力求法

首先，由式(5-15)中的第 3 式可得

$$\gamma = \frac{N}{A} - \alpha x_0 - \beta y_0 \tag{5-18}$$

式中，$x_0 = S_y/A$，$y_0 = S_x/A$，是折算剖面的形心坐标。

将式(5-18)分别代入式(5-15)的第 1 式和第 2 式，可得

$$\begin{cases} \alpha I_{Oxy} + \beta I_{Ox} = M_{Ox} \\ \alpha I_{Oy} + \beta I_{Oxy} = M_{Oy} \end{cases} \tag{5-19}$$

式中，

$$\begin{cases} I_{Ox} = I_x - y_0^2 A \\ I_{Oy} = I_y - x_0^2 A \\ I_{Oxy} = I_{xy} - x_0 y_0 A \end{cases} \tag{5-20}$$

式中，I_{Ox}、I_{Oy}、I_{Oxy} 分别是折算剖面对通过折算剖面的形心但与原 x、y 轴平行的形心坐标轴的惯性矩和惯性积。

此外，有

$$\begin{cases}M_{Ox} = M_x + N(y_N - y_0) \\ M_{Oy} = M_y + N(x_N - x_0)\end{cases} \tag{5-21}$$

式中，M_{Ox}、M_{Oy} 为剖面上的弯矩和轴力经过平移后对折算剖面形心轴的弯曲力矩。

求解式(5-19)后，得

$$\begin{cases}\alpha = \dfrac{1}{1 - \dfrac{I_{Oxy}^2}{I_{Ox}I_{Oy}}}\left[\dfrac{M_{Oy}}{I_{Oy}} - \dfrac{M_{Ox}I_{Oxy}}{I_{Ox}I_{Oy}}\right] \\ \beta = \dfrac{1}{1 - \dfrac{I_{Oxy}^2}{I_{Ox}I_{Oy}}}\left[\dfrac{M_{Ox}}{I_{Ox}} - \dfrac{M_{Oy}I_{Oxy}}{I_{Oy}I_{Ox}}\right]\end{cases} \tag{5-22}$$

将 α、β、γ 的表达式代入式(5-13)，最后得

$$\sigma_i = \phi_i\left[k\left(\frac{M_{Ox}}{I_{Ox}}\tilde{y}_i + \frac{M_{Oy}}{I_{Oy}}\tilde{x}_i\right) + \frac{N}{A}\right] \tag{5-23}$$

式中，k 是剖面的不对称系数：

$$k = \frac{1}{1 - \dfrac{I_{Oxy}^2}{I_{Ox}I_{Oy}}} \tag{5-24}$$

($\tilde{x}_i$, $\tilde{y}_i$) 是剖面上第 i 个点的广义坐标：

$$\begin{cases}\tilde{x}_i = x_i - x_0 - (y_i - y_0)\dfrac{I_{Oxy}}{I_{Ox}} \\ \tilde{y}_i = y_i - y_0 - (x_i - x_0)\dfrac{I_{Oxy}}{I_{Oy}}\end{cases} \tag{5-25}$$

如果剖面有一个对称轴，则一定通过折算剖面的形心，此时计算公式可以简单很多(对于机身，一般 y 轴是对称轴；对于机翼和尾翼，翼弦可以近似看作对称轴)。

假设 y 轴是通过折算剖面形心的对称轴，则有

$$x_0 = 0, \quad y_0 \neq 0, \quad \tilde{x}_i = x_i, \quad \tilde{y}_i = y_i - y_0$$

$$I_{Oxy} = I_{xy} = 0, \quad k = 1, \quad I_{Ox} = I_x - y_0^2 A, \quad I_{Oy} = I_y$$

$$M_{Ox} = M_x + N(y_N - y_0), \quad M_{Oy} = M_y + Nx_N$$

如果剖面有两个对称轴，则一定是折算剖面的形心轴，同时也是惯性主轴，则有

$$x_0 = y_0 = 0, \quad \tilde{x}_i = x_i, \quad \tilde{y}_i = y_i$$

$$I_{Oxy} = I_{xy} = 0, \quad k = 1, \quad I_{Ox} = I_x, \quad I_{Oy} = I_y$$

$$M_{Ox} = M_x + Ny_N, \quad M_{Oy} = M_y + Nx_N$$

将以上结果代入式(5-23)就可以得到剖面的正应力了。

3. 折算剖面惯性主轴坐标系下的正应力求解

由于是惯性主轴坐标系,则有

$$x_0 = y_0 = 0, \quad \tilde{x}_i = x_i, \quad \tilde{y}_i = y_i$$

$$I_{Oxy} = I_{xy} = 0, \quad k = 1, \quad I_{Ox} = I_x, \quad I_{Oy} = I_y$$

$$M_{Ox} = M_x + Ny_N, \quad M_{Oy} = M_y + Nx_N$$

这时,正应力计算公式(5-23)就退化为

$$\sigma_i = \phi_i \left[k\left(\frac{M_{Ox}}{I_{Ox}} y_i + \frac{M_{Oy}}{I_{Oy}} x_i \right) + \frac{N}{A} \right] \tag{5-26}$$

例题 5-1 图 5-7 为图 5-6 所示机翼结构的一个剖面(对称翼型),该剖面由蒙皮、梁腹板、长桁、缘条等组成,其中缘条 1、5、10、11、16、20 的材料为钢,长桁的材料为铝合金,其中 $E_{St}/E_{Al} = 3$, 长桁的横截面积均为 A, 缘条的横截面积均为 $3A$。假设蒙皮和腹板不承受正应力,试计算剖面的惯性矩 I_{Ox}、I_{Oy} 和惯性积 I_{Oxy}。

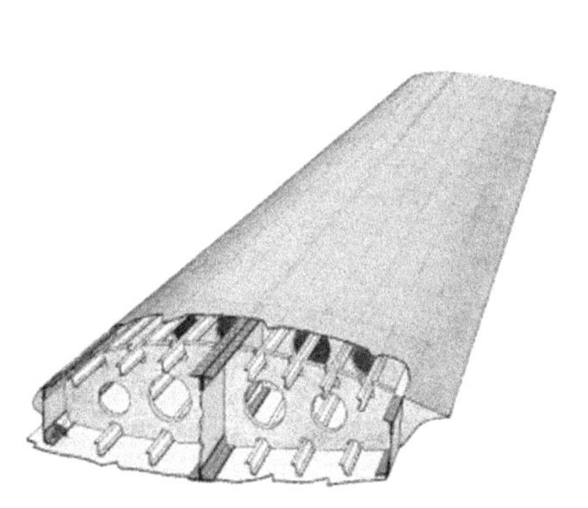

图 5-6 典型机翼结构

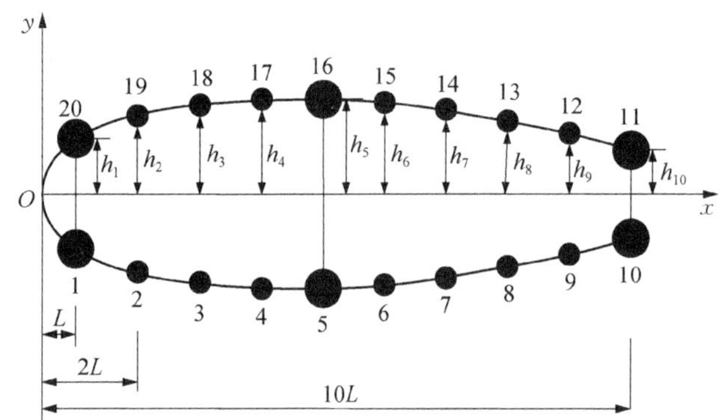

图 5-7 机翼剖面简图

解: 首先进行材料的折算。将整个剖面的材料向铝合金折算,得到缘条的折算系数 $\phi_1 = \phi_5 = \phi_{10} = \phi_{11} = \phi_{16} = \phi_{20} = 3$, 长桁的折算系数 $\phi = 1$。

然后计算形心坐标。由于 x 轴是对称轴,其也是形心轴,形心坐标 $y_0 = 0$。

$$A = \sum_{j=1,5,10,11,16,20} \phi_j A_j + \sum_{j=2\sim4,\,6\sim9,\,12\sim15,\,17\sim19} \phi_j A_j = 68A$$

$$\begin{aligned} S_y &= \sum_{j=1,5,10,11,16,20} \phi_j A_j x_j + \sum_{j=2\sim4,\,6\sim9,\,12\sim15,\,17\sim19} \phi_j A_j x_j \\ &= 2 \times 3 \times 3A \times (L + 5L + 10L) + 2 \times 1 \times A \times (2L + 3L + 4L + 6L + 7L + 8L + 9L) \\ &= 366AL \end{aligned}$$

$$x_0 = S_y/A = 366AL/68A = 5.38L$$

$$\begin{aligned} I_{Ox} = I_x &= \sum_{j=1,5,10,11,16,20} \phi_j A_j y_j^2 + \sum_{j=2\sim4,6\sim9,12\sim15,17\sim19} \phi_j A_j y_j^2 \\ &= \sum_{j=1,5,10,11,16,20} 3 \times 3A \times h_j^2 + \sum_{j=2\sim4,6\sim9,12\sim15,17\sim19} 1 \times A \times h_j^2 \\ &= \sum_{j=1,5,10,11,16,20} 9Ah_j^2 + \sum_{j=2\sim4,6\sim9,12\sim15,17\sim19} Ah_j^2 \\ &= \sum_{j=1,5,10} 18Ah_j^2 + \sum_{j=2\sim4,6\sim9} 2Ah_j^2 \end{aligned}$$

$$\begin{aligned} I_y &= \sum_{j=1,5,10,11,16,20} \phi_j A_j x_j^2 + \sum_{j=2\sim4,6\sim9,12\sim15,17\sim19} \phi_j A_j x_j^2 \\ &= 2 \times 3 \times 3A \times [L^2 + (5L)^2 + (10L)^2] + 2 \times 1 \times A \\ &\quad \times [(2L)^2 + (3L)^2 + (4L)^2 + (6L)^2 + (7L)^2 + (8L)^2 + (9L)^2] \\ &= 2\,786AL^2 \end{aligned}$$

$$I_{Oy} = I_y - x_0^2 A = 2\,786AL^2 - (5.38L)^2 \times 68A = 817.78AL^2$$

$$I_{Oxy} = 0$$

例题 5-2　图 5-8 为机翼前缘部分的一个剖面,由蒙皮和腹板组成,材料都为铝合金。其中,蒙皮厚度为 t,可以承受正应力;腹板不承受正应力,只能承受剪应力。剖面上仅作用一个弯矩 $M_x = -M$,求剖面上的正应力分布。

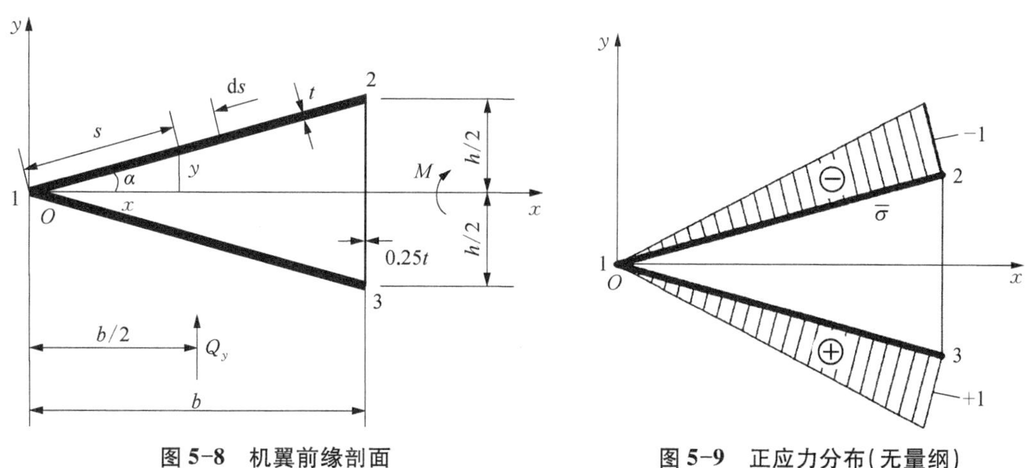

图 5-8　机翼前缘剖面　　　　**图 5-9　正应力分布(无量纲)**

解: 首先进行材料的折算。由于蒙皮和腹板采用同一种材料,材料的折算系数均为 $\phi = 1$。

然后计算剖面特性。由于 x 轴是对称轴,也是形心轴,有

$$y_0 = 0, \quad x_0 \neq 0, \quad \tilde{y}_i = y_i, \quad \tilde{x}_i = x_i - x_0$$

$$I_{Oxy}=I_{xy}=0,\quad k=1,\quad I_{Ox}=I_x,\quad I_{Oy}=I_y-x_0^2A$$

$$M_{Ox}=M_x+Ny_N,\quad M_{Oy}=M_y+N(x_N-x_0)$$

正应力公式(5-23)可以简单写为

$$\sigma_i=\frac{M_x}{I_x}y_i$$

式中，$I_x=\int y^2t\mathrm{d}s$。

考虑到剖面中仅有蒙皮承受正应力，故积分只涉及蒙皮段 1-2 和 1-3。

由于

$$\mathrm{d}s=\frac{\mathrm{d}x}{\cos\alpha}$$

$$y=x\tan\alpha=\frac{h}{2b}x$$

可得

$$I_x=2\int_0^b\left(\frac{h}{2b}x\right)^2\frac{t}{\cos\alpha}\mathrm{d}x=\frac{th^2b}{6\cos\alpha}$$

于是

$$\sigma_i=-\frac{6M}{th^2b}(\cos\alpha)y_i$$

正应力(无量纲)的分布如图 5-9 所示，从图中可以看出，当 $y=\pm\dfrac{h}{2}$ 时，剖面的正应力值最大，为 $\sigma_i=\mp\dfrac{3M}{thb}\cos\alpha$。

例题 5-3 图 5-11 为图 5-10 所示典型机身结构的一个剖面，为一个薄壁结构的 3 闭室剖面。剖面的壁板 3-11 和 5-9 可以承受并传递正应力，但蒙皮只能承受剪力。桁梁 3、5、9、11 的材料是钢，蒙皮、壁板和长桁的材料是铝合金，钢的弹性模量 E_{St} 和铝合金的弹性模量 E_{Al} 之比为 $E_{\mathrm{St}}/E_{\mathrm{Al}}=3$。$R$ 为剖面周缘的半径，桁梁的横截面积 A_f、长桁的横截面积 A_s 及蒙皮的厚度 t 之间的关系为 $A_f=2A_s=Rt$，壁板的厚度是蒙皮厚度的 2 倍。剖面上仅作用一个弯矩 $M_x=-M$，试求剖面的正应力。

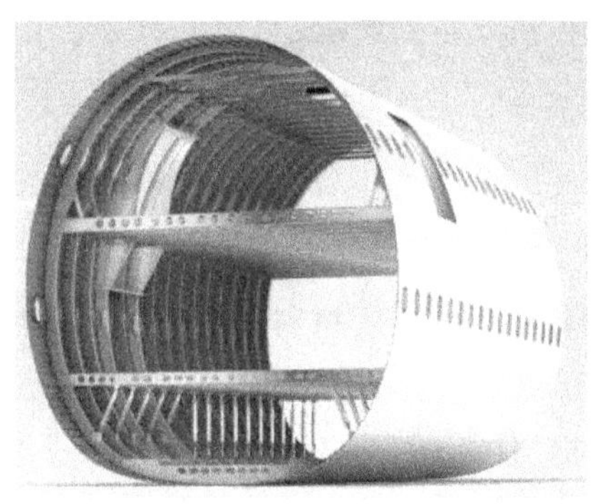

图 5-10　典型机身机构

解：首先进行材料的折算。将整个剖面的材料向铝合金折算，得到桁梁的折算系数 $\phi_3 = \phi_5 = \phi_9 = \phi_{11} = 3$，其余受正应力部分的折算系数 $\phi = 1$。

然后，计算剖面特性。由于剖面具有 2 个对称轴，Oxy 是惯性主轴坐标系。

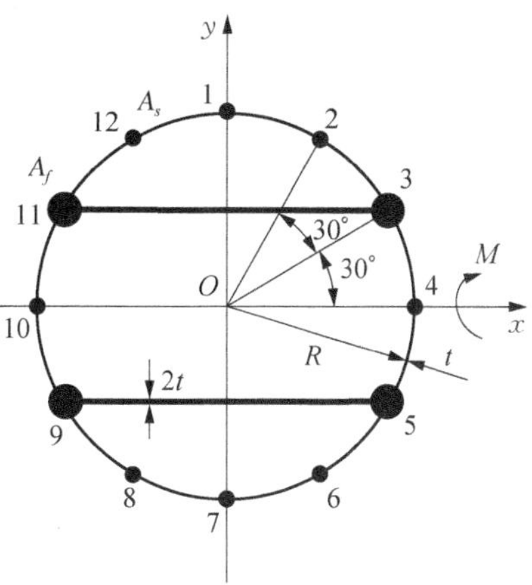

图 5-11　机身剖面示意

$$x_0 = y_0 = 0, \quad \tilde{x}_i = x_i, \quad \tilde{y}_i = y_i$$

$$I_{Oxy} = I_{xy} = 0, \quad k = 1, \quad I_{Ox} = I_x, \quad I_{Oy} = I_y$$

$$M_{Ox} = M_x, \quad M_{Oy} = M_y$$

最后计算正应力。根据剖面载荷情况，式(5-23)可以写成

$$\sigma_i = \phi_i \frac{M_x}{I_x} y_i$$

下面，分别计算各元件的惯性矩。

上下壁板 3-11 和 5-9 的惯性矩为

$$I_{xp} = [\sqrt{3}R \times 2t \times (0.5R)^2] \times 2 = \sqrt{3}R^3 t$$

桁梁的惯性矩为

$$I_{xf} = 4 \times 3 \times (2A_s) \times \left(\frac{R}{2}\right)^2 = 6A_s R^2 = 3R^3 t$$

长桁的惯性矩为

$$I_{xs} = 2A_s R^2 + 4A_s\left(\frac{\sqrt{3}}{2}R\right)^2 = 5A_s R^2 = \frac{5}{2}R^3 t$$

因此，整个剖面的惯性矩 J_x 为

$$I_x = I_{xp} + I_{xf} + I_{xs} = 7.232R^3 t$$

计算各元件的正应力。长桁和桁梁的正应力为

$$\sigma_1 = -\sigma_7 = \frac{-M}{7.232R^3 t} R = -0.138 \frac{M}{R^2 t}$$

$$\sigma_2 = \sigma_{12} = -\sigma_6 = -\sigma_8 = \frac{-M}{7.232R^3 t}\left(\frac{\sqrt{3}}{2}R\right) = -0.120 \frac{M}{R^2 t}$$

$$\sigma_3 = \sigma_{11} = -\sigma_5 = -\sigma_9 = \frac{-3M}{7.232R^3 t}\left(\frac{1}{2}R\right) = -0.207 \frac{M}{R^2 t}$$

壁板 3-11 和 5-9 中的正应力为

$$\sigma_{3\text{-}11} = -\sigma_{5\text{-}9} = \frac{-M}{7.232R^3 t}\left(\frac{1}{2}R\right) = -0.069 \frac{M}{R^2 t}$$

正应力的分布如图 5-12 所示。

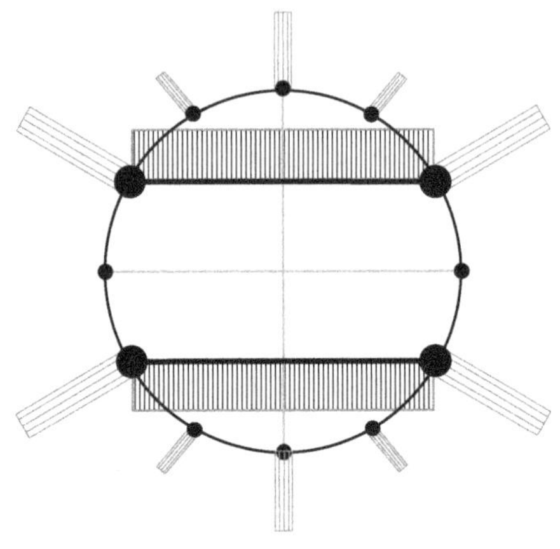

图 5-12　剖面正应力分布

5.4　剪流求解

薄壁梁结构剖面上的正应力分布与剖面上承受正应力的单元及其材料特性有关，而剪应力的分布不仅与承受剪应力的单元及其材料特性有关，还与剖面形式有关。本节分别介绍开剖面和闭剖面的剪流计算方法。

5.4.1　开剖面的剪流与弯心

1. 开剖面剪流的计算

图 5-13(a)所示为开剖面薄壁梁结构，其在 Q_x、Q_y 作用下平衡。为求其剪流，从中任取一个微体 dsdz［图 5-13(b)］。微体 dsdz 受到正应力 σ 和剪流 q 的作用，处于平衡状态。

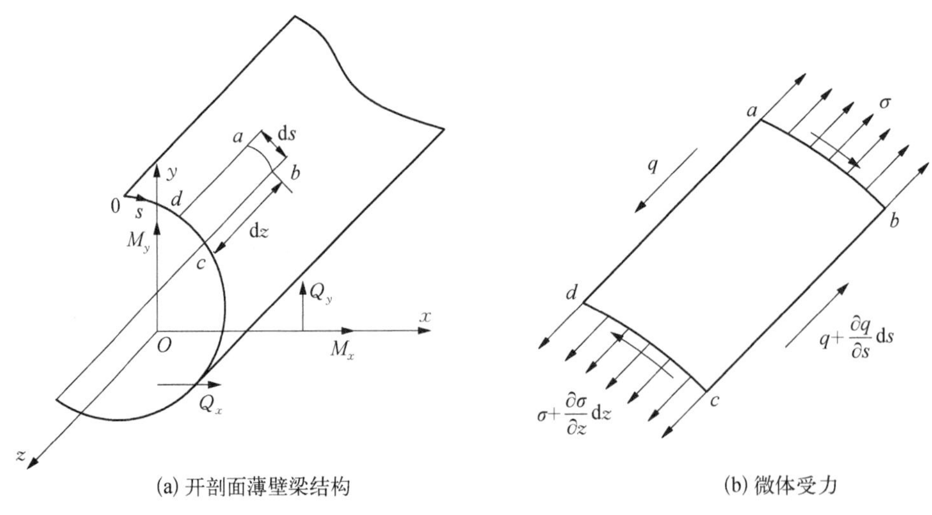

(a) 开剖面薄壁梁结构　　(b) 微体受力

图 5-13　开剖面剪流计算

首先,建立微体在 z 轴方向的平衡方程:

$$\left(\sigma + \frac{\partial \sigma}{\partial z}\mathrm{d}z\right) t\mathrm{d}s - \sigma t\mathrm{d}s - \left(q + \frac{\partial q}{\partial s}\mathrm{d}s\right) \mathrm{d}z + q\mathrm{d}z = 0 \tag{5-27}$$

对方程进行化简,可得

$$\frac{\partial q}{\partial s} = t\frac{\partial \sigma}{\partial z} \tag{5-28}$$

对式(5-28)沿周线坐标 s 积分,得

$$q = \int_0^s t\frac{\partial \sigma}{\partial z}\mathrm{d}s + q_0 \tag{5-29}$$

式中,q_0 是积分常数,是 $s=0$ 处的剪流值,其值随 s 坐标原点的选择而异。

对于形心坐标系的情况(N 与剪流无关),将式(5-23)中的 σ_i 代入式(5-29),就可以得到剪流的计算公式:

$$q = k\left[\frac{\mathrm{d}M_{Ox}}{\mathrm{d}z}\frac{\tilde{S}_x}{I_{Ox}} + \frac{\mathrm{d}M_{Oy}}{\mathrm{d}z}\frac{\tilde{S}_y}{I_{Oy}}\right] + q_0 \tag{5-30}$$

式中,

$$\tilde{S}_x(s) = \int_0^s \phi\tilde{y}t\mathrm{d}s + \sum_{j=1}^{m}\phi_j\tilde{y}_jA_j \tag{5-31}$$

$$\tilde{S}_y(s) = \int_0^s \phi\tilde{x}t\mathrm{d}s + \sum_{j=1}^{m}\phi_j\tilde{x}_jA_j \tag{5-32}$$

式中,$\tilde{S}_x(s)$、$\tilde{S}_y(s)$ 分别为广义静矩,是从 $s=0$ 的点到所求剪流点处剖面的静矩,是线坐标 s 的函数;t 为板的厚度,可以随线坐标 s 变化;ϕ 是折算系数;A_j 是第 j 个纵向元件的横截面积;m 是指从 $s=0$ 的点到所求剪流之间的纵向元件(如长桁)的总个数。

考虑到

$$Q_x = \frac{\mathrm{d}M_{Oy}}{\mathrm{d}z},\quad Q_y = \frac{\mathrm{d}M_{Ox}}{\mathrm{d}z} \tag{5-33}$$

式(5-30)可以改写为

$$q = k\left[\frac{Q_y}{I_{Ox}}\tilde{S}_x + \frac{Q_x}{I_{Oy}}\tilde{S}_y\right] + q_0 \tag{5-34}$$

求得剪流以后,即可求得剪应力 τ。

讨论:

(1) $s=0$ 的点可以任意选取。对于开剖面,一般选在自由边上。如果是闭剖面,可任意选取,但如果闭剖面具有对称轴,则建议把 s 的原点选在剖面周线与对称轴的任一交

点处。

（2）剪流的方向。剪流的方向有两种情况：一种情况是剖面剪流的合力与剖面上的剪力等价，这时剪流的方向与线坐标 s 的正方向相反，如图 5-14(a) 所示；另一种情况是，剖面剪流的合力与剖面上的剪力平衡，这时剪流的正方向与线坐标 s 的正方向相同，如图 5-14(b) 所示。本章采用第一种情况，即剪流的方向与线坐标 s 的正方向相反，也就是说剪流为正值时，剪流的方向与线坐标 s 方向相反；剪流为负值时，剪流的方向与线坐标 s 方向相同。

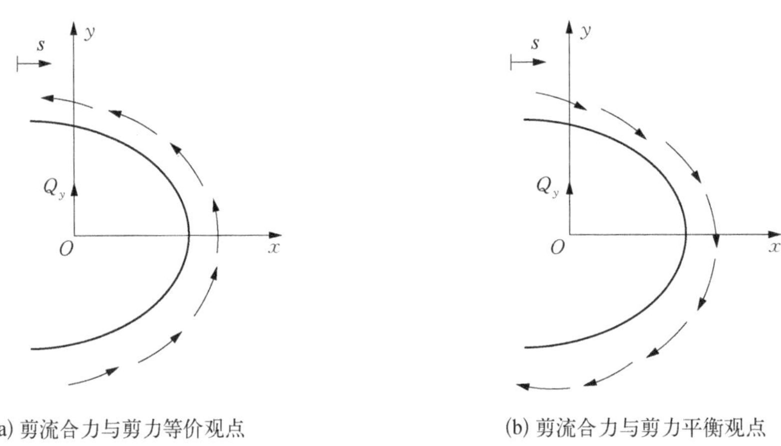

图 5-14　两种剪流方向确定观点

（3）剪流 q_0 需要根据力的边界条件、力的平衡条件或变形协调条件来确定。对于开剖面，由于自由边不可能有剪应力，根据剪应力互等定理，自由边处剪应力等于零，可以根据这个力的边界条件来确定。当 s 的原点选择在自由边处时，q_0 等于 0；否则，就不等于 0，其值将随 s 的原点位置变化。如果是闭剖面，则 q_0 的求法还与闭室的数目有关，单闭室时可以按静力平衡条件来确定，而多闭室时还必须借助变形协调条件才能求得。

（4）$\tilde{S}_x(s)$、$\tilde{S}_y(s)$ 是折算剖面在任意选择的形心坐标系 Oxy 下，从 $s=0$ 开始到所求剪流点之间的周线和附带纵向元件的广义静矩，是线坐标 s 的函数。由式(5-34)可看出，当积分上限 s 越过一个纵向元件时，$\tilde{S}_x(s)$、$\tilde{S}_y(s)$ 的值就会发生一次突变，突变值分别为 $\phi_j \tilde{y}_j A_j$ 和 $\phi_j \tilde{x}_j A_j$，因此有纵向元件时，剪流沿周线的分布是阶梯状的。

（5）若剖面中蒙皮不受正应力，$\tilde{S}_x(s)$、$\tilde{S}_y(s)$ 变为

$$\tilde{S}_x(s) = \sum_{j=1}^{m} \phi_j \tilde{y}_j A_j \tag{5-35}$$

$$\tilde{S}_y(s) = \sum_{j=1}^{m} \phi_j \tilde{x}_j A_j \tag{5-36}$$

此时，在两个纵向元件之间，蒙皮（腹板等）上的剪流为常值。

图 5-15 给出了以上的情况的示例，其中图 5-15(a) 为带纵向元件的剖面；图 5-15(b) 为板受正应力情况下的剪流分布；图 5-15(c) 为板不受正应力情况下的剪流分布。

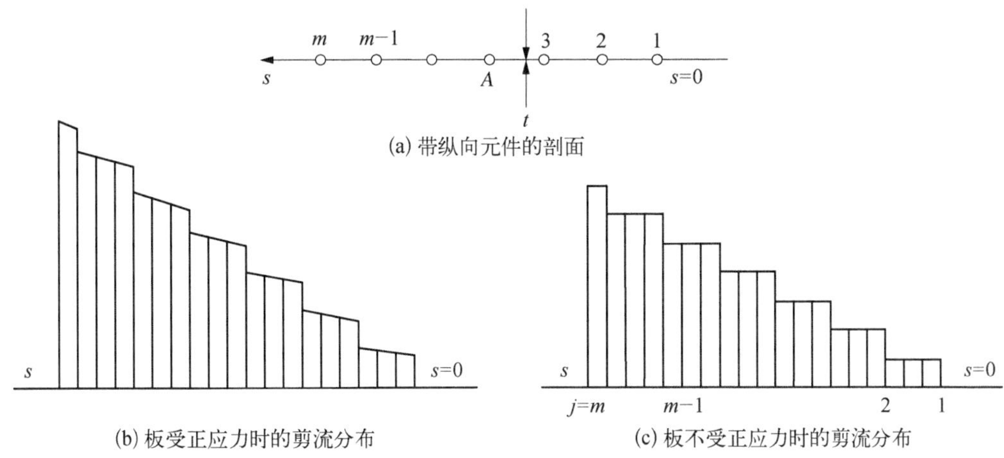

(b) 板受正应力时的剪流分布　　(c) 板不受正应力时的剪流分布

图 5−15　带纵向元件的板内剪流分布

下面，以图 5−16 为例，分析与剪力 Q_y 对应的剪流分布。图 5−16(a) 为薄壁结构剖面，只有蒙皮，没有纵向元件，蒙皮承受正应力，剪力作用点距原点的距离用 x_{CR} 和 y_{CR} 表示。剖面周线是半径为 R 的半个圆弧，蒙皮等厚度。

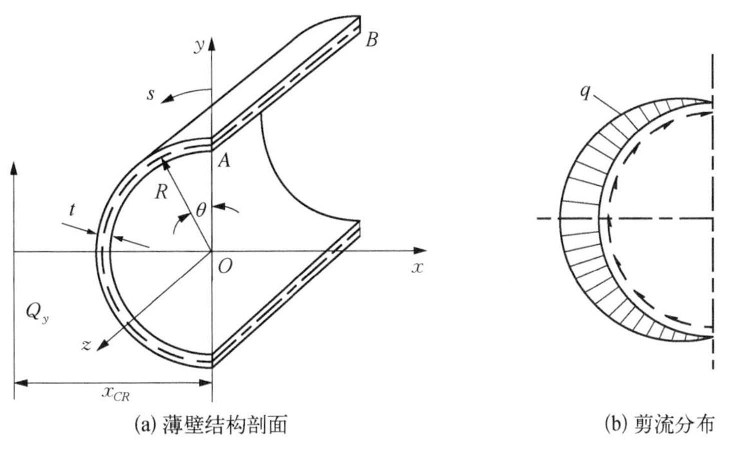

(a) 薄壁结构剖面　　(b) 剪流分布

图 5−16　开剖面的结构及剪流

首先，选取 $s=0$ 的点。因为是开剖面，s 的原点取在自由边(图中的点 A)，此点上 $q_0=0$。

然后，求取剪流。由于仅有 Q_y 作用，式(5−34)退化为

$$q = k\frac{Q_y}{I_{Ox}}\tilde{S}_x \tag{5-37}$$

由于剖面仅有一种材料，x 轴是剖面的对称轴，Ox 轴是形心轴，可得

$$\phi = 1,\quad k = 1,\quad y_0 = 0,\quad \tilde{y} = y \tag{5-38}$$

$$y = R\cos\theta,\quad s = R\theta,\quad \mathrm{d}s = R\mathrm{d}\theta \tag{5-39}$$

$$I_{Ox}=\int_0^{\pi}R^2\cos^2\theta Rt\mathrm{d}\theta=0.5\pi R^3t \tag{5-40}$$

$$\tilde{S}_x(\theta)=R^2t\int_0^{\theta}\cos\theta\mathrm{d}\theta=R^2t\sin\theta \tag{5-41}$$

即得

$$q=\frac{2Q_y}{\pi R}\sin\theta \tag{5-42}$$

注意：式中 q 为正值，即剪流的方向与 s 方向相反，q 的分布如图 5-16(b) 所示。下面分析剪流的合力情况。

剪流 q 沿剖面周缘蒙皮的中线分布，它在 x 轴和 y 轴方向的合力分别为

$$R\int_0^{\pi}q\cos\theta\mathrm{d}\theta=0 \tag{5-43}$$

$$R\int_0^{\pi}q\sin\theta\mathrm{d}\theta=Q_y \tag{5-44}$$

可以看出，分布剪流的合力与剖面剪力是等价的。

2. 开剖面的弯心

观察壳体开剖面在剪力作用下的剪流分布，可以看出：剪流的大小与分布只取决于 Q_y 和 S_x 的值，而与 Q_y 的作用位置无关。这就是说，在关于薄壁结构的假设（应力沿板壁厚度均匀分布）和 5.3.1 节中给出的基本假设的条件下，开剖面的形状分布一定，其剪流的分布也就确定了。虽然前面已经证明，剪力与剪流的静力等价条件总是满足的，但力矩的静力等价条件尚未得到验证。现分析图 5-16 中开剖面的剪流与剪力对 z 轴的力矩等价条件。

剪流 q 对 z 轴的力矩为

$$M_z=\int_0^{\pi R}qR\mathrm{d}s=R^2\int_0^{\pi}q\mathrm{d}\theta \tag{5-45}$$

将 $q=\dfrac{2Q_y}{\pi R}\sin\theta$ 代入式(5-45)，考虑到剪流的方向，得

$$M_z=-\frac{2Q_yR}{\pi}\int_0^{\pi}\sin\theta\mathrm{d}\theta=-\frac{4}{\pi}Q_yR \tag{5-46}$$

而剪力对 z 轴的力矩为

$$M_z=Q_yx_{CR} \tag{5-47}$$

由两者力矩等价条件，可得

$$x_{CR}=-\frac{4}{\pi}R \tag{5-48}$$

也就是说，仅有当剪力 Q_y 的作用线通过 x 轴上的一点 x_{CR} 时，才能满足剪力 Q_y 与其引起的剪流不仅是力，而且力矩都是静力等价的。这时，剖面只发生平移，而没有扭转。同样地，如果剖面上有剪力 Q_x 作用，采用同样的方法，可以求得静力等价的剪流，再由力矩的等价条件求得 y_{CR}。当 Q_x 的作用线通过 y 轴的一点 y_{CR} 时，剖面只有平移，而无扭转。

如果壳体剖面上不仅有剪力 Q_x，而且有剪力 Q_y 的作用，则它们只有通过点（x_{CR}，y_{CR}）时，壳体才可能只有弯曲，而没有扭转。因为这个点实际上也就是剪流合力的作用点，所以该点称为剪心或者弯心，因为剪力的作用线通过该点时只引起弯曲，而无扭转。把各个剖面的弯心连接起来，连线就代表了梁的弯曲轴，因此它是梁的刚性轴。基于此原因，弯心又称为刚心。由此可见，剪心、弯心或刚心指同一个点，只是从不同的意义上来解释而已。

如果剖面有对称轴，则剪心、弯心或刚心必在该对称轴上。因此，图 5-16 中，(x_{CR}，0)就是弯心的位置。

由于开剖面薄壁壳体在剖面剪力作用下的剖面剪流由式(5-34)唯一确定的，剪力必须施加在剖面的弯心或刚心上。由此，可以得出一个结论：开剖面薄壁梁结构在自由弯曲和自由扭转理论中是不能承受和传递扭矩的。在更精确的理论（限制扭转理论）中，开剖面薄壁梁结构虽然也可以传递扭矩，但它仍然不是传递扭矩的理想结构形式。因此，确定开剖面的弯心位置，以便合理地施加由开剖面薄壁梁结构传递的载荷，是十分重要的。

3. 例题

例题 5-4　如图 5-17(a)所示的开剖面薄壁壳，板的厚度均为 h，没有纵向元件，在剖面上有剪力 Q_y 作用，求剪流 q 的分布和弯心位置。

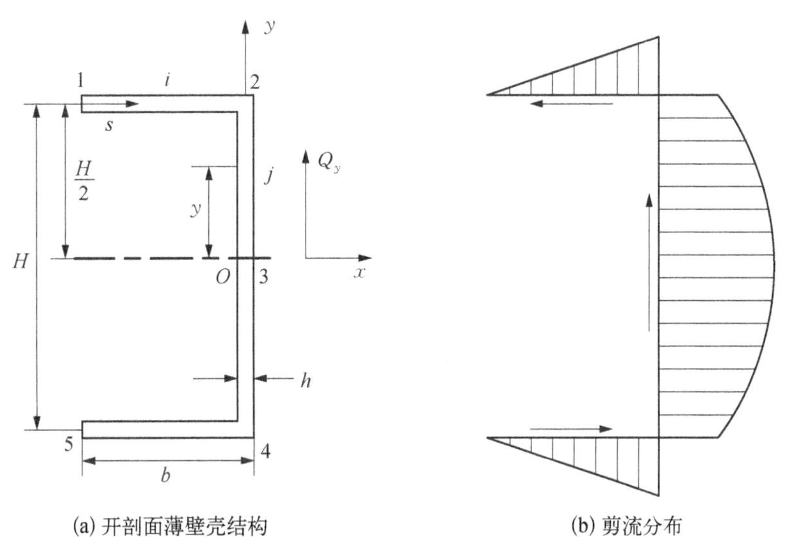

(a) 开剖面薄壁壳结构　　(b) 剪流分布

图 5-17　开剖面薄壁壳结构及剪流分布

解：首先，选取 $s=0$ 的点。因为是开剖面，s 的原点取在自由边（图中的点 1），该点上 $q_0=0$。

然后求取剪流。由于仅有 Q_y 作用,式(5-34)退化为

$$q = k\frac{Q_y}{I_{Ox}}\tilde{S}_x$$

由于剖面仅有一种材料,x 轴是剖面的对称轴,Ox 轴是形心轴,于是

$$\phi_j = 1,\quad k = 1,\quad y_0 = 0,\quad \tilde{y} = y$$

$$I_{Ox} = 2bh\left(\frac{H}{2}\right)^2 + \frac{1}{12}hH^3 = \frac{hH^2}{2}\left(b + \frac{H}{6}\right)$$

考虑到没有纵向元件,于是在 1-2 段:

$$\tilde{S}_{x,\,1\text{-}2}(s) = \int_0^s yh\mathrm{d}s = \int_0^s \frac{hH}{2}\mathrm{d}s = \frac{hH}{2}s_i$$

可见,在 1-2 段,静矩是直线变化的,点 1 处为 0;点 2 处最大,为 $\dfrac{hH}{2}b$。

在 2-3 段:

$$\tilde{S}_{x,\,2\text{-}3}(s) = \int_0^s yh\mathrm{d}s = \tilde{S}_{x,\,2}(s) + \int_0^{\frac{H}{2}-y} yh\mathrm{d}\left(\frac{H}{2} - y\right)$$

$$= \tilde{S}_{x,\,2}(s) + \int_{\frac{H}{2}}^{y} yh(-\mathrm{d}y) = \frac{hHb}{2} + \frac{h}{2}\left(\frac{H^2}{4} - y^2\right)$$

可见,在 2-3 段,静矩是抛物线变化的,在 $y = 0$ 处最大,为 $\dfrac{hHb}{2} + \dfrac{hH^2}{8}$。

在 3-4 段:

$$\tilde{S}_{x,\,3\text{-}4}(s) = \int_0^s yh\mathrm{d}s = \tilde{S}_{x,\,3}(s) + \int_0^{-y} yh\mathrm{d}(-y)$$

$$= \tilde{S}_{x,\,3}(s) + \int_0^{-y} yh(-\mathrm{d}y) = \frac{hHb}{2} + \frac{hH^2}{8} - \frac{h}{2}y^2$$

可见,静矩在 3-4 段和 2-3 段保持一致,是呈抛物线变化的;在点 3 处最大,为 $\dfrac{hHb}{2} + \dfrac{hH^2}{8}$;点 4 处最小,为 $\dfrac{hHb}{2}$。

在 4-5 段:

$$\tilde{S}_{x,\,4\text{-}5}(s) = \int_0^s yh\mathrm{d}s = \tilde{S}_{x,\,4}(s) + \int_{s_4}^{s_j} yh\mathrm{d}s = \frac{hHb}{2} - \frac{hH}{2}s_j$$

可见,在 4-5 段,静矩是直线变化的,点 4 处最大,为 $\dfrac{hHb}{2}$;点 5 处为 0。

将以上静矩的分布乘以 $\dfrac{Q_y}{I_{Ox}}$ 就可以得到剪流分布了,注意:q 为正,剪流的方向与 s 方

向相反，q 的分布如图 5-17(b)所示。

下面分析剪流的合力情况。剪流 q 沿剖面周缘蒙皮的中线分布，剪流在 x 方向的合力等于0，在 y 方向的合力为 Q_y，合力方向与外载荷方向一致。可以看出，分布剪流的合力与剖面剪力是等价的。

最后，求取弯心。假设弯心的位置为 (x_0, y_0)，x 轴是对称轴，所以弯心一定在 x 轴上，即

$$y_0 = 0$$

由剪力和剪流对点 O 的力矩等效，可以得到

$$x_0 = \frac{b}{2\left(1 + \dfrac{H}{6b}\right)}$$

例题 5-5　如图 5-18(a)所示的开剖面加筋薄壳，板的厚度均为 t，纵向元件的横截面积均为 A，材料相同，板不受正应力，在剖面上有剪力作用 Q_y，求剪流 q 的分布和弯心位置。

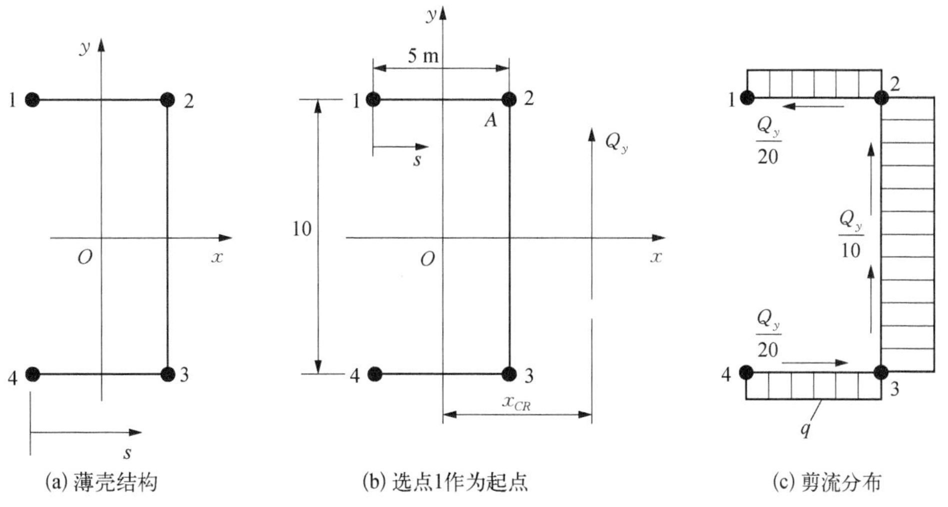

图 5-18　开剖面加筋薄壳结构及剪流分布

解： 首先，选取 $s=0$ 的点。根据 5.4.1 节中的定义，s 的方向在相当剖面上为顺时针时为正，而剪流的方向为逆时针时为正。因为是开剖面，s 的原点取在自由边(图 5-18 中的点 4)，此点上 $q_0 = 0$。

然后求取剪流。由于仅有 Q_y 作用，式(5-34)退化为

$$q = k\frac{Q_y}{I_{0x}}\tilde{S}_x$$

由于剖面仅有一种材料，x 轴是剖面的对称轴，Ox 轴是形心轴，于是

$$\phi_j = 1, \quad k = 1, \quad y_0 = 0, \quad \tilde{y} = y$$
$$I_{0x} = 100A$$

考虑到板不承受正应力，则

$$\tilde{S}_x = \sum_{j=1}^{m} y_j A_j$$

在 4-3 段：

$$\tilde{S}_{x,\,4-3} = -\,5A, \quad q_{4-3} = -\frac{Q_y}{20}$$

在 3-2 段：

$$\tilde{S}_{x,\,3-2} = -\,10A, \quad q_{3-2} = -\frac{Q_y}{10}$$

在 2-1 段：

$$\tilde{S}_{x,\,2-1} = -\,5A, \quad q_{2-1} = -\frac{Q_y}{20}$$

注意到：由于 q 为负值，剪流的方向与 s 方向相同，为逆时针，q 的分布如图 5-18(c)所示。

下面分析剪流的合力情况。剪流 q 沿剖面周缘蒙皮的中线分布，剪流在 x 方向的合力等于 0，在 y 方向的合力为 Q_y，合力方向与外载荷方向一致。可以看出，分布剪流的合力与剖面剪力是等价的。

为了说明 s 的选取是任意的，可以选点 1 作为起点[图 5-18(b)]，再进行剪流的计算。

此时，在 1-2 段：

$$\tilde{S}_{x,\,1-2} = 5A, \quad q_{1-2} = \frac{Q_y}{20}$$

在 2-3 段：

$$\tilde{S}_{x,\,2-3} = 10A, \quad q_{2-3} = \frac{Q_y}{10}$$

在 3-4 段：

$$\tilde{S}_{x,\,3-4} = 5A, \quad q_{4-3} = \frac{Q_y}{20}$$

可以看出，计算得到了大小相同但是方向为正的剪流，因此剪流方向与 s 方向相反，也是逆时针的。

最后,求取弯心。假设弯心的位置为 (x_0, y_0), x 轴是对称轴,所以弯心一定在 x 轴上,即

$$y_0 = 0$$

由剪力和剪流对点 O 的力矩等效,可以得到

$$x_0 = 5$$

例题 5-6　如图 5-19(a)所示的 T 形开剖面,剖面由 3 块板和 4 个纵向元件组成,材料相同。上边的 3 根缘条的横截面积为 A,下缘条的横截面积为 $3A$。其余的几何尺寸在图 5-19(a)中给出,且板不承受正应力。求剪流分布和弯心位置。

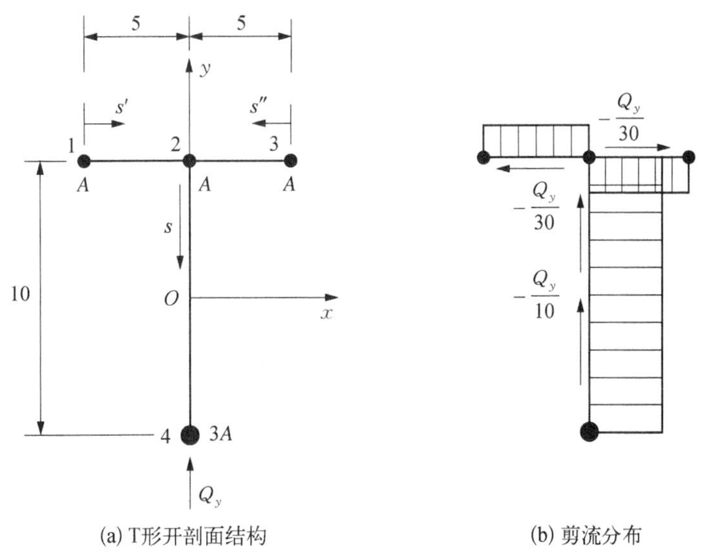

(a) T形开剖面结构　　(b) 剪流分布

图 5-19　T 形开剖面及剪流分布

解: 首先选取 $s = 0$ 的点。对于这种有分叉的剖面,比较方便的是选择多个 $s = 0$ 的原点,本例题中分别选择 1、3 作为原点。

然后计算剪流。由于仅有 Q_y 作用,式(5-34)退化为

$$q = k\frac{Q_y}{I_{Ox}}\tilde{S}_x$$

由于剖面仅有一种材料,y 轴是剖面的对称轴,Oy 轴是形心轴,于是

$$\phi_j = 1, \quad k = 1, \quad x_0 = 0, \quad \tilde{x}_i = x_i$$

考虑到板不承受正应力,则

$$S_x = \sum_{j=1}^{m} y_j A_j = 5A + 5A + 5A - 15A = 0, \quad S_y = \sum_{j=1}^{m} x_j A_j = -5A + 5A = 0$$

进一步计算形心坐标 $y_0 = \dfrac{S_x}{A} = 0$，即形心坐标为原点(0, 0)，因此可得

$$\tilde{y}_i = y_i,\quad I_{Oxy} = I_{xy} = 0,\quad I_{Ox} = I_x = 150A$$

根据两个 s 原点，原点设在缘条 1 的坐标为 s'，原点设在缘条 3 的坐标为 s''。

于是有，在 1-2 段（此段由 s' 计算）：

$$\tilde{S}_{x,\,1\text{-}2} = 5A,\quad q_{1\text{-}2} = \frac{Q_y}{I_{Ox}}\tilde{S}_x = \frac{Q_y}{30}$$

在 3-2 段（此段由 s'' 计算）：

$$\tilde{S}_{x,\,3\text{-}2} = 5A,\quad q_{3\text{-}2} = \frac{Q_y}{30}$$

在 2-4 段（在 2 处汇集，再向 4 计算）：

$$\tilde{S}_{x,\,2\text{-}4} = 5A + 5A + 5A = 15A,\quad q_{2\text{-}4} = \frac{Q_y}{10}$$

由于 q 为正值，表示剪流的方向与 s 的方向相反，q 的分布如图 5-19(b) 所示。由此，也可以看出，s 的方向如何确定不会影响剪流的分布，只是用来确定剪流的方向。

下面分析剪流的合力情况。剪流 q 沿剖面周缘蒙皮的中线分布，剪流在 x 方向的合力等于 0，在 y 方向的合力为 Q_y，合力方向与外载荷方向一致。可以看出，分布剪流的合力与剖面剪力是等价的。

最后，求取弯心，其弯心位置与点 2 重合，读者可以自己证明。

5.4.2 单闭室剖面的剪流与刚心

前面介绍了开剖面剪流的计算方法，可以看出，开剖面仅能承受作用线通过弯心的剪力，不能承受扭矩。闭剖面则既可以承受剪力也可以承受扭矩，但是，闭剖面上的闭室不同，又可分为静定和静不定系统。其中，单闭室是静定系统，可以由力的平衡条件来确定剪流分布；而多闭室则是静不定系统，需要由平衡方程和变形协调条件来确定剪流分布。

本章重点介绍单闭室剖面的剪流计算方法，对于多闭室情况仅给出简单的介绍。

1. 单闭室剖面剪流的计算

本节推导单闭室剖面壳体在剪力 Q_x、Q_y 及扭矩 M_z 作用下的剪流公式。

如图 5-20 所示，与推导开剖面壳体的剪流公式相同，假想在 ad 处切开，由壳体中取出一微元体 $abcd$。参考式(5-27)～式(5-34)的推导过程可得单闭室壳体在剪力和扭矩作用下的剪流公式：

$$q = k\left[\frac{Q_y}{I_{Ox}}\tilde{S}_x + \frac{Q_x}{I_{Oy}}\tilde{S}_y\right] + q_0 \tag{5-49}$$

可以看出，这个表达式是与开剖面一致的。式中，q_0 代表 $s=0$ 处的剪流值，s 的原点可任意选取。

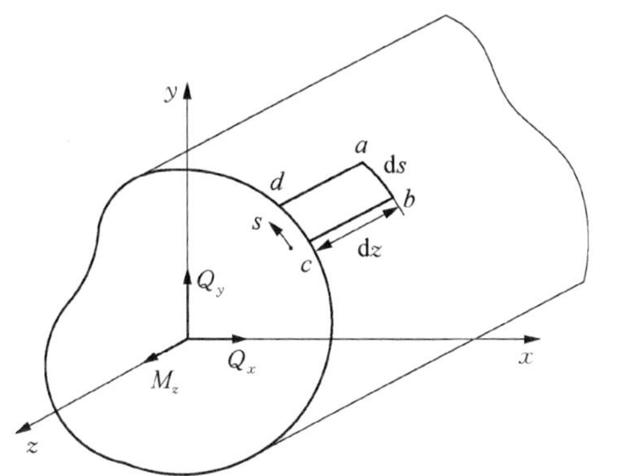

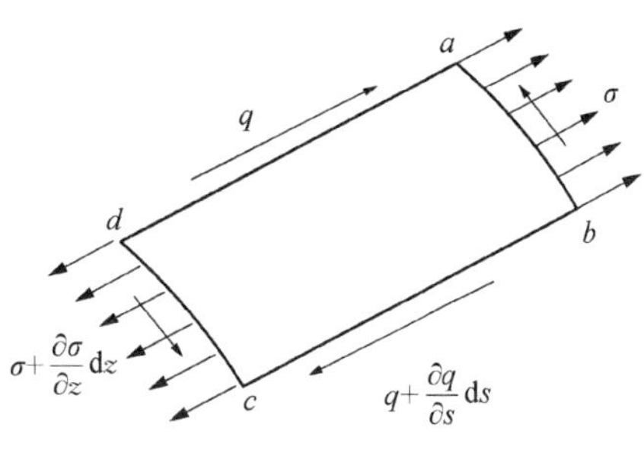

图 5-20　单闭室剖面内力示意

与开剖面不同的是，在开剖面的情况下，由于有自由边的力的边界条件，q_0 是由力的边界条件确定的，如果取 $s=0$ 的点在自由边，则 $q_0=0$。对于闭剖面，由于没有自由边，不能用力的边界条件确定 q_0，这个待定的未知数需要由力的平衡条件来确定。

在确定 q_0 前，为了书写方便，令

$$q = \tilde{q} + q_0 \tag{5-50}$$

式中，

$$\tilde{q} = k\left[\frac{Q_y}{I_{Ox}}\tilde{S}_x + \frac{Q_x}{I_{Oy}}\tilde{S}_y\right] \tag{5-51}$$

下面利用剖面上的剪力 Q_x、Q_y 及扭矩 M_z 与剪流 q 对剖面任意点的力矩等效的条件，可以得到力的平衡方程，进而确定 q_0。

对于图 5-21，假设剪力均通过坐标原点（如果没有通过，可以采用向坐标原点移动，并附加扭矩的方式进行处理）。将剪流对坐标原点取矩，则有

$$M_z = \oint q\rho \mathrm{d}s \tag{5-52}$$

式中，ρ 为由点 O 至周线各点切线的垂距；M_z 为剖面上的合扭矩（包括将剪力平移到坐标原点的附加扭矩）。

将式（5-50）代入式（5-52），得

$$M_z = \oint q\rho \mathrm{d}s = \oint(\tilde{q} + q_0)\rho \mathrm{d}s = \oint \tilde{q}\rho \mathrm{d}s + \oint q_0\rho \mathrm{d}s \tag{5-53}$$

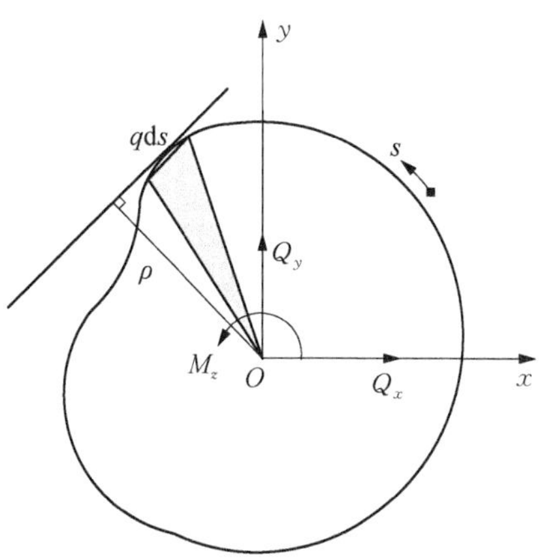

图 5-21　单闭室剖面剪流求解示意

因为 $\rho\mathrm{d}s$ 等于以点 O 为顶点、$\mathrm{d}s$ 为底边的三角形面积（图 5-21 中的阴影部分）的 2 倍，所以 $\oint\rho\mathrm{d}s$ 等于单闭室周线包围的面积的 2 倍，记作 Ω，即

$$\Omega = \oint \rho \mathrm{d}s \tag{5-54}$$

于是

$$M_z = \oint \tilde{q} \rho \mathrm{d}s + q_0 \Omega \tag{5-55}$$

进而得到 q_0：

$$q_0 = \frac{M_z}{\Omega} - \frac{\oint \tilde{q} \rho \mathrm{d}s}{\Omega} \tag{5-56}$$

讨论：

(1) 对于单闭室剖面薄壁壳体，既可以承受剪力，又可以承受扭矩；而开剖面壳体只能承受通过弯心的剪力，这一点是单闭室剖面壳体与开剖面壳体在承载能力上的明显不同之处。

(2) $s = 0$ 的点可以任意选取，但是，如果剖面上有对称轴，则可以选在对称轴处，因为剪力、扭矩是反对称载荷，剪流是反对称内力，因此对称轴上的剪流为 0。

(3) 倘若单闭室剖面壳体剖面上只有扭矩作用，则由式(5-56)得到

$$q = \frac{M_z}{\Omega} \tag{5-57}$$

式(5-57)一般称为白雷特(Bredt)公式。由此式可见，单闭室剖面壳体自由扭转时，剪流为常量，并且与周线形状无关。由于 $\tau = \dfrac{q}{t}$，如果是变厚度的剖面，其剪应力大小是不同的，厚度最小处的剪应力最大。

(4) 当剖面上仅有一个方向的剪力(如 Q_y，设 $\bar{x}$ 为剪力到坐标原点的距离)作用时，假设坐标系为折算后的形心坐标系，其剪流分布结果如下：

$$q = k\frac{Q_y}{I_{Ox}}\tilde{S}_x + \frac{Q_y \bar{x}}{\Omega} - k\frac{Q_y}{\Omega I_{Ox}}\oint \tilde{S}_x \rho \mathrm{d}s \tag{5-58}$$

(5) 对于有纵向加强元件的壳体，可按开剖面壳体求剪流方法加以处理，在此不再复述。

例题 5-7 图 5-22(a)所示的圆柱壳剖面上有一大小为 Q_0、方向竖直向下的剪力作用，试求剪流 q 沿周线的分布。

解： 由剖面对称性可知，Ox 轴是惯性主轴。材料为同一种材料，有

$$\phi = 1, \quad k = 1, \quad y_0 = 0, \quad \tilde{y} = y$$

取圆周上的顶点为 s 的原点，则由对称条件可知 $q_0 = 0$。于是，式(5-49)退化为

$$q = \frac{Q_y}{I_{Ox}}\tilde{S}_x$$

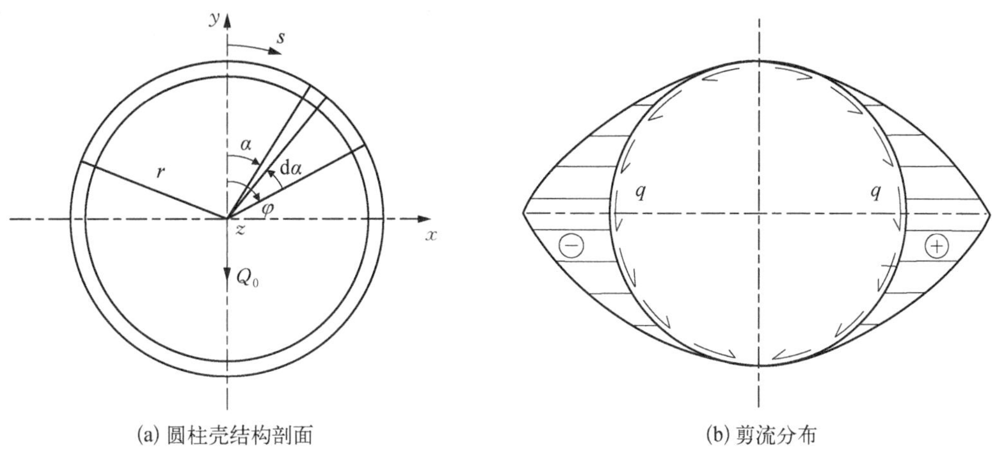

(a) 圆柱壳结构剖面　　　　(b) 剪流分布

图 5-22　圆柱壳结构剖面示意及剪流分布图

壁厚 h 与半径 r 相比很小，所以

$$I_{Ox} = \pi r^3 h$$

采用中心角 φ 表示圆周上各点的位置，于是由原点 $s = 0$ 到该点位置的静矩为

$$\tilde{S}_x = \int_0^s yh\mathrm{d}s = \int_0^{\varphi} r\cos\alpha hr\mathrm{d}\alpha$$

积分后得

$$\tilde{S}_x = r^2 h\sin\varphi$$

所以

$$q = \frac{Q_y}{I_{Ox}}\tilde{S}_x = -\frac{Q_0}{\pi r}\sin\varphi$$

q 的方向与 s 方向相反，q 分布图如图 5-22(b) 所示。

2. 单闭室剖面的线位移和扭转角

单闭室剖面的位移主要包括线位移和角位移（扭转角），假设单闭室剖面薄壁梁结构在距离固定端 $z=L$ 处剖面上某点 i 的线位移为 Δ_i、角位移为 φ，下面通过单位载荷法来求解这两个位移。

1）单闭室剖面的线位移

首先在点 i 上作用一单位载荷 $P=1$，设 σ_p、τ_p 为外载荷引起的应力，σ_1、τ_1 是单位载荷引起的应力。

考虑到：$q_p = \tau_p t$、$q_1 = \tau_1 t$，根据单位载荷定理，点 i 的线位移为

$$\Delta_i = \int_0^L \oint \frac{\sigma_p \sigma_1}{E} t\mathrm{d}s\mathrm{d}z + \int_0^L \oint \frac{q_p q_1}{Gt}\mathrm{d}s\mathrm{d}z \tag{5-59}$$

将式(5-29)中 q 的表达式代入式(5-59)，即可得到线位移。

2）单闭室剖面的扭转角

首先在剖面上作用一个单位载荷矩 $M_z = 1$，设 σ_p、τ_p 为外载荷引起的应力，σ_1、τ_1 是单位载荷引起的应力。

考虑到：$q_p = \tau_p t$、$q_1 = \tau_1 t = \dfrac{1}{\Omega}$、$\sigma_1 = 0$，根据单位载荷定理，剖面上的转角为

$$\varphi = \int_0^L \oint \frac{q_p q_1}{Gt} \mathrm{d}s\mathrm{d}z = \frac{1}{\Omega}\int_0^L \oint \frac{q_p}{Gt} \mathrm{d}s\mathrm{d}z$$

将式(5-29)中 q 的表达式代入上式，即可得到扭转角。

由上式还可以得到单位长度上的扭转角（也称相对扭转角）为

$$\theta = \frac{\mathrm{d}\varphi}{\mathrm{d}z} = \frac{1}{\Omega}\oint \frac{q_p}{Gt}\mathrm{d}s \tag{5-60}$$

3. 单闭室剖面的弯心

1）单闭室剖面的弯心

对于单闭室的闭剖面，也存在这样一个点，就是当剖面上的剪力通过该点时，此剖面只有平移而无扭转，即此剖面的相对扭角等于零，这个点称为闭剖面的弯心。可以利用相对扭角等于 0 的条件计算单闭室剖面的弯心位置。

首先，假设剖面上仅有 Q_y 作用，且作用在弯心上，采用形心坐标系，$(\bar{x}, \bar{y})$ 为弯心在形心坐标系的坐标，由式(5-60)可以得到由其引起的扭转角，由式(5-58)可以得到由 Q_y 引起的剪流。

由式(5-58)和式(5-60)，可以得到相对扭转角为

$$\theta = \frac{Q_y}{\Omega}\left(\frac{k}{I_{Ox}}\oint \frac{\tilde{S}_x}{Gt}\mathrm{d}s + \frac{\bar{x}}{\Omega}\oint \frac{1}{Gt}\mathrm{d}s - \frac{k\oint \tilde{S}_x \rho \mathrm{d}s}{\Omega I_{Ox}}\oint \frac{1}{Gt}\mathrm{d}s\right)$$

根据相对扭转角为 0 的条件，可以得到弯心位置：

$$\bar{x} = \frac{1}{I_{Ox}}\left(k\oint \tilde{S}_x \rho \mathrm{d}s - \frac{\Omega k \oint \tilde{S}_x \dfrac{\mathrm{d}s}{t}}{\oint \dfrac{\mathrm{d}s}{t}}\right) \tag{5-61}$$

同理，假设剖面上仅有 Q_x 作用，且作用在弯心上，可以得到由其引起的相对扭转角。

根据相对扭转角为 0 的条件，可以得到弯心位置：

$$\bar{y} = \frac{1}{I_{Oy}}\left(k\oint \tilde{S}_y \rho \mathrm{d}s - \frac{\Omega k \oint \tilde{S}_y \dfrac{\mathrm{d}s}{t}}{\oint \dfrac{\mathrm{d}s}{t}}\right) \tag{5-62}$$

由以上公式可见,弯心位置只与剖面的几何性质有关,而与外载荷无关。倘若剖面有对称轴,弯心就在对称轴上。

2）单闭室剖面的扭心

剖面的**扭心**,就是当扭矩作用在剖面上,线位移为 0 的点。利用这个变形条件,可以确定单闭室剖面的扭心位置 $(\bar{x},\ \bar{y})$。

首先,在剖面上扭心点上作用一个单位剪力 $Q_y = 1$,根据单位载荷法可以求得其在扭矩 M_z 作用下的线位移为

$$\Delta_i = \int_0^L \oint \frac{q_p q_1}{Gt} \mathrm{d}s\mathrm{d}z$$

其中,由扭矩 M_z 引起的剪流为

$$q_p = \frac{M_z}{\Omega}$$

由式(5-58)可知,由单位载荷引起的剪流为

$$q_1 = k\frac{1}{I_{Ox}}\tilde{S}_x + \frac{\bar{x}}{\Omega} - k\frac{1}{\Omega I_{Ox}}\oint \tilde{S}_x \rho \mathrm{d}s$$

将以上两个剪流代入线位移公式(5-59),可以得到

$$\Delta_i = \int_0^L \frac{1}{Gt}\mathrm{d}z\left[\oint\left(k\frac{1}{I_{Ox}}\tilde{S}_x + \frac{\bar{x}}{\Omega} - k\frac{1}{\Omega I_{Ox}}\oint \tilde{S}_x \rho \mathrm{d}s\right)\mathrm{d}s\right]$$

根据线位移为 0 的条件,可以得到

$$\oint\left(k\frac{1}{I_{Ox}}\tilde{S}_x + \frac{\bar{x}}{\Omega} - k\frac{1}{\Omega I_{Ox}}\oint \tilde{S}_x \rho \mathrm{d}s\right)\mathrm{d}s = 0$$

进而可以得到扭心的位置:

$$\bar{x} = \frac{1}{I_{Ox}}\left(k\oint \tilde{S}_x \rho \mathrm{d}s - \frac{\Omega k \oint \tilde{S}_x \frac{\mathrm{d}s}{t}}{\oint \frac{\mathrm{d}s}{t}}\right) \tag{5-63}$$

同理,在剖面上扭心点上作用一个单位剪力 $Q_x = 1$,可以通过单位载荷法求出该点的线位移;并根据线位移为 0,可以得到扭心的位置:

$$\bar{y} = \frac{1}{I_{Oy}}\left(k\oint \tilde{S}_y \rho \mathrm{d}s - \frac{\Omega k \oint \tilde{S}_y \frac{\mathrm{d}s}{t}}{\oint \frac{\mathrm{d}s}{t}}\right) \tag{5-64}$$

由以上公式可见,扭心的位置与弯心位置是重合的。也可以通过位移互等定理,来证明弯心和扭心是重合的。图 5-23 是闭剖面弯心和扭心的示意图。由位移互等定理知道,系统由第一种单位载荷引起的与第二种载荷相对应的位移,等于由第二种单位载荷所引起的与第一种载荷相对应的位移,即 $\delta_{12}=\delta_{21}$。

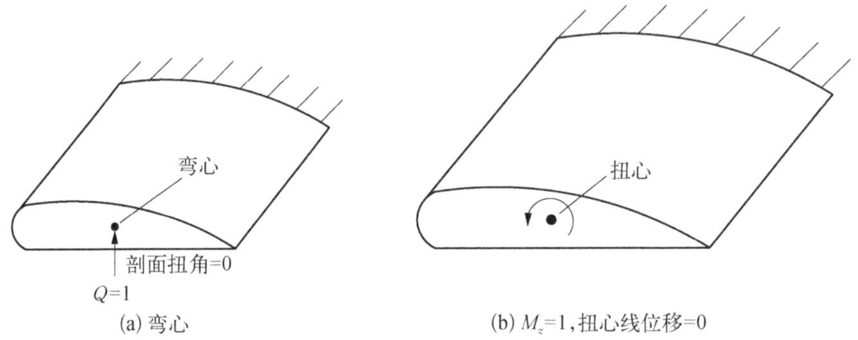

图 5-23　闭剖面弯心与扭心示意

根据定义,当剪力 $Q=1$ 作用在弯心上时,引起的剖面扭转角 $\varphi=\delta_{12}=0$; 扭矩 $M_z=1$ 在弯心处引起的线位移应该为 δ_{21}。根据位移互等定理, $\delta_{21}=\delta_{12}=0$, 即当剖面受到扭矩作用时,弯心点处的线位移为 0。由此可见,扭心与弯心是重合的,这一结论对于多闭室剖面也是适用的。

扭心也称为刚心,各剖面的扭心(刚心)连线称为壳体的扭轴(刚轴),显然扭轴与弯轴(各剖面的弯心连线)是重合的。

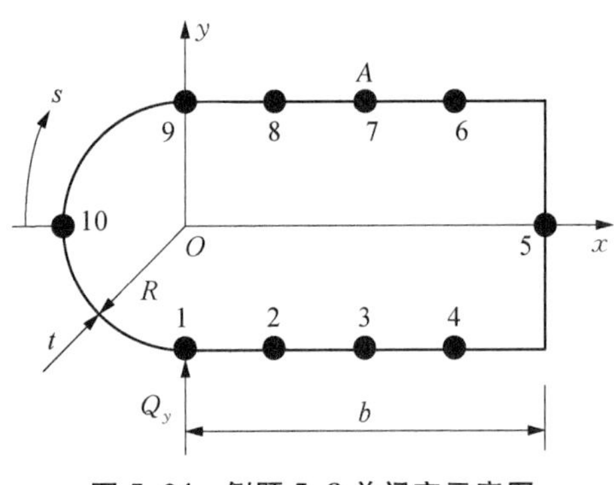

图 5-24　例题 5-8 单闭室示意图

例题 5-8　计算图 5-24 单闭室剖面在外力 Q_y 作用下的弯曲剪流,并计算剖面的弯心位置。剖面上共有 10 根等距布置的纵向元件,横截面积均为 $A=Rt$。板的厚度均为 t,板和杆的材料相同, $b=4R$。板只受剪切,不受正应力。

解: (1) 坐标系建立。

选取 s 坐标及指向,如图 5-24 所示。

(2) 计算惯性积和惯性矩。

分析可知,剖面有对称轴 x,可得

$$\tilde{y}_i=y_i,\quad k=1,\quad y_O=0$$

$$I_{Ox}=I_x=\sum_j \phi_j A_j y_j^2=8RtR^2=8R^3t$$

(3) 计算剖面任意一点的静矩。

由 $\tilde{S}_x=\sum_{j=1}^{m}\phi_j\tilde{y}_jA_j$, 得

$$\tilde{S}_{x,10\text{-}9}=0,\quad \tilde{S}_{x,9\text{-}8}=R^2t,\quad \tilde{S}_{x,8\text{-}7}=2R^2t,\quad \tilde{S}_{x,7\text{-}6}=3R^2t,\quad \tilde{S}_{x,6\text{-}5}=4R^2t$$

$\tilde{S}_{x,5\text{-}4} = 4R^2t$，　$\tilde{S}_{x,4\text{-}3} = 3R^2t$，　$\tilde{S}_{x,3\text{-}2} = 2R^2t$，　$\tilde{S}_{x,2\text{-}1} = R^2t$，　$\tilde{S}_{x,1\text{-}10} = 0$

(4) 计算剖面任意一点的剪流。

由 $\tilde{q} = k\dfrac{Q_y}{I_{Ox}}\tilde{S}_x$，得

$$\tilde{q}_{10\text{-}9} = 0,\quad \tilde{q}_{9\text{-}8} = \frac{Q_y}{8R},\quad \tilde{q}_{8\text{-}7} = \frac{Q_y}{4R},\quad \tilde{q}_{7\text{-}6} = \frac{3Q_y}{8R},\quad \tilde{q}_{6\text{-}5} = \frac{Q_y}{2R}$$

$$\tilde{q}_{5\text{-}4} = \frac{Q_y}{2R},\quad \tilde{q}_{4\text{-}3} = \frac{3Q_y}{8R},\quad \tilde{q}_{3\text{-}2} = \frac{Q_y}{4R},\quad \tilde{q}_{2\text{-}1} = \frac{Q_y}{8R},\quad \tilde{q}_{1\text{-}10} = 0$$

若 $\tilde{q}$ 为正，表示其与 s 坐标的正方向相反，即为逆时针方向。

由 $q_0 = \dfrac{M_z}{\Omega} - \dfrac{\oint \tilde{q}\rho \mathrm{d}s}{\Omega}$，计算得

$$\Omega = \oint \rho \mathrm{d}s = R\pi R + 2Rb \cdot 2 = \pi R^2 + 16R^2 = (\pi + 16)R^2$$

$$M_z = 0$$

$$\oint \tilde{q}\rho \mathrm{d}s = R\left(\frac{Q_y}{8R} + \frac{Q_y}{4R} + \frac{3Q_y}{8R} + \frac{Q_y}{2R}\right) \cdot \frac{b}{4} \cdot 2 + b\left(\frac{Q_y}{2R} \cdot 2R\right) = \frac{13}{2}Q_yR$$

$$q_0 = \frac{M_z}{\Omega} - \frac{\oint \tilde{q}\rho \mathrm{d}s}{\Omega} = -\frac{13Q_yR}{2(\pi + 16)R^2} = -\frac{13Q_y}{2(\pi + 16)R}$$

又由 $q = \tilde{q} + q_0$，得

$$q_{10\text{-}9} = -\frac{13Q_y}{2(\pi + 16)R} \approx -0.340\frac{Q_y}{R}$$

$$q_{9\text{-}8} = \frac{Q_y}{8R} - \frac{13Q_y}{2(\pi + 16)R} \approx -0.215\frac{Q_y}{R}$$

$$q_{8\text{-}7} = \frac{Q_y}{4R} - \frac{13Q_y}{2(\pi + 16)R} \approx -0.090\frac{Q_y}{R}$$

$$q_{7\text{-}6} = \frac{3Q_y}{8R} - \frac{13Q_y}{2(\pi + 16)R} \approx 0.035\frac{Q_y}{R}$$

$$q_{6\text{-}5} = \frac{Q_y}{2R} - \frac{13Q_y}{2(\pi + 16)R} \approx 0.160\frac{Q_y}{R}$$

$$q_{5\text{-}4} = \frac{Q_y}{2R} - \frac{13Q_y}{2(\pi + 16)R} \approx 0.160\frac{Q_y}{R}$$

$$q_{4-3}=\frac{3Q_y}{8R}-\frac{13Q_y}{2(\pi+16)R}\approx 0.035\frac{Q_y}{R}$$

$$q_{3-2}=\frac{Q_y}{4R}-\frac{13Q_y}{2(\pi+16)R}\approx -0.090\frac{Q_y}{R}$$

$$q_{2-1}=\frac{Q_y}{8R}-\frac{13Q_y}{2(\pi+16)R}\approx -0.215\frac{Q_y}{R}$$

$$q_{1-10}=-\frac{13Q_y}{2(\pi+16)R}\approx -0.340\frac{Q_y}{R}$$

若 q 为正,表示其与 s 坐标的正方向相反,可画出剪流图,如图 5-25 所示。

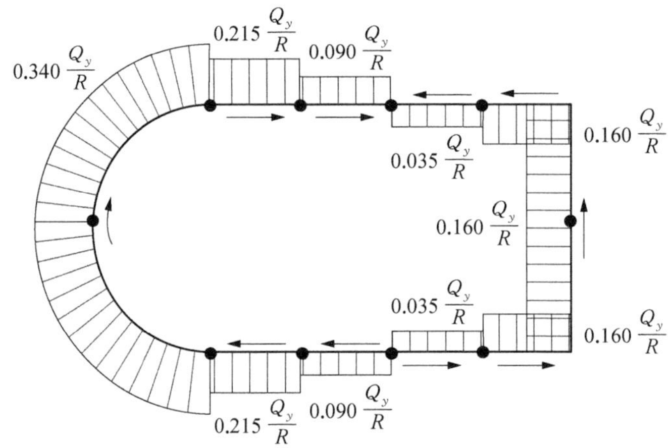

图 5-25　例题 5-8 单闭室剪流图

其中,各区间的等剪流值分别为 $0.340\frac{Q_y}{R}$、$0.215\frac{Q_y}{R}$、$0.090\frac{Q_y}{R}$、$0.035\frac{Q_y}{R}$、$0.160\frac{Q_y}{R}$。

(5) 计算弯心坐标。

由于 x 轴为剖面对称轴,$\bar{y}=0$。

由

$$\bar{x}=\frac{1}{I_{Ox}}\left(\oint\tilde{S}_x\rho\mathrm{d}s-\frac{\Omega\oint\tilde{S}_x\frac{\mathrm{d}s}{h}}{\oint\frac{\mathrm{d}s}{h}}\right)$$

计算:

$$I_{Ox}=8R^3t$$

$$\oint\tilde{S}_x\rho\mathrm{d}s=\frac{b}{4}R(R^2t+2R^2t+3R^2t+4R^2t)\times 2+4R(4R^2t)\times 2R+0=52R^4t$$

$$\oint \tilde{S}_x \frac{ds}{h} = \frac{b}{4}\frac{1}{t}(R^2t + 2R^2t + 3R^2t + 4R^2t) \times 2 + \frac{1}{t}(4R^2t) \times 2R = 28R^3$$

$$\oint \frac{ds}{h} = \frac{1}{t}(\pi R + 2R + 2b) = \frac{(10+\pi)R}{t}$$

得

$$\bar{x} = \frac{1}{8R^3t}\left[52R^4t - \frac{28(\pi+16)R^5t}{(10+\pi)R}\right] = \left[\frac{52}{8} - \frac{28(\pi+16)}{8(10+\pi)}\right]R$$

即弯心坐标为 $\left\{\left[\frac{52}{8} - \frac{28(\pi+16)}{8(10+\pi)}\right]R,\ 0\right\}$，约为 $(1.40R,\ 0)$。

5.4.3　多闭室剖面的剪流与刚心

1. 多闭室剖面静不定度判定

由前述内容可知，开剖面薄壁壳体不能承受扭矩，属于几何可变结构，将其封闭为单闭室剖面薄壁壳体后，就是静定结构了。而继续增加闭室形成的多闭室剖面薄壁壳体(图 5-26)则是静不定系统，且每增加一个闭室就增加了一个静不定度，n 个闭室的静不定度是 $n-1$。

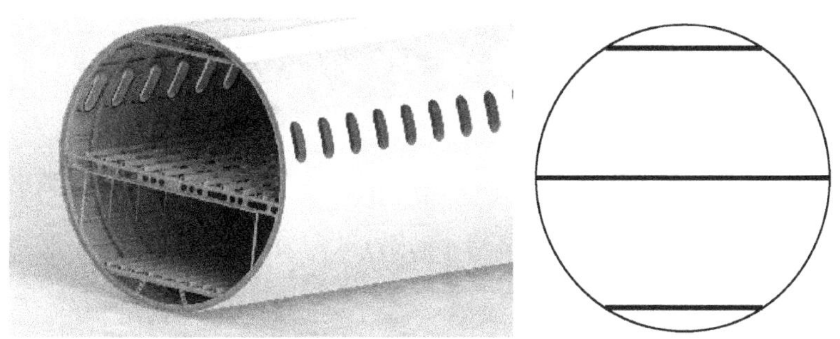

图 5-26　多闭室剖面薄壁壳体

2. 多闭室剖面剪流与刚心求解方法

多闭室剖面薄壁壳体可直接按照 $n-1$ 个静不定度的静不定问题进行求解，首先得到剖面的剪流分布，进而求得刚心的位置，但是此类计算相对复杂，在飞行器结构设计阶段，也可以采用近似方法来进行分析。

下面以图 5-27 中的三闭室为例，分别对两种方法进行简单介绍。

1) 静不定问题求解方法

由于三闭室剖面薄壁壳体为 $n-1=2$ 次静不定度结构，则可假想将两闭室切开，将切口处的剪流 q_1 和 q_2 作为未知量，以单闭室剖面为“P”状态，将分别在切口处作用单位剪流的状态作为单位状态。

根据切口处的协调条件，建立正则方程：

$$\begin{cases}\delta_{11}q_1 + \delta_{12}q_2 + \Delta_{1p} = 0 \\ \delta_{12}q_1 + \delta_{22}q_2 + \Delta_{2p} = 0\end{cases} \tag{5-65}$$

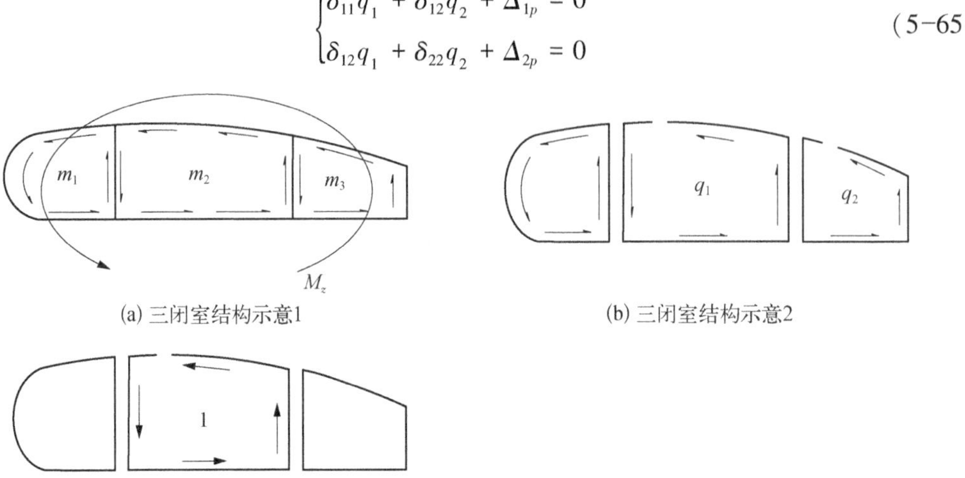

(a) 三闭室结构示意1

(b) 三闭室结构示意2

(c) 单位状态

图 5-27 三闭室剖面薄壁壳体

求解正则方程,可以得到切口处的剪流 q_1 和 q_2,即可进一步得到剖面的剪流。

2）飞行器结构设计阶段近似求解

假设三闭室剖面仅在扭矩 M_z 作用下产生的分扭矩为 M_{z1}、M_{z2} 和 M_{z3},则各闭室的剪流分别可表示为

$$q_1 = \frac{M_{z1}}{\Omega_1}, \quad q_2 = \frac{M_{z2}}{\Omega_2}, \quad q_3 = \frac{M_{z3}}{\Omega_3} \tag{5-66}$$

由此可得到剖面转角为

$$\varphi_i = \oint_i \frac{q_i q_1}{G_i t}\mathrm{d}s = \oint_i \frac{\frac{M_{zi}}{\Omega_i}\frac{1}{\Omega_i}}{G_i t}\mathrm{d}s = \frac{M_{zi}}{\Omega_i^2}\oint_i \frac{\mathrm{d}s}{G_i t} \tag{5-67}$$

因此可得

$$M_{zi} = \frac{\Omega_i^2}{\oint_i \frac{\mathrm{d}s}{G_i t}}\varphi_i \triangleq c_i \varphi_i \tag{5-68}$$

式中,$c_i = \dfrac{\Omega_i^2}{\oint_i \frac{\mathrm{d}s}{G_i t}}$,称为扭转刚度系数。

由剖面转角协调条件 $\varphi_1 = \varphi_2 = \varphi_3 = \varphi$,可知

$$\frac{M_{z1}}{c_1} = \frac{M_{z2}}{c_2} = \frac{M_{z3}}{c_3} = \frac{\sum M_{zi}}{\sum c_i} = \frac{M_z}{\sum c_i}$$

则可进一步得到各闭室的分扭矩为

$$M_{zi} = \frac{c_i}{\sum c_i} M_z \tag{5-69}$$

即各闭室的分扭矩 M_{zi} 按照刚度重新分配。

由此可得各闭室的扭转剪流为

$$q_i = \frac{M_{zi}}{\Omega_i} \tag{5-70}$$

假设三闭室剖面薄壁壳体仅产生弯曲而不产生扭转,即在薄壁壳体梁端部刚心处承受载荷 Q_y 的作用,此时各闭室的端面挠度为

$$w_i = \frac{Q_{yi} l^3}{3E_i I_i} \tag{5-71}$$

由变形协调条件可知,不同闭室的端面挠度相等,即 $w_1 = w_2 = w_3$, 由此可得

$$\frac{Q_{y1}}{\frac{3E_1 I_1}{l^3}} = \frac{Q_{y2}}{\frac{3E_2 I_2}{l^3}} = \frac{Q_{y3}}{\frac{3E_3 I_3}{l^3}} = \sum \frac{Q_{yi}}{\frac{3E_i I_i}{l^3}} = \frac{Q_y}{\sum \frac{3E_i I_i}{l^3}} \tag{5-72}$$

进一步可得到剖面中的各弯曲载荷为

$$Q_{yi} = \frac{\frac{3E_i I_i}{l^3}}{\sum \frac{3E_i I_i}{l^3}} Q_y = \frac{E_i I_i}{\sum E_i I_i} Q_y \tag{5-73}$$

式中, $E_i I_i$ 为各闭室的刚度系数,即 Q_{yi} 按照闭室的刚度进行分配。

在 Q_{yi} 的基础上,即可进一步求出剖面剪流为

$$q_i = \frac{Q_{yi}}{I_x} S_x \tag{5-74}$$

以上近似求解过程是多闭室剖面薄壁壳体结构仅承受扭转或弯曲情况下的剪流求取方法,但实际飞行器结构设计中所遇到的载荷通常是任意的,可能同时产生弯曲和扭转,此时可考虑将载荷平移至刚心位置,从而形成作用在刚心上的剪力和扭矩,因此需要首先近似求出刚心的位置。

对多闭室剖面任意一点取矩,可得

$$Q_y \bar{x} = \sum a_i Q_{yi} = \sum a_i \frac{E_i I_i}{\sum E_i I_i} Q_y \tag{5-75}$$

式中，a_i 表示力矩极点到 Q_{yi} 作用线的垂直距离，由此可进一步得到刚心的近似计算公式为

$$\bar{x} = \frac{\sum a_i E_i I_i}{\sum E_i I_i} \tag{5-76}$$

例题 5-9 对机翼结构进行初步工程计算时，通常可将其简化为翼根固支在机身上的悬臂梁，假设某机翼结构材料为硬铝，距离翼根 $z_0 = 2$ m 处的剖面几何形状和尺寸如图 5-28 所示。其中，剖面内力简化为集中力 $Q_y = 56\,000$ N，且仅有前梁 4-8 和后梁 2-9 之间的上蒙皮 2-4 和下蒙皮 8-9 承受正应力，二者厚度均为 $t_1 = 4$ mm，其余壁厚均为 $t_2 = 1$ mm，硬铝的剪切模量 $G = 2.7\times10^6$ N/cm²，其余参数如下：$H = 20$ cm、$a = 20$ cm、$b = 40$ cm、$c = 30$ cm、$A = 4$ cm²，试求：(1) 剖面剪流分布；(2) 剖面在 Q_y 作用下的扭转角；(3) 剖面的弯心位置。

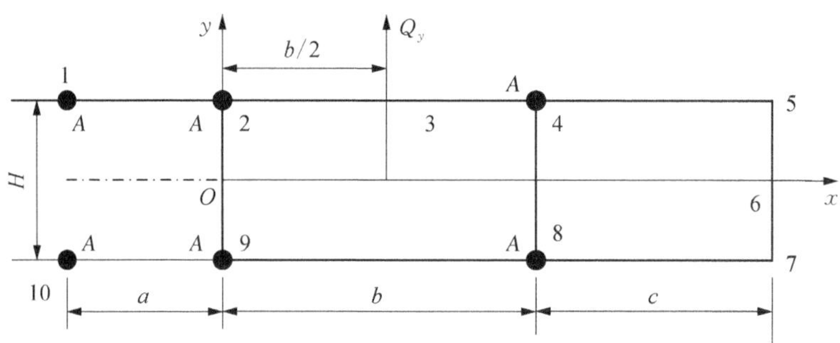

图 5-28 例题 5-9 机翼剖面示意图

解：(1) 求各剖面剪流。

因为是两个闭室，所以是 1 度静不定问题。首先选择切口，计算开剖面剪流 $\bar{q}$。由对称性可知，x 轴为形心主惯轴，设从 3、6 两点处切开，计算剖面的 I_x、S_x 和 $\bar{q}$：

$$I_x = 6A\left(\frac{H}{2}\right)^2 + 2bt_1\left(\frac{H}{2}\right)^2 = 24\times100 + 32\times100 = 5\,600(\text{cm}^2)$$

$$S_{x1} = A\frac{H}{2} = 40(\text{cm}^3)$$

$$S_{x2} = \frac{b}{2}t_1\frac{H}{2} = 80(\text{cm}^3)$$

$$S_{x29} = S_{x1} + S_{x2} + A\frac{H}{2} = 160(\text{cm}^3)$$

$$S_{x4} = \frac{b}{2}t_1\frac{H}{2} = 80(\text{cm}^3)$$

$$S_{x48}=S_{x4}+A\frac{H}{2}=120(\text{cm}^3)$$

$$\bar{q}=\frac{Q_yS_x}{I_x}=\frac{56\ 000S_x}{5\ 600}=10S_x(\text{N/cm})$$

$\bar{q}$ 的大小及方向如图 5-29 所示。

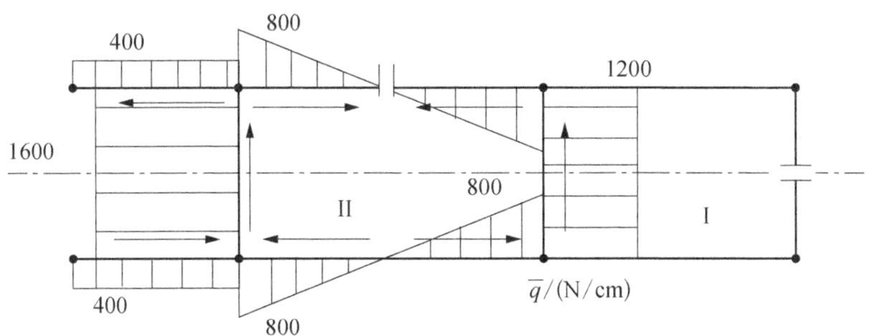

图 5-29　例题 5-9 $\bar{q}$ 的大小及方向

其次，求系数 Ω_i、δ_{ij}、Δ_{ip}：

$$\Omega_{\text{I}}=2cH=2\times30\times20=1\ 200(\text{cm}^2)$$

$$\Omega_{\text{II}}=2bH=2\times40\times20=1\ 600(\text{cm}^2)$$

$$\delta_{11}=\oint_{\text{I}}\frac{\text{d}s}{Gt_2}=\frac{100}{Gt_2}$$

$$\delta_{22}=\oint_{\text{II}}\frac{\text{d}s}{Gt}=\frac{2}{G}\left(\frac{20}{t_2}+\frac{40}{t_1}\right)=\frac{60}{Gt_2}$$

$$\delta_{12}=\delta_{21}=-\oint_{\text{I}-\text{II}}\frac{\text{d}s}{Gt_2}=-\frac{20}{Gt_2}$$

$$\Delta_{1p}=\oint_{\text{I}}\frac{\bar{q}}{Gt}\text{d}s=-\frac{1\ 200}{Gt_2}\times20=-\frac{24\ 000}{Gt_2}$$

$$\Delta_{2p}=\oint_{\text{II}}\frac{\bar{q}}{Gt}\text{d}s=-\frac{1}{Gt_2}(1\ 600-1\ 200)\times20=-\frac{8\ 000}{Gt_2}$$

然后，求力矩方程中的 $\int_s\bar{q}\rho\text{d}s$ 及力矩 M_z。

取原点 O 为极点，则

$$\int_s\bar{q}\rho\text{d}s=(1\ 200\times40\times20+400\times20\times20)=1\ 120\ 000(\text{N}\cdot\text{cm})$$

$$M_z=Q_yx=56\ 000\times20=1\ 120\ 000(\text{N}\cdot\text{cm})$$

将其代入正则方程，求闭室常剪流 q_1 与 q_2。

由正则方程：

$$\begin{cases} q_1\delta_{11} + q_2\delta_{12} + \Delta_{1p} = \Omega_{\mathrm{I}}\varphi \\ q_1\delta_{21} + q_2\delta_{22} + \Delta_{2p} = \Omega_{\mathrm{II}}\varphi \\ \oint \bar{q}\rho \mathrm{d}s + q_1\Omega_{\mathrm{I}} + q_2\Omega_{\mathrm{II}} = Q_y x \end{cases}$$

得

$$\begin{cases} q_1 \dfrac{100}{Gt_2} - q_2 \dfrac{20}{Gt_2} - \dfrac{24\ 000}{Gt_2} = \Omega_{\mathrm{I}}\varphi \\ -q_1 \dfrac{20}{Gt_2} + q_2 \dfrac{60}{Gt_2} - \dfrac{8\ 000}{Gt_2} = \Omega_{\mathrm{II}}\varphi \\ 1\ 120\ 000 + q_1\Omega_{\mathrm{I}} + q_2\Omega_{\mathrm{II}} = 1\ 120\ 000 \end{cases}$$

解得 $q_1 = 109.9$（N/cm）；$q_2 = -82.4$（N/cm），q_1 及 q_2 的大小及方向如图 5-30 所示。

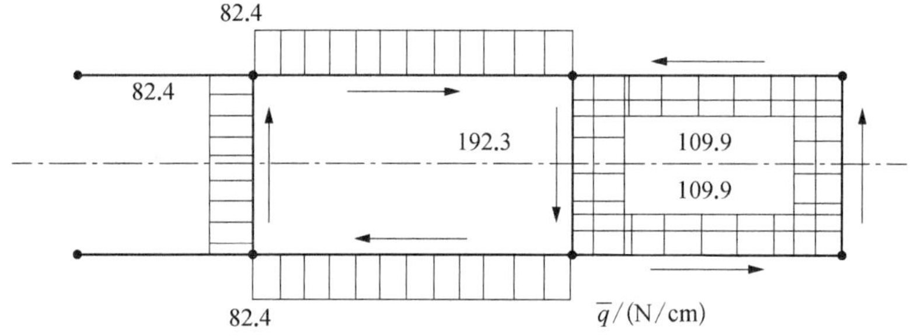

图 5-30　例题 5-9 q_1 和 q_2 的大小及方向

最后，求剖面总剪流并绘制剪流图：

$$q = \bar{q} + q_1 + q_2$$

由图形叠加法可绘制剪流图，如图 5-31 所示。

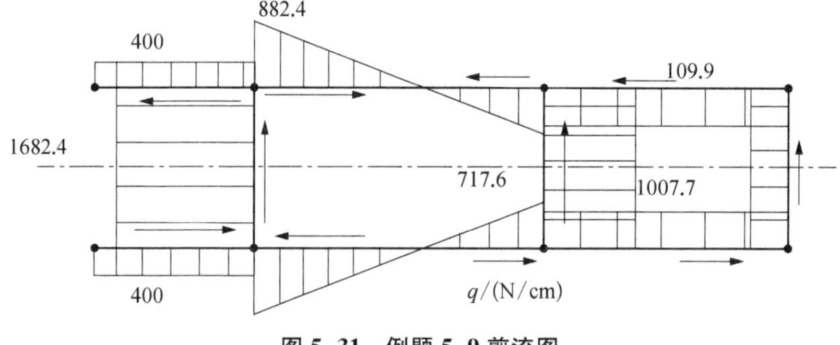

图 5-31　例题 5-9 剪流图

（2）求剖面在 Q_y 作用下的扭转角 φ_L。

由上述可知

$$\varphi = \frac{1}{Gt_2\Omega_1}(100q_1 - 20q_2 - 24\,000) = -3.51 \times 10^{-5}(\text{rad/cm})$$

得

$$\varphi_L = \varphi L = -3.51 \times 10^{-5} \times 200 = -7.02 \times 10^{-3}(\text{rad}) = -0.402°$$

负号表示转角 φ_L 为顺时针方向。

(3) 求多闭剖面弯心。

设弯心坐标为 $\bar{x}$，若 Q_y 恰好作用在弯心上，则剖面的扭转角 $\varphi = 0$，并且当任选的点 O 为极点时，$M_z = Q_y\bar{x}$。

将这些条件代入典型方程组：

$$\begin{cases} \delta_{11}q_1 + \delta_{12}q_2 + \Delta_{1p} = 0 \\ \delta_{21}q_1 + \delta_{22}q_2 + \Delta_{2p} = 0 \\ \oint q\rho \mathrm{d}s + \Omega_{\mathrm{I}}q_1 + \Omega_{\mathrm{II}}q_2 = Q_y\bar{x} \end{cases}$$

得

$$\begin{cases} 100q_1 - 20q_2 - 24\,000 = 0 \\ -20q_1 + 60q_2 - 8\,000 = 0 \\ 1\,120\,000 + 1\,200q_1 + 1\,600q_2 = Q_y\bar{x} \end{cases}$$

解得

$$q_1 = 285.7(\text{N/cm})$$

$$q_2 = 288.6(\text{N/cm})$$

$$\bar{x} = \frac{1}{56\,000}(112\,000 + 342\,840 + 365\,760) = 14.7(\text{cm})$$

$\bar{x}$ 为正，表示剖面弯心在 x 轴正向的 14.7 cm 处。

5.5　限制扭转的概念

前面讨论了自由弯曲和自由扭转问题，当弯曲变形与扭转变形受到限制时，便引出了限制弯曲和限制扭转问题，由限制弯曲与限制扭转产生附加的正应力和剪应力。一般情况下，由限制弯曲产生的应力很小，在工程计算中可以忽略。下面对限制扭转的概念进行介绍。

图 5-32(a) 为工字形剖面的开剖面薄壁结构，两自由端承受扭矩，变形后如图 5-32(b) 所示，其变形状态具有以下特点：

(1) 两个突缘的相互位置发生了变化，但仍保持为直线；

(2) 两个突缘纵轴仅相互转一定角度；

(3) 横剖面不再是平面，即同一剖面上各点发生沿纵向的相对位移，这种纵向的相对位移称为翘曲。

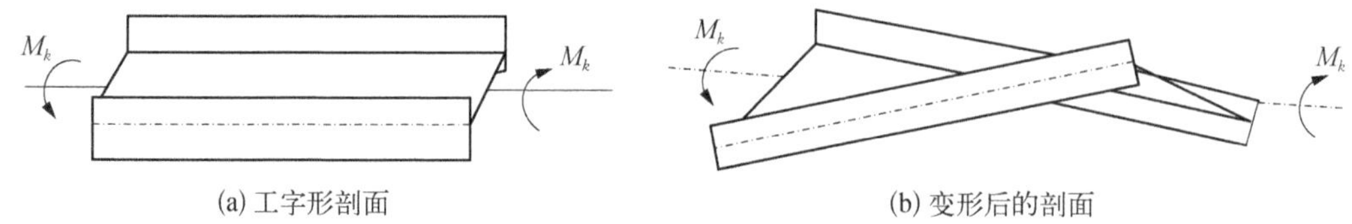

(a) 工字形剖面　　(b) 变形后的剖面

图 5-32　工字形剖面自由扭转

由于该结构两端没有约束限制，翘曲是自由的，这种翘曲不受限制的扭转称为**自由扭转**。在自由扭转情况下，结构的每一条纵向纤维长度都没有改变，所以结构各剖面上不产生正应力。

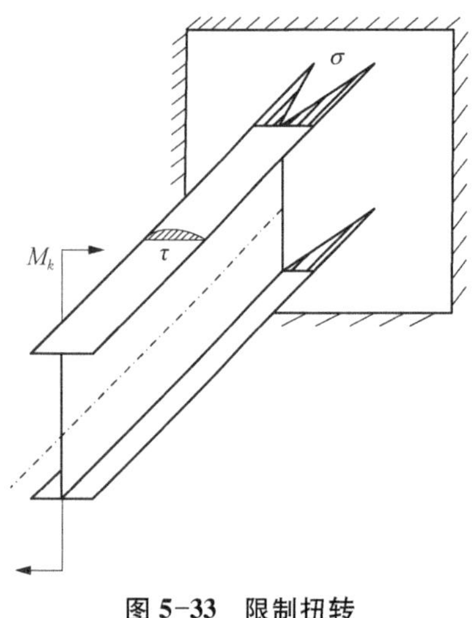

图 5-33　限制扭转

如果将结构的一段固定，如图 5-33 所示，由于固定端剖面的翘曲完全受到限制，该剖面仍保持为一个平面。其他各剖面的翘曲也受到不同程度的限制，距离固定端越远，这种限制越小，在自由端翘曲完全不受限制，这种翘曲受到限制的扭转称为**限制扭转**。

在限制扭转的情况下，薄壁结构相邻剖面的翘曲不同，剖面之间纵向纤维的长度将发生改变，因此在结构的剖面上将产生正应力，其分布规律与自由翘曲的分布规律一致，如图 5-33 所示。这种正应力沿结构的纵向是变化的，在固定端，因翘曲完全受到限制，所以正应力最大，自由端翘曲不受限制，正应力为 0。由于这种正应力沿结构纵向是变化的，在限制扭转情况下，各剖面上也将产生附加的剪应力，见图 5-33。

不仅开剖面薄壁结构有限制扭转问题，一些闭剖面薄壁结构也存在限制扭转问题。图 5-34 为四缘条盒式结构，在扭矩的作用下，其剖面将发生翘曲变形。该结构剖面为对称剖面，则翘曲变形是反对称的，各剖面的翘曲规律如图 5-34(a)中的虚线所示。

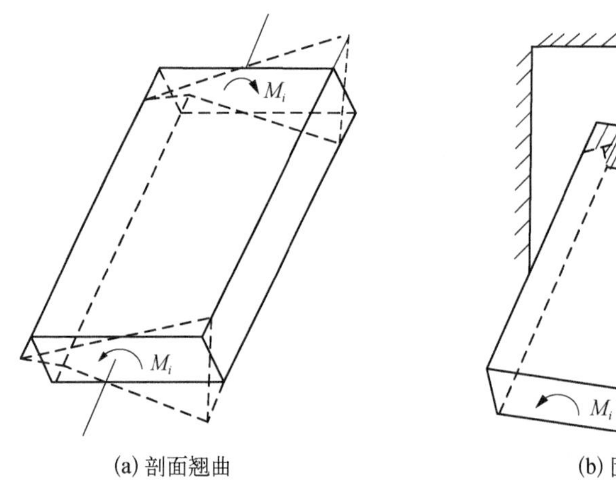

(a) 剖面翘曲　　(b) 固定端正应力分布

图 5-34　闭剖面限制扭转

如果将结构的一端固定，如图 5-34(b)所示，则结构各剖面的翘曲也将受到不同程度的限制，因而也会产生正应力和剪应力，在固定端上正应力的分布如图 5-34(b)所示，它与剖面的翘曲分布规律是一致的。

有些闭剖面壳体在自由扭转时不会发生翘曲，这一类壳体有等厚度的圆剖面壳、满足 $ah_b = bh_a$（其中 a、b 分别是矩形剖面的长度和宽度，h_a、h_b 分别为相对应的厚度）条件的矩形剖面壳、等厚度三角形剖面壳体。因此，这些壳体不存在限制扭转问题。

习　题

习题 5-1　习题 5-1 图为一个薄壁结构（如机翼的前、中缘部分）剖面，由蒙皮、长桁、缘条和梁腹板组成，假设蒙皮和腹板不受正应力。缘条 5、8、9、12 采用钢材制造，其余的长桁由铝合金制成，$E_{St}/E_{Al} = 3$。蒙皮与梁腹板的厚度为 t，缘条的横截面积 $A_5 = A_{12} = 3bt$，$A_8 = A_9 = 4bt/3$，长桁的横截面积 $A_s = 2bt$。剖面上有一个弯矩 M_x 和一个剪力 Q_y，弯矩大小为 M，方向如图中所示，求剖面的惯性矩和惯性积。

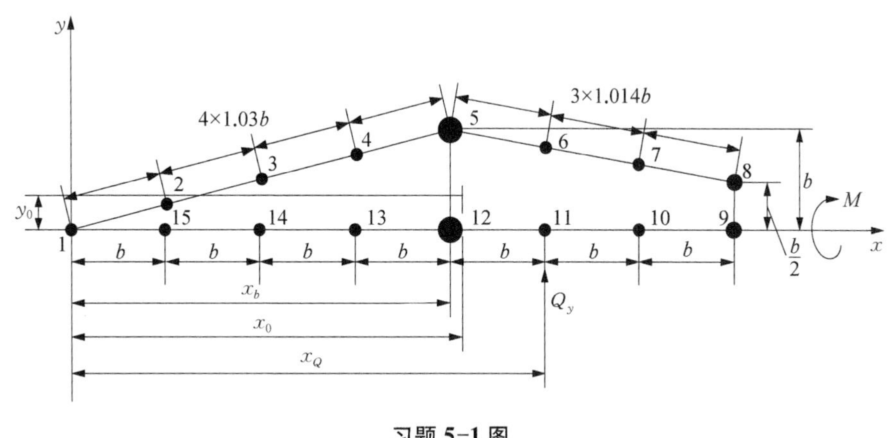

习题 5-1 图

习题 5-2　计算习题 5-2 图所示 z 形剖面在剪力 Q_y 作用下的剪流分布。剖面上的板不受正应力，纵向元件的横截面积均为 A，材料相同，其余数据如图所示，图中尺寸单位为 cm。

习题 5-3　习题 5-3 图表示开剖面的加筋薄壳，尺寸单位为 cm。板的厚度均为 t，纵向元件的横截面积均为 A，材料相同，板承受正应力，在剖面上有剪力作用 Q_y。求剪流 q 的分布和弯心位置。

习题 5-4　如习题 5-4 图(a)所示的某薄壁梁结构，其几何尺寸和所受载荷在图中给出，剖面尺寸如习题 5-4 图(b)所示。其中，$P_y = 106.8$ N，$P_z = 320$ N，$H = 2b = 8$ cm，$L = 4H$，壁厚 $t = 0.2$ cm，$z_0 = \dfrac{3}{4}L$。试求：(1) z_0 处剖面的正应力；(2) z_0 处剖面的剪流。

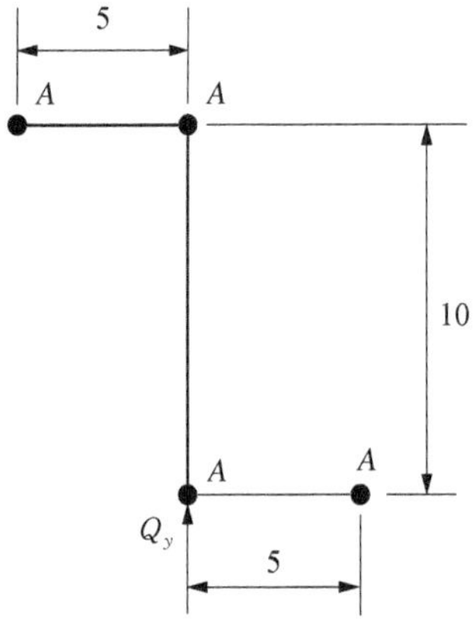

习题 5-2 图

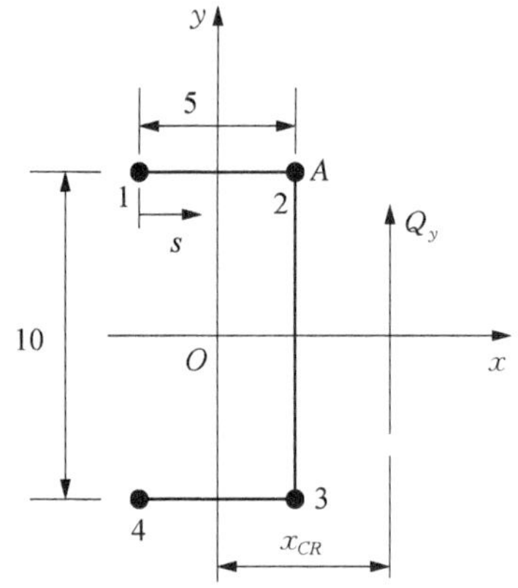

习题 5-3 图

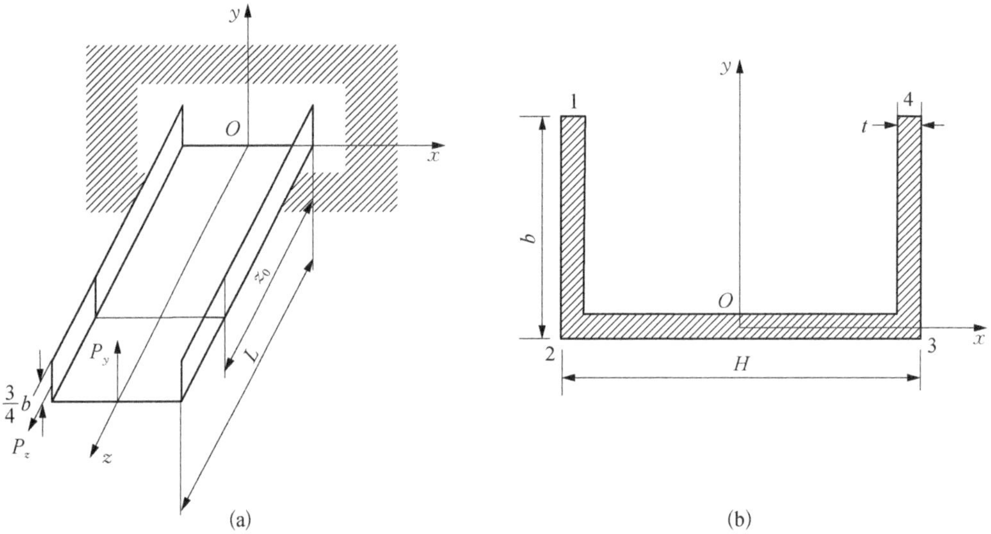

(a)

(b)

习题 5-4 图

习题 5-5 计算习题 5-5 图所示的单闭室剖面在外载荷 Q_y 作用下的弯曲剪流，并计算剖面的弯心位置。剖面上共有 10 根等距布置的纵向元件，横截面积均为 $A = Rt$。板的厚度均为 t，板和杆的材料相同，$b = 4R$。板承受正应力。

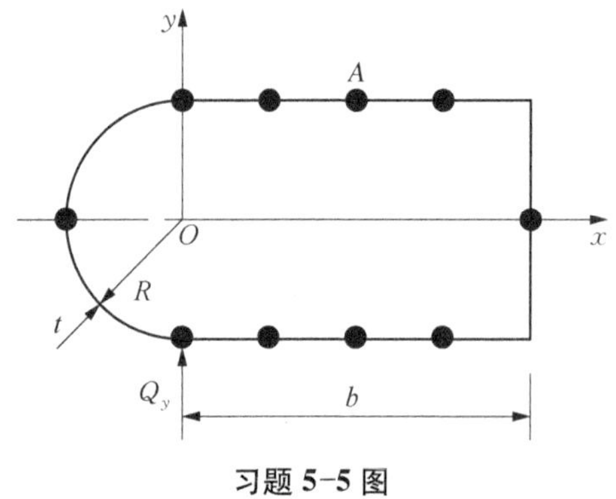

习题 5-5 图

习题 5-6　试求习题 5-6 图所示剖面在剪力作用下的剪流分布。其中，板和纵向元件都承受正应力，且材料相同。图中力的单位为 N，长度单位为 cm，纵向元件的横截面积单位为 cm^2。

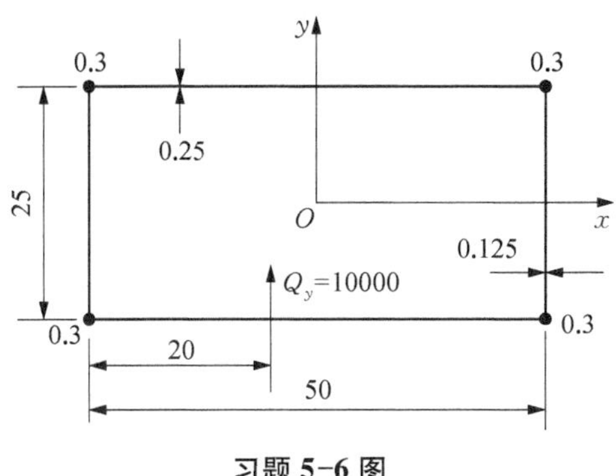

习题 5-6 图

第 6 章 板壳的小挠度弯曲与稳定性

学习要点

(1) 掌握板壳结构模型的特点，了解板壳在飞行器结构设计中的应用。

(2) 掌握薄板弯曲微分方程的推导过程，了解常见的三类边界条件的描述方法。

(3) 掌握矩形板小挠度分析的 Navier(纳维)解求解思路，了解矩形板失稳临界应力求解方法。

(4) 掌握薄壁杆结构的特点，了解其总体失稳和局部失稳的判定方法。

(5) 了解圆柱壳弯曲微分方程推导过程，并了解圆柱壳在多种载荷作用下的稳定性分析。

6.1 引　　言

飞行器结构中存在很多的板结构，例如，飞机或导弹的整体壁板式翼面或安定面一般设计成实心的三角形或矩形板，卫星承力结构也可设计为壁板式结构；另外，对于蒙皮骨架式翼面，局部可等效为板状结构。壳体结构是一种在强度和刚度方面具有很大优越性的结构，人类很早就发现自然界中存在鸟卵、蚌壳、植物种子等典型的封闭壳体结构。现代工程壳体结构也有着广泛的应用，如航空航天中飞行器的外壳、仪器仪表中的某些弹性元件(如膨胀管)等都可等效为壳体结构。

板结构和壳结构类似，由于厚度相对于其他尺寸较小，二者都具有二维结构的特点，其理论方程有较多相似之处。在一般情况下，以板作为承载结构，板内将出现较大的弯矩和扭矩；而以壳为承载结构，通过一定的设计，在不同载荷作用下，可使壳中弯矩和扭矩很小或只作用在局部区域，大部分区域只承受沿壳壁厚度均匀分布的拉(压)应力或剪应力，即壳结构对载荷形式具有更强的适应能力。

板和壳在外载荷作用下产生一定的内力，达到线性理论求得的某一弹性平衡状态，即基本平衡状态，平衡状态分为稳定平衡、不稳定平衡和随遇平衡。由前述线弹性理论可知，弹性力学基本方程的解存在且是唯一的，通常也是稳定的，这是由于线性理论略去了几何关系中的非线性项。实际上，弹性系统平衡的稳定性取决于系统的几何构造、约束条件和加载方式等。由材料力学知识可知，对于单向受拉直杆和受横向载荷作用的梁，在屈服前，其平衡总是稳定的。对于易曲的细长杆、薄壁构件，以及板和壳等结构，稳定问题颇为突出。飞行器结构中，约有 50%以上的构件处于受压或者受剪的状态，因此在飞行器结构力学分析中，考虑构件的稳定性问题是至关重要的。

本章主要讨论板结构和壳结构的弯曲和稳定性问题，以薄板和圆柱壳为例，在弯曲微分方程构建的基础上，分析矩形板和圆柱壳在不同载荷作用下的稳定性问题，同时分析薄壁杆的总体失稳和局部失稳形式。

6.2　薄板弯曲的微分方程

由两个平行平面（称为表面）和垂直于表面的柱面所限制的物体，当表面间的距离远小于表面本身的尺寸（长度、宽度或直径）时，都可称为薄板，如图 6-1 所示。两个表面间的距离称为板的厚度，用 h 表示。与两表面等距离而平分板厚的平面称为板的中面，如果中面的特征尺寸（如边长、直径等）为 l，则当 $h/l \ll 1$ 时可称为薄板，否则称为厚板。对于一般的计算精度要求，$h/l \leqslant 1/5$ 时可以按薄板计算。

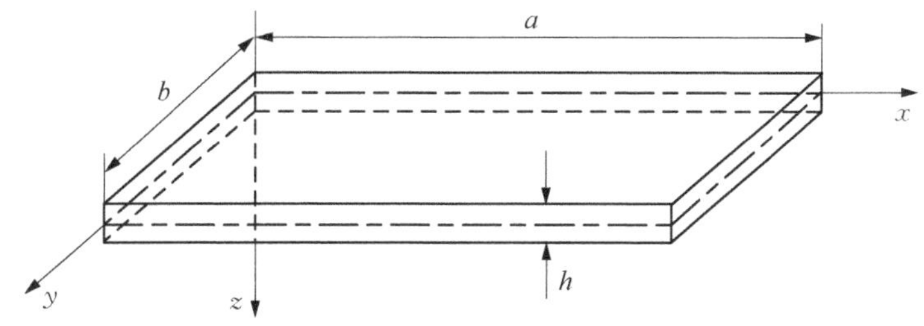

图 6-1　薄板结构示意图

根据外载荷作用的方向，可将薄板所受的外载荷分为三种情况：① 外载荷在中面内的面内载荷；② 外载荷垂直于中面的横向载荷；③ 面内载荷和横向载荷共同作用的载荷。第一种情况属于典型的弹性力学平面应力问题；第二种情况属于薄板弯曲问题，属于本章重点讲述内容；关于第三种情况，如果面内载荷较大，需要考虑其对薄板弯曲的影响，同时如果面内载荷是压力时，则需要考虑板的稳定性问题，也是本章介绍的内容。

薄板在横向载荷作用下发生弯曲变形，从而导致其中面弯成曲面，称为薄板的挠曲面，中面各点在垂直中面方向上的位移称为薄板的挠度。假设薄板边缘以某种形式被约束，使得其边缘无法在中面内自由移动，则当薄板承受横向载荷而发生弯曲时，其边缘支撑上除了引起侧向的支反力外，还将引起中面内的支反力。因此，在板剖面内的正应力除了弯曲应力外还有附加的位于板平面内沿厚度均匀分布的正应力，称为“链应力”或者“薄膜应力”。

按照薄板在弯曲时所形成的应力状态，可将薄板分为三类。

(1) 硬板：如果薄板剖面内的链应力远小于弯曲应力，此链应力可忽略不计，则此类薄板可称为硬板。通常情况下，当板的最大弯曲挠度 w 远小于板的厚度 h 时（通常指 $w/$

$h\leqslant 1/5$),板中面内附加的链应力可忽略不计,这种情况的板就是硬板,此类问题称为薄板小挠度弯曲问题,本章主要讨论该问题。

(2) 软板:当板的挠度 w 和板的厚度 h 为同一量级($w/h>1/5$)时,在推导板的微分方程时就必须考虑附加的链应力,位移与变形之间的关系也不能采用小位移理论的线性关系,而要采用非线性关系,得到非线性方程,此类问题属于板的大挠度问题,这种板称为软板。

(3) 薄膜:如果板非常薄,板的挠度 w 远大于板的厚度 h(即 $w/h\gg 1$),此时板变形后中面弯曲成曲面,外载荷主要由板的附加链应力所平衡,即板的弯曲应力远小于链应力,板的抗弯能力可以忽略不计,这种板称为薄膜,此类问题可转化为弹性薄膜问题。

6.2.1 基本假设

弹性薄板的小挠度弯曲理论可以认为是梁弯曲理论的发展,为了使研究问题得到简化,采用与梁弯曲理论类似的假设,通常称为基尔霍夫-勒夫(Kirchhoff-Love)假设。

(1) 直法线假设:弯曲变形前垂直于中面的直线段,在变形后仍保持为直线,并垂直于变形后的中面,且线段长度保持不变,即此假设忽略硬板剪应变 γ_{xz} 和 γ_{yz},有

$$\gamma_{xz}=\gamma_{yz}=0 \tag{6-1}$$

利用量级的关系进行理解可得到此假设与真实情况的相对误差为 $(h/l)^2$。

(2) 沿板厚度方向的应力 σ_z 及应变 ε_z 忽略不计,$\sigma_z=0$ 表示平行于板中面的各层互不挤压。由 $\varepsilon_z=\dfrac{\partial w}{\partial z}=0$ 可得,挠度 w 沿着板厚度的变化可以忽略,即认为挠度 w 仅与坐标 x 和 y 有关,与坐标 z 无关,因而可认为在同一厚度各点的挠度都等于中面的挠度,记作

$$w(x,\ y,\ z)=w(x,\ y,\ 0)=w(x,\ y) \tag{6-2}$$

同样,通过量级关系的分析,可得到此假设与真实情况的相对误差为 $(h/l)^2$。

(3) 中面内无伸缩和剪切变形,即当板承受横向载荷而弯曲时,中面内各点没有平行于板面的位移,只有沿中面法线方向的挠度,即

$$u\Big|_{z=0}=0,\quad v\Big|_{z=0}=0 \tag{6-3}$$

6.2.2 弯曲微分方程

本节在基尔霍夫-勒夫假设的基础上,采用位移法建立弹性薄板的小挠度弯曲基本微分方程。选取中面挠度 $w(x,\ y)$ 作为基本未知量,首先采用几何方程,沿 x 方向和 y 方向的位移 u 和 v 及各应变分量均以 $w(x,\ y)$ 表示;然后运用弹性力学应力-应变的物理关系将各应力分量以 $w(x,\ y)$ 表示;最后通过力的平衡方程,建立以 $w(x,\ y)$ 表示的薄板的小挠度弯曲基本微分方程。

1. 几何方程

对于笛卡儿坐标系下的薄板,根据 6.2.1 节中的假设(1),$\gamma_{xz}=\gamma_{yz}=0$,于是可得

$$\begin{cases} \gamma_{xz} = \dfrac{\partial w}{\partial x} + \dfrac{\partial u}{\partial z} = 0 \\ \gamma_{yz} = \dfrac{\partial w}{\partial y} + \dfrac{\partial v}{\partial z} = 0 \end{cases} \tag{6-4}$$

即可得到

$$\begin{cases} \dfrac{\partial u}{\partial z} = -\dfrac{\partial w}{\partial x} \\ \dfrac{\partial v}{\partial z} = -\dfrac{\partial w}{\partial y} \end{cases} \tag{6-5}$$

对 z 求积分可得

$$\begin{cases} u = -z\dfrac{\partial w}{\partial x} + f_1(x, y) \\ v = -z\dfrac{\partial w}{\partial y} + f_2(x, y) \end{cases} \tag{6-6}$$

根据假设(3)可知 $u\big|_{z=0} = v\big|_{z=0} = 0$，因此可得

$$\begin{cases} u = -z\dfrac{\partial w}{\partial x} \\ v = -z\dfrac{\partial w}{\partial y} \end{cases} \tag{6-7}$$

由弹性力学基础知识即可得到利用挠度 w 表示的应变分量：

$$\begin{cases} \varepsilon_x = \dfrac{\partial u}{\partial x} = -z\dfrac{\partial^2 w}{\partial x^2} \\ \varepsilon_y = \dfrac{\partial v}{\partial y} = -z\dfrac{\partial^2 w}{\partial y^2} \\ \gamma_{xy} = \dfrac{\partial u}{\partial y} + \dfrac{\partial v}{\partial x} = -2z\dfrac{\partial^2 w}{\partial x \partial y} \end{cases} \tag{6-8}$$

定义曲率变形分量 $\kappa_x = \dfrac{\partial^2 w}{\partial x^2}$，$\kappa_y = \dfrac{\partial^2 w}{\partial y^2}$，$\kappa_{xy} = \dfrac{\partial^2 w}{\partial x \partial y}$，则应变分量可写作

$$\begin{cases} \varepsilon_x = \dfrac{\partial u}{\partial x} = -z\kappa_x \\ \varepsilon_y = \dfrac{\partial v}{\partial y} = -z\kappa_y \\ \gamma_{xy} = \dfrac{\partial u}{\partial y} + \dfrac{\partial v}{\partial x} = -2z\kappa_{xy} \end{cases} \tag{6-9}$$

所定义的 κ_x、κ_y 和 κ_{xy} 可以理解为广义应变。

2. 物理方程

根据弹性力学中的应力-应变关系及假设(2)可知

$$\begin{cases}\sigma_x = \dfrac{E}{1-\mu^2}(\varepsilon_x + \mu\varepsilon_y) \\ \sigma_y = \dfrac{E}{1-\mu^2}(\varepsilon_y + \mu\varepsilon_x) \\ \tau_{xy} = \dfrac{E}{2(1+\mu)}\gamma_{xy}\end{cases} \tag{6-10}$$

可得用挠度 w 表示的各应力分量,即薄板的小挠度弯曲理论的物理方程:

$$\begin{cases}\sigma_x = -\dfrac{Ez}{1-\mu^2}\left(\dfrac{\partial^2 w}{\partial x^2} + \mu\dfrac{\partial^2 w}{\partial y^2}\right) = -\dfrac{Ez}{1-\mu^2}(\kappa_x + \mu\kappa_y) \\ \sigma_y = -\dfrac{Ez}{1-\mu^2}\left(\dfrac{\partial^2 w}{\partial y^2} + \mu\dfrac{\partial^2 w}{\partial x^2}\right) = -\dfrac{Ez}{1-\mu^2}(\kappa_y + \mu\kappa_x) \\ \tau_{xy} = -\dfrac{Ez}{1+\mu}\dfrac{\partial^2 w}{\partial x\partial y} = -\dfrac{Ez}{1+\mu}\kappa_{xy}\end{cases} \tag{6-11}$$

对于整个薄板,假设体力为 0,则三维弹性力学平衡方程为

$$\begin{cases}\dfrac{\partial\sigma_x}{\partial x} + \dfrac{\partial\tau_{yx}}{\partial y} + \dfrac{\partial\tau_{zx}}{\partial z} = 0 \\ \dfrac{\partial\sigma_y}{\partial y} + \dfrac{\partial\tau_{zy}}{\partial z} + \dfrac{\partial\tau_{xy}}{\partial x} = 0 \\ \dfrac{\partial\sigma_z}{\partial z} + \dfrac{\partial\tau_{xz}}{\partial x} + \dfrac{\partial\tau_{yz}}{\partial y} = 0\end{cases} \tag{6-12}$$

将式(6-11)代入式(6-12),并由于在薄板的上下面 $z = \pm\dfrac{h}{2}$ 处,$\tau_{zx} = \tau_{zy} = 0$,则可得

$$\begin{cases}\tau_{zx} = \dfrac{1}{2}\left(z^2 - \dfrac{h^2}{4}\right)\left[\dfrac{E}{1-\mu^2}\dfrac{\partial}{\partial x}\left(\dfrac{\partial^2 w}{\partial x^2} + \mu\dfrac{\partial^2 w}{\partial y^2}\right) + \dfrac{E}{1+\mu}\dfrac{\partial^3 w}{\partial x\partial y^2}\right] \\ \tau_{zy} = \dfrac{1}{2}\left(z^2 - \dfrac{h^2}{4}\right)\left[\dfrac{E}{1-\mu^2}\dfrac{\partial}{\partial y}\left(\dfrac{\partial^2 w}{\partial x^2} + \mu\dfrac{\partial^2 w}{\partial y^2}\right) + \dfrac{E}{1+\mu}\dfrac{\partial^3 w}{\partial x^2\partial y}\right]\end{cases} \tag{6-13}$$

由式(6-11)可知,各应力分量 σ_x、σ_y 和 τ_{xy} 与薄板厚度方向坐标 z 成正比,即沿厚度方向呈直线分布规律变化;而由式(6-13)可知,应力分量 τ_{zx} 和 τ_{zy} 沿板的厚度方向呈抛物线分布规律变化,正应力与剪应力的分布与梁相同,正负号的定义也参考梁的定义,如图 6-2 所示。

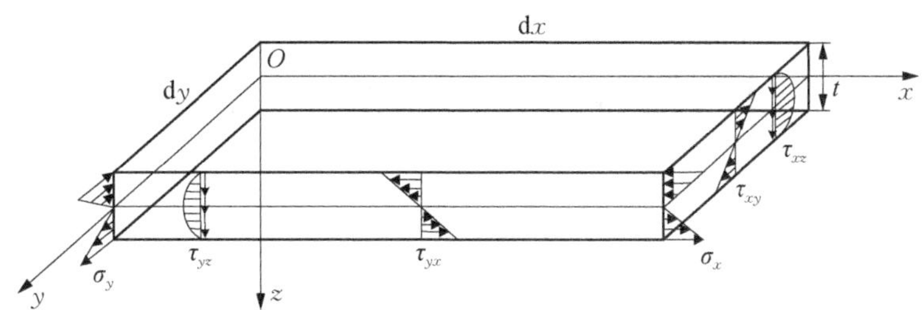

图 6-2　应力沿板的厚度方向分布

3. 平衡方程

从图 6-1 所示的薄板中截出一个底边为 dx 和 dy、厚度为 t 的微小单元体,将作用在单元体上的剪力、弯矩和扭矩转换到中面上,如图 6-3 所示。图中剪力 Q_x、Q_y，弯矩 M_x、M_y 和扭矩 M_{xy}、M_{yx} 均表示单位长度上的数值,且图中所示方向为正方向,则

$$
\begin{cases}
M_x = \int_{-h/2}^{h/2} \sigma_x z \mathrm{d}z, \quad M_y = \int_{-h/2}^{h/2} \sigma_y z \mathrm{d}z \\
M_{xy} = -\int_{-h/2}^{h/2} \tau_{xy} z \mathrm{d}z, \quad M_{yx} = \int_{-h/2}^{h/2} \tau_{yx} z \mathrm{d}z \\
Q_x = \int_{-h/2}^{h/2} \tau_{xz} \mathrm{d}z, \quad Q_y = \int_{-h/2}^{h/2} \tau_{yz} \mathrm{d}z
\end{cases}
\tag{6-14}
$$

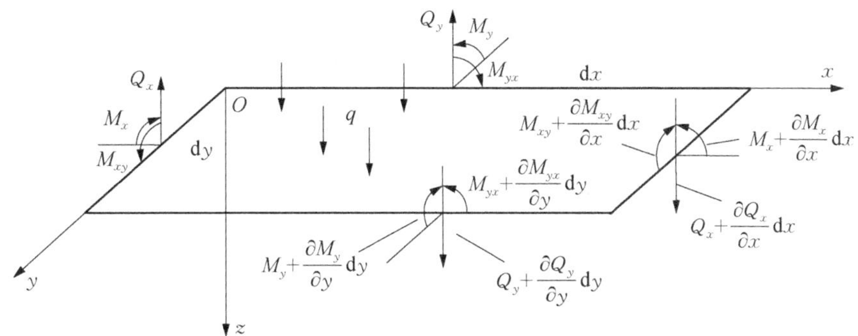

图 6-3　单元体上的内力到中面上的转换示意

为了得到薄板的平衡方程,假设微小单元体受均布载荷 q,对其进行受力分析可知,其中三个平衡方程 $\sum X = 0$, $\sum Y = 0$ 和 $\sum M_z = 0$ 恒满足,另外三个平衡方程表述如下:

$$
\begin{cases}
\sum Z = 0, \quad \dfrac{\partial Q_x}{\partial x} + \dfrac{\partial Q_y}{\partial y} + q = 0 \\
\sum M_x = 0, \quad \dfrac{\partial M_{xy}}{\partial x} + \dfrac{\partial M_y}{\partial x} - Q_y = 0 \\
\sum M_y = 0, \quad \dfrac{\partial M_x}{\partial x} + \dfrac{\partial M_{yx}}{\partial y} - Q_x = 0
\end{cases}
\tag{6-15}
$$

4. 弯曲基本微分方程的建立

根据基尔霍夫-勒夫假设,利用位移法的求解思想,所有应变和应力分量均可用挠度 $w(x, y)$ 表示,结合平衡方程可得到一个关于挠度的线性偏微分方程,连同边界条件即可完全求解挠度 $w(x, y)$,进一步得到薄板的应力和应变。

由式(6-15)消去 Q_x 和 Q_y,并且由 $M_{xy}=M_{yx}$ 可得

$$\frac{\partial^2 M_x}{\partial x^2}+2\frac{\partial^2 M_{xy}}{\partial x\partial y}+\frac{\partial^2 M_y}{\partial y^2}=-q \tag{6-16}$$

将式(6-11)代入式(6-14),求解出弯矩 M_x、M_y 和扭矩 M_{xy} 可得

$$\begin{cases} M_x=-D\left(\dfrac{\partial^2 w}{\partial x^2}+\mu\dfrac{\partial^2 w}{\partial y^2}\right)=-D(\kappa_x+\mu\kappa_y) \\ M_y=-D\left(\dfrac{\partial^2 w}{\partial y^2}+\mu\dfrac{\partial^2 w}{\partial x^2}\right)=-D(\kappa_y+\mu\kappa_x) \\ M_{xy}=-D(1-\mu)\dfrac{\partial^2 w}{\partial x\partial y}=-D(1-\mu)\kappa_{xy} \end{cases} \tag{6-17}$$

式中,D 为板的弯曲刚度。

$$D=\frac{Eh^3}{12(1-\mu^2)} \tag{6-18}$$

将式(6-17)代入式(6-16)可得

$$D\left(\frac{\partial^4 w}{\partial x^4}+2\frac{\partial^4 w}{\partial x^2\partial y^2}+\frac{\partial^4 w}{\partial y^4}\right)=q \tag{6-19}$$

或简写成

$$D\,\nabla^2\,\nabla^2 w=q \tag{6-20}$$

式中,$\nabla^2=\dfrac{\partial^2}{\partial x^2}+\dfrac{\partial^2}{\partial y^2}$,为拉普拉斯算子。

式(6-19)和式(6-20)即为薄板的小挠度弯曲理论的基本微分方程。需要指出的是,板的弯曲刚度与梁的弯曲刚度有着一定的差别,后者是指梁在无侧向约束(即允许梁剖面在侧向自由伸缩)的情况下,剖面上弯矩与曲率的比值,单位是 $\mathrm{N\cdot m^2}$;前者是指板在侧向不允许有伸缩的情况下,单位宽度内弯矩与曲率的比值,单位是 N · m。

假设板除了承受垂直于中面的单位面积内的分布载荷 q 外,还作用有板中面内的单位宽度的力 F_x、F_y、F_{xy},则平衡方程可进一步写成

$$D\left(\frac{\partial^4 w}{\partial x^4}+2\frac{\partial^4 w}{\partial x^2\partial y^2}+\frac{\partial^4 w}{\partial y^4}\right)=q+F_x\frac{\partial^2 w}{\partial x^2}+F_y\frac{\partial^2 w}{\partial y^2}+2F_{xy}\frac{\partial^2 w}{\partial x\partial y} \tag{6-21}$$

由式(6-15)可得剪力 Q_x 和 Q_y 的表达式分别为

$$\begin{cases} Q_x = \dfrac{\partial M_x}{\partial x} + \dfrac{\partial M_{yx}}{\partial y} \\ Q_y = \dfrac{\partial M_{xy}}{\partial x} + \dfrac{\partial M_y}{\partial x} \end{cases} \tag{6-22}$$

将式(6-17)代入式(6-22),也可将剪力 Q_x 和 Q_y 表示成挠度 w 的函数:

$$\begin{cases} Q_x = -D\dfrac{\partial}{\partial x}\left(\dfrac{\partial^2 w}{\partial x^2} + \dfrac{\partial^2 w}{\partial y^2}\right) = -D\dfrac{\partial}{\partial x}(\nabla^2 w) \\ Q_y = -D\dfrac{\partial}{\partial y}\left(\dfrac{\partial^2 w}{\partial x^2} + \dfrac{\partial^2 w}{\partial y^2}\right) = -D\dfrac{\partial}{\partial y}(\nabla^2 w) \end{cases} \tag{6-23}$$

对于薄板的弯曲问题,如果给定了边界条件之后,可求出式(6-19)满足边界条件下的解 w,进一步根据物理方程(6-11)可得到板的应力,根据几何方程(6-9)可得到板的应变。因此,薄板的小挠度弯曲问题可归结为求解基本微分方程(6-19)的边值问题。

6.2.3　边界条件

薄板弯曲理论的基本微分方程(6-19)属于双调和微分方程,为使此方程有唯一确定的解,在边界上应提供合适数量的边界条件。

对于 4 阶的双调和微分方程,其通解含有 8 个未知的常数,所以对于矩形板,每个边界上应提供的定解条件数目是 2 个,即每个边各给出 2 个边界条件即可求出这 8 个常数。下面以矩形板为例对薄板的边界条件进行介绍,本节仅对边界是坐标线的情况进行讨论,即假设矩形板的其中两边与坐标轴重合,其典型的边界条件如下。

1. 固支边界条件

固支边属于给定广义位移的边界,假设板边 $y=0$ 为固支边(图 6-4),则此边的挠度和转角均为 0,即边界条件可表述为

$$w\Big|_{y=0} = 0,\quad \frac{\partial w}{\partial y}\Big|_{y=0} = 0 \tag{6-24}$$

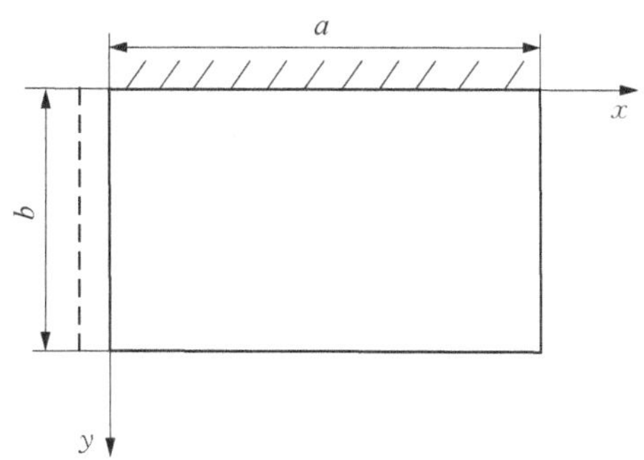

图 6-4　板的边界条件示意

2. 简支边界条件

简支边属于给定一个广义力和一个广义位移的边界,其所给定的广义力和广义位移不互相对应,是一种混合边界条件。

假设边界 $x=0$ 为简支边(图 6-4),则此边的挠度和弯矩均为 0,即边界条件可表述为

$$w\Big|_{x=0} = 0,\quad M_x\Big|_{x=0} = 0 \tag{6-25}$$

将弯矩转化为利用挠度 w 表示：

$$w\Big|_{x=0}=0,\quad \left[\frac{\partial^2 w}{\partial x^2}+\mu\frac{\partial^2 w}{\partial y^2}\right]_{x=0}=0 \tag{6-26}$$

在简支边上，$\dfrac{\partial^2 w}{\partial y^2}=0$，因此简支边的边界条件最终可简化为

$$w\Big|_{x=0}=0,\quad \frac{\partial^2 w}{\partial x^2}\Big|_{x=0}=0 \tag{6-27}$$

3. 自由边界条件

对于不约束广义位移的边界，弯矩、扭矩和剪力都应等于给定的弯矩、扭矩和剪力，当三者给定的数值都为 0 时表示此边界为自由边。

假设 $y=b$（图 6-4）为自由边，则此边的弯矩、扭矩和剪力均为 0，即边界条件可表述为

$$M_y\Big|_{y=b}=0,\quad M_{yx}\Big|_{y=b}=0,\quad Q_y\Big|_{y=b}=0 \tag{6-28}$$

基尔霍夫指出，对于薄板的小挠度弯曲问题，式(6-28)表示每个边的 3 个边界条件过于冗余，使方程(6-19)成为不可解。事实上，在薄板小挠度弯曲理论基本假设的基础上，式(6-28)中后两个关于扭矩和剪力的条件可合并为一个边界条件，究其原因，可从物理意义上进行理解。

如果在 $y=b$ 的边界上给定弯矩、扭矩和剪力分别为 M_y、M_{yx} 和 Q_y，沿边界作用的扭矩 M_{yx} 可以用另外一组与静力等效的剪力和两个点的集中力代替，如图 6-5 所示。

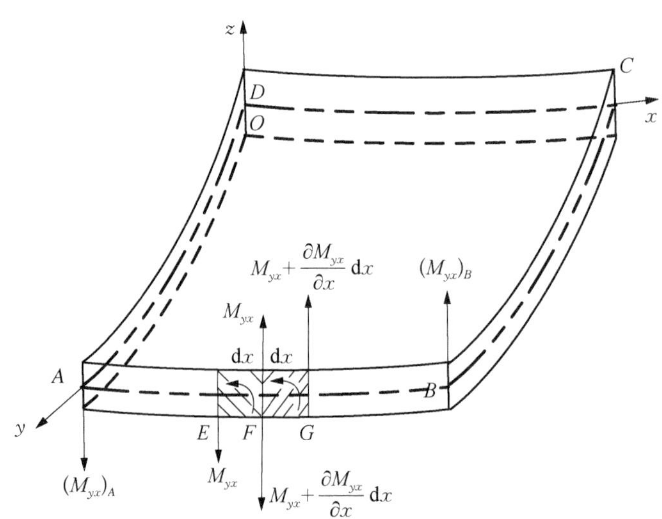

图 6-5　边界条件等效示意图

假设 $y=b$ 的边界 AB 上任一长度为 dx 的微小单元 EF 上作用有扭矩 $M_{yx}dx$，可将此扭矩用相距 dx、方向相反的一对垂直剪力 M_{yx} 代替；同理，对于与之相邻的单元 FG，利用

两个大小相等、方向相反、相距为 dx 的剪力 $M_{yx} + \frac{\partial M_{yx}}{\partial x}\mathrm{d}x$ 代替扭矩 $\left(M_{yx} + \frac{\partial M_{yx}}{\partial x}\mathrm{d}x\right)\mathrm{d}x$；以此类推，整个 AB 边上相邻微段交接处的垂直剪力 M_{yx} 部分彼此相消，仅剩下每个 dx 微段上作用的垂直向下的剪力增量 $\frac{\partial M_{yx}}{\partial x}\mathrm{d}x$，即每个单位长度上分布有均布剪力 $\frac{\partial M_{yx}}{\partial x}$。因此，可将分布在 $y=b$ 边界上的扭矩 M_{yx} 和剪力 Q_y 用以下一组力系与静力等效。

等效分布剪力：

$$V_y = Q_y + \frac{\partial M_{yx}}{\partial x} \tag{6-29}$$

此外，在端点 A、B 处将会剩下集中剪力 $M_{yx}\Big|_{\substack{x=0\\y=b}}$ 和 $M_{yx}\Big|_{\substack{x=a\\y=b}}$。

事实上，以上过程也可从外载荷做功的角度来理解。假设薄板自由边 AB 上的挠度有一变分 δw，则扭矩 M_{yx} 和剪力 Q_y 在 δw 上所做的功 δW 为

$$\delta W = \int_{AB}\left[-M_{yx}\frac{\partial(\delta w)}{\delta s} + Q_y\delta w\right]\mathrm{d}x \tag{6-30}$$

利用分部积分公式，式(6-30)可化为

$$\delta W = \int_{AB}\left(\frac{\partial M_{yx}}{\delta s} + Q_y\right)\delta w\mathrm{d}x - (M_{yx}\delta w)\Big|_x \tag{6-31}$$

可见，从做功观点来看，切向扭矩 M_{yx} 相当于均布剪力 $\frac{\partial M_{yx}}{\partial x}$ 和作用在自由边 AB 两端边界上的集中载荷。

由此进一步可将薄板自由边界 $y=b$ 处的边界条件转化为

$$M_y\Big|_{y=b} = 0,\quad V_y\Big|_{y=b} = \left(Q_y + \frac{\partial M_{yx}}{\partial x}\right)\Big|_{y=b} = 0 \tag{6-32}$$

将其转化为利用挠度 w 表示的式子：

$$\left(\frac{\partial^2 w}{\partial y^2} + \mu\frac{\partial^2 w}{\partial x^2}\right)_{y=b} = 0,\quad \left[\frac{\partial^3 w}{\partial y^3} + (2-\mu)\frac{\partial^3 w}{\partial x^2\partial y}\right]_{y=b} = 0 \tag{6-33}$$

式(6-29)中的 V_y 称为薄板小挠度弯曲理论的等效分布剪力，此时，挠度和转角所对应的广义力分别是等效剪力和弯矩，这是薄板小挠度弯曲的基本假设所允许的。由直法线假设可知，剪应变 $\gamma_{xz}=\gamma_{yz}=0$，而切应力 τ_{xz} 和 τ_{yz} 是维持微元体的静力平衡所必需的，并不能等于 0，这就相当于假设垂直于硬板的中面的各个面内的剪切模量 $G_{xz}=G_{yz}=0$，即从承受剪切的角度看，自由边界 $y=b$ 处上的每个微段 dx 都可以假设为是一个刚性薄片。因此，作用在其上的剪力的作用点按照静力等效的原则移动是可行的。

6.3 矩形板的稳定性

6.3.1 四边简支矩形板的小挠度分析

矩形板是飞行器结构设计中较为常见的结构模型,6.2 节系统介绍了薄板小挠度弯曲的基本微分方程和三种典型的边界条件,但是直接求解矩形板的弯曲微分方程来获得精确解尚有一定困难,可以通过无穷级数法或能量法等途径求解其近似解。

对于承受横向载荷 $q(x, y)$ 的四边简支矩形板,其边长分别为 a 和 b(图 6-6)。

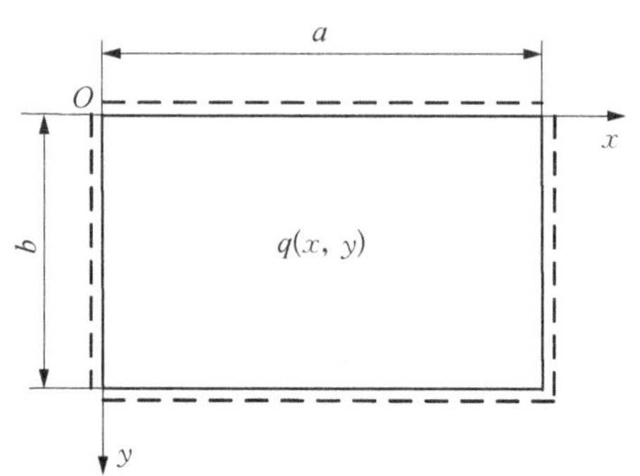

图 6-6 四边简支矩形板

根据前面内容,矩形板应满足的方程与边界条件为

$$D\left(\frac{\partial^4 w}{\partial x^4}+2\frac{\partial^4 w}{\partial x^2 \partial y^2}+\frac{\partial^4 w}{\partial y^4}\right)=q(x, y) \tag{6-34}$$

$$\begin{cases} w\Big|_{x=0}=w\Big|_{x=a}=0, & \dfrac{\partial^2 w}{\partial x^2}\Big|_{x=0}=\dfrac{\partial^2 w}{\partial x^2}\Big|_{x=a}=0 \\ w\Big|_{y=0}=w\Big|_{y=b}=0, & \dfrac{\partial^2 w}{\partial y^2}\Big|_{y=0}=\dfrac{\partial^2 w}{\partial y^2}\Big|_{y=b}=0 \end{cases} \tag{6-35}$$

纳维(Navier)于 1820 年最先利用无穷级数法对此问题进行了求解,其基本方法是将方程(6-34)的解 $w(x, y)$ 展开成双三角级数的形式:

$$w(x, y)=\sum_{m=1}^{\infty}\sum_{n=1}^{\infty}A_{mn}\sin\frac{m\pi x}{a}\sin\frac{n\pi y}{b} \quad (m, n=1, 2, 3, \cdots) \tag{6-36}$$

级数的每一项都满足式(6-35)所示的边界条件。

当 $q(x, y)\neq 0$ 时,将其在 $[0, a]$ 和 $[0, b]$ 区间上展开成双三角级数的形式:

$$q(x, y)=\sum_{m=1}^{\infty}\sum_{n=1}^{\infty}q_{mn}\sin\frac{m\pi x}{a}\sin\frac{n\pi y}{b} \quad (m, n=1, 2, 3, \cdots) \tag{6-37}$$

m 和 n 是任意正整数,且三角函数 $\sin\dfrac{n\pi x}{a}$ 和 $\cos\dfrac{n\pi x}{a}$ 在区间 $[0, a]$ 上具有以下性质。

(1) 对称性:当 n 为奇数(或者 n 为偶数)时,$\sin\dfrac{n\pi x}{a}$ $\left(\text{或者} \cos\dfrac{n\pi x}{a}\right)$ 关于 $x=a/2$ 轴对称;当 n 为偶数(或者 n 为奇数)时,$\sin\dfrac{n\pi x}{a}$ $\left(\text{或者} \cos\dfrac{n\pi x}{a}\right)$ 关于 $x=a/2$ 轴反对称。

（2）正交性：当 $m \neq n$ 时，$\int_0^a \sin\frac{m\pi x}{a}\sin\frac{n\pi x}{a}\mathrm{d}x = \int_0^a \cos\frac{m\pi x}{a}\cos\frac{n\pi x}{a}\mathrm{d}x = 0$；当 $m = n$ 时，$\int_0^a \sin\frac{m\pi x}{a}\sin\frac{n\pi x}{a}\mathrm{d}x = \int_0^a \cos\frac{m\pi x}{a}\cos\frac{n\pi x}{a}\mathrm{d}x = \frac{a}{2}$。

将式(6-37)两边分别乘以 $\sin\frac{m\pi x}{a}$ 和 $\sin\frac{n\pi y}{b}$，并在 $[0,\ a]$ 和 $[0,\ b]$ 区间上分别对 x 和 y 积分，利用级数的正交性可得

$$\int_0^a\int_0^b q(x,\ y)\sin\frac{m\pi x}{a}\sin\frac{n\pi y}{b}\mathrm{d}x\mathrm{d}y = \frac{ab}{4}q_{mn} \tag{6-38}$$

因此，可求出系数 q_{mn}：

$$q_{mn} = \frac{4}{ab}\int_0^a\int_0^b q(x,\ y)\sin\frac{m\pi x}{a}\sin\frac{n\pi y}{b}\mathrm{d}x\mathrm{d}y \tag{6-39}$$

将式(6-36)和式(6-37)代入基本微分方程(6-34)，在任意 $(x,\ y)$ 条件下，为使方程(6-34)恒成立，则两边级数的每一项系数应相等，因此可得

$$A_{mn} = \frac{1}{\pi^4 D}\cdot\frac{q_{mn}}{\left(\frac{m^2}{a^2}+\frac{n^2}{b^2}\right)^2} \tag{6-40}$$

将式(6-40)代入式(6-36)可得四边简支矩形板的挠度通解为

$$w(x,\ y) = \frac{1}{\pi^4 D}\sum_{m=1}^{\infty}\sum_{n=1}^{\infty}\frac{q_{mn}}{\left(\frac{m^2}{a^2}+\frac{n^2}{b^2}\right)^2}\sin\frac{m\pi x}{a}\sin\frac{n\pi y}{b}\quad (m,\ n = 1,\ 2,\ 3,\ \cdots) \tag{6-41}$$

将式(6-41)代入式(6-17)，即可求出在横向载荷作用下四边简支矩形薄板的弯矩和扭矩，进而求得应力。下面以横向载荷为均布载荷的特殊情况为例，对其结果进行分析。

假设载荷为均布载荷，即 $q(x,\ y) = q_0$，则由式(6-39)可得

$$q_{mn} = \begin{cases} \frac{4q_0}{ab}\int_0^a\int_0^b \sin\frac{m\pi x}{a}\sin\frac{n\pi y}{b}\mathrm{d}x\mathrm{d}y = \frac{16q_0}{\pi^2 mn} & (\text{当 } m \text{ 和 } n \text{ 均为奇数时}) \\ 0 & (\text{当 } m \text{ 或 } n \text{ 为偶数时}) \end{cases} \tag{6-42}$$

将式(6-42)代入式(6-41)，可得到均布载荷 q_0 作用下矩形薄板的挠度：

$$w(x,\ y) = \frac{16q_0}{\pi^6 D}\sum_{m=1}^{\infty}\sum_{n=1}^{\infty}\frac{1}{mn\left(\frac{m^2}{a^2}+\frac{n^2}{b^2}\right)^2}\sin\frac{m\pi x}{a}\sin\frac{n\pi y}{b}\quad (m,\ n = 1,\ 3,\ 5,\ \cdots) \tag{6-43}$$

可以看出，由于在均布载荷 q_0 的作用下，矩形薄板的挠度曲面关于 $x = a/2$ 和 $y =$

$b/2$ 均对称，因此当 m 或者 n 中的任一取值为偶数时，式(6-43)即为0。

矩形薄板的最大挠度在其中心处（$a/2$, $b/2$），为

$$w_{\max} = \frac{16q_0}{\pi^6 D}\sum_{m=1}^{\infty}\sum_{n=1}^{\infty}\frac{(-1)^{\frac{m+n}{2}-1}}{mn\left(\frac{m^2}{a^2}+\frac{n^2}{b^2}\right)^2} \quad (m, n = 1, 3, 5, \cdots) \tag{6-44}$$

此级数的收敛速度很快，只需取第一项即可得到较为理想的近似值。例如，对于 $a=b$ 的方形硬板，第一项给出的结果为

$$w_{\max} = \frac{4q_0 a^4}{\pi^6 D} = 0.004\,16\frac{q_0 a^4}{D} \tag{6-45}$$

此问题的精确解为 $w_{\max} = 0.004\,06\dfrac{q_0 a^4}{D}$，可以看出，近似解误差仅为2.4%，足以满足工程计算精度要求。如果 $\mu = 0.3$，则将其代入式(6-18)求得 D 并代入式(6-45)，可得方形薄板的无量纲挠度最大值为

$$\frac{w_{\max}}{h} = 0.045\,4\frac{q_0}{E}\left(\frac{a}{h}\right)^4 \tag{6-46}$$

由式(6-46)可知，挠度最大值与方形硬板的边长和厚度比值的4次方成正比。

例题6-1 设有一四边简支矩形板，在板上一点($x=c$, $y=d$)处有一载荷 P(图6-7)，求板的挠度 w。

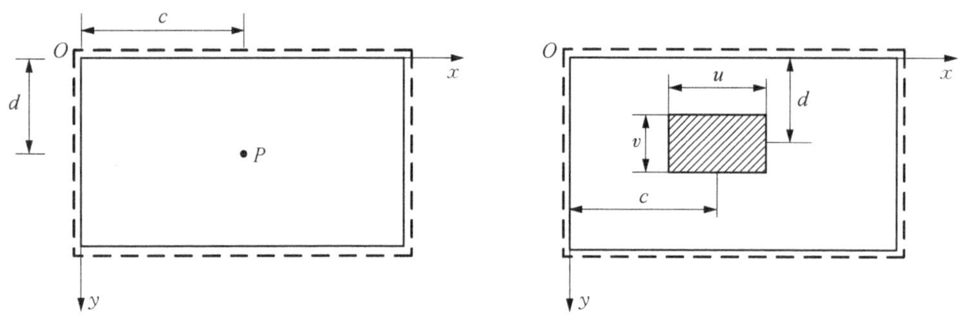

图6-7 例题6-1矩形板示意图

解：(1) 假设挠度函数。

设矩形板的边长为 x_0 和 y_0，假设薄板的挠度函数为

$$w(x, y) = \sum_{m=1}^{\infty}\sum_{n=1}^{\infty}A_{mn}\sin\frac{m\pi x}{x_0}\sin\frac{n\pi y}{y_0} \quad (m, n = 1, 2, 3, \cdots)$$

可知假设的挠度函数满足边界条件。

（2）代入基本微分方程。

代入基本微分方程：

$$D\left(\frac{\partial^4 w}{\partial x^4}+2\frac{\partial^4 w}{\partial x^2\partial y^2}+\frac{\partial^4 w}{\partial y^4}\right)=q(x,\ y)$$

得

$$\pi^4 D\sum_{m=1}^{\infty}\sum_{n=1}^{\infty}\left(\frac{m^2}{x_0^2}+\frac{n^2}{y_0^2}\right)^2 A_{mn}\sin\frac{m\pi x}{x_0}\sin\frac{n\pi y}{y_0}=q(x,\ y)$$

将载荷展成双三角级数，即

$$q(x,\ y)=\sum_{m=1}^{\infty}\sum_{n=1}^{\infty}Q_{mn}\sin\frac{m\pi x}{x_0}\sin\frac{n\pi y}{y_0}\quad(m,\ n=1,\ 2,\ 3,\ \cdots)$$

其中，

$$Q_{mn}=\frac{4}{x_0 y_0}\int_0^{x_0}\int_0^{y_0}q(x,\ y)\sin\frac{m\pi x}{x_0}\sin\frac{n\pi y}{y_0}\mathrm{d}x\mathrm{d}y$$

（3）级数相应项系数相等。

由基本微分方程，使级数相应项的系数相等，得

$$\pi^4 D\left(\frac{m^2}{x_0^2}+\frac{n^2}{y_0^2}\right)^2 A_{mn}=Q_{mn}$$

得

$$A_{mn}=\frac{4\int_0^{y_0}\int_0^{x_0}q(x,\ y)\sin\frac{m\pi x}{x_0}\sin\frac{n\pi y}{y_0}\mathrm{d}x\mathrm{d}y}{\pi^4 D x_0 y_0\left(\frac{m^2}{x_0^2}+\frac{n^2}{y_0^2}\right)^2}$$

由题意，在板上一点（$x=c,\ y=d$）处有一载荷 P，将集中载荷在边长为 u 和 v 的小区域内展开成分布载荷 $q_0=\frac{P}{uv}$，如图 6-7 所示，可得

$$\begin{aligned}&\int_0^{x_0}\int_0^{y_0}q(x,\ y)\sin\frac{m\pi x}{x_0}\sin\frac{n\pi y}{y_0}\mathrm{d}x\mathrm{d}y\\&=q_0\int_{c-\frac{u}{2}}^{c+\frac{u}{2}}\sin\frac{m\pi x}{x_0}\mathrm{d}x\int_{d-\frac{v}{2}}^{d+\frac{v}{2}}\sin\frac{n\pi y}{y_0}\mathrm{d}y\\&=q_0\frac{x_0 y_0}{mn\pi^2}\left[\cos\frac{m\pi\left(c-\frac{u}{2}\right)}{x_0}-\cos\frac{m\pi\left(c+\frac{u}{2}\right)}{x_0}\right]\left[\cos\frac{n\pi\left(d-\frac{v}{2}\right)}{y_0}-\cos\frac{n\pi\left(d+\frac{v}{2}\right)}{y_0}\right]\\&=\frac{4Px_0y_0}{uvmn\pi^2}\sin\frac{m\pi c}{x_0}\sin\frac{m\pi u}{2x_0}\sin\frac{n\pi d}{y_0}\sin\frac{n\pi v}{2y_0}\end{aligned}$$

得

$$A_{mn}=\frac{16P\sin\frac{m\pi c}{x_0}\sin\frac{m\pi u}{2x_0}\sin\frac{n\pi d}{y_0}\sin\frac{n\pi v}{2y_0}}{uvmn\pi^6D\left(\frac{m^2}{x_0^2}+\frac{n^2}{y_0^2}\right)^2}$$

(4) 代入挠度函数。

代入假设的挠度函数得

$$w'(x,\ y)=\sum_{m=1}^{\infty}\sum_{n=1}^{\infty}\frac{16P\sin\frac{m\pi c}{x_0}\sin\frac{m\pi u}{2x_0}\sin\frac{n\pi d}{y_0}\sin\frac{n\pi v}{2y_0}}{uvmn\pi^6D\left(\frac{m^2}{x_0^2}+\frac{n^2}{y_0^2}\right)^2}\sin\frac{m\pi x}{x_0}\sin\frac{n\pi y}{y_0}$$

$$=\frac{16P}{uv\pi^6D}\sum_{m=1}^{\infty}\sum_{n=1}^{\infty}\frac{\sin\frac{m\pi c}{x_0}\sin\frac{m\pi u}{2x_0}\sin\frac{n\pi d}{y_0}\sin\frac{n\pi v}{2y_0}}{mn\left(\frac{m^2}{x_0^2}+\frac{n^2}{y_0^2}\right)^2}\sin\frac{m\pi x}{x_0}\sin\frac{n\pi y}{y_0}$$

当 u 和 v 趋于无穷小时得

$$w(x,\ y)=\lim_{\substack{u\to 0\\ v\to 0}}w'(x,\ y)$$

$$=\frac{16P}{\pi^6D}\lim_{\substack{u\to 0\\ v\to 0}}\frac{1}{uv}\sum_{m=1}^{\infty}\sum_{n=1}^{\infty}\frac{\sin\frac{m\pi c}{x_0}\sin\frac{m\pi u}{2x_0}\sin\frac{n\pi d}{y_0}\sin\frac{n\pi v}{2y_0}}{mn\left(\frac{m^2}{x_0^2}+\frac{n^2}{y_0^2}\right)^2}\sin\frac{m\pi x}{x_0}\sin\frac{n\pi y}{y_0}$$

$$=\frac{16P}{\pi^6D}\sum_{m=1}^{\infty}\sum_{n=1}^{\infty}\frac{n\pi}{2y_0}\frac{m\pi}{2x_0}\frac{\sin\frac{m\pi c}{x_0}\sin\frac{n\pi d}{y_0}}{mn\left(\frac{m^2}{x_0^2}+\frac{n^2}{y_0^2}\right)^2}\sin\frac{m\pi x}{x_0}\sin\frac{n\pi y}{y_0}$$

$$=\frac{4P}{\pi^4Dx_0y_0}\sum_{m=1}^{\infty}\sum_{n=1}^{\infty}\frac{\sin\frac{m\pi c}{x_0}\sin\frac{n\pi d}{y_0}}{\left(\frac{m^2}{x_0^2}+\frac{n^2}{y_0^2}\right)^2}\sin\frac{m\pi x}{x_0}\sin\frac{n\pi y}{y_0}$$

例题 6-2 设有一四边简支矩形板,承受均布的横向载荷 $q(x,\ y)=q_0$ 和沿 x 方向的均布拉力 N_x 的作用(图 6-8),求板的挠度 w。

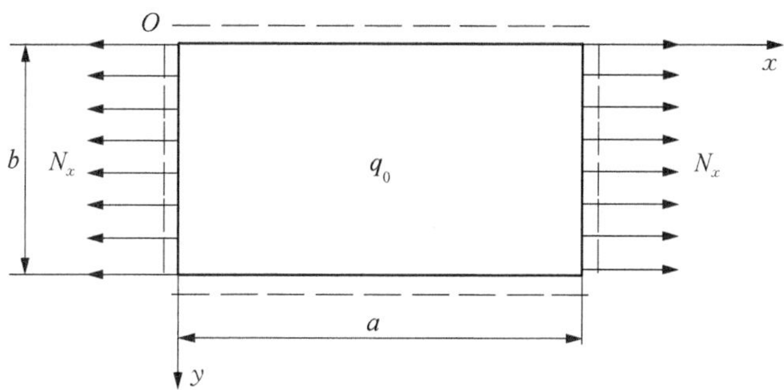

图 6-8　例题 6-2 矩形板示意图

解：(1) 假设挠度函数。

假设薄板的挠度函数为

$$w(x, y) = \sum_{m=1}^{\infty}\sum_{n=1}^{\infty} A_{mn}\sin\frac{m\pi x}{a}\sin\frac{n\pi y}{b} \quad (m, n = 1, 2, 3, \cdots)$$

可知假设的挠度函数满足边界条件。

(2) 代入基本微分方程。

代入基本微分方程得

$$D\left(\frac{\partial^4 w}{\partial x^4} + 2\frac{\partial^4 w}{\partial x^2 \partial y^2} + \frac{\partial^4 w}{\partial y^4}\right) = q(x, y) + N_x\frac{\partial^2 w}{\partial x^2}$$

得

$$\pi^4 D\sum_{m=1}^{\infty}\sum_{n=1}^{\infty}\left(\frac{m^2}{a^2} + \frac{n^2}{b^2}\right)^2 A_{mn}\sin\frac{m\pi x}{a}\sin\frac{n\pi y}{b}$$

$$= q(x, y) - \pi^2 N_x\sum_{m=1}^{\infty}\sum_{n=1}^{\infty}\frac{m^2}{a^2}A_{mn}\sin\frac{m\pi x}{a}\sin\frac{n\pi y}{b}$$

将横向载荷展成双三角级数：

$$q(x, y) = \sum_{m=1}^{\infty}\sum_{n=1}^{\infty} Q_{mn}\sin\frac{m\pi x}{a}\sin\frac{n\pi y}{b} \quad (m, n = 1, 2, 3, \cdots)$$

其中，

$$Q_{mn} = \frac{4}{ab}\int_0^a\int_0^b q(x, y)\sin\frac{m\pi x}{a}\sin\frac{n\pi y}{b}\mathrm{d}x\mathrm{d}y$$

对于均布横向载荷，有

$$\int_0^a\int_0^b q(x,\ y)\sin\frac{m\pi x}{a}\sin\frac{n\pi y}{b}\mathrm{d}x\mathrm{d}y = q_0\int_0^a\sin\frac{m\pi x}{a}\mathrm{d}x\int_0^b\sin\frac{n\pi y}{b}\mathrm{d}y$$

$$= \begin{cases} q_0\dfrac{2a}{m\pi}\cdot\dfrac{2b}{n\pi} & (m,\ n = 1,\ 3,\ 5,\ \cdots) \\ 0 & (\text{其余}) \end{cases}$$

即

$$Q_{mn} = \frac{4}{ab}\int_0^a\int_0^b q(x,\ y)\sin\frac{m\pi x}{a}\sin\frac{n\pi y}{b}\mathrm{d}x\mathrm{d}y = \begin{cases} \dfrac{16q_0}{mn\pi^2} & (m,\ n = 1,\ 3,\ 5,\ \cdots) \\ 0 & (\text{其余}) \end{cases}$$

得

$$\pi^4 D\sum_{m=1}^{\infty}\sum_{n=1}^{\infty}\left(\frac{m^2}{a^2}+\frac{n^2}{b^2}\right)^2 A_{mn}\sin\frac{m\pi x}{a}\sin\frac{n\pi y}{b}$$
$$= \sum_{m=1}^{\infty}\sum_{n=1}^{\infty} Q_{mn}\sin\frac{m\pi x}{a}\sin\frac{n\pi y}{b} - \pi^2 N_x\sum_{m=1}^{\infty}\sum_{n=1}^{\infty}\frac{m^2}{a^2}A_{mn}\sin\frac{m\pi x}{a}\sin\frac{n\pi y}{b}$$

(3) 级数相应项系数相等。

由基本微分方程,级数相应项的系数应相等,得

$$\pi^4 D\left(\frac{m^2}{a^2}+\frac{n^2}{b^2}\right)^2 A_{mn} = Q_{mn} - \pi^2 N_x\frac{m^2}{a^2}A_{mn}$$

得

$$A_{mn} = \begin{cases} \dfrac{\dfrac{16q_0}{mn\pi^2}}{\pi^4 D\left(\dfrac{m^2}{a^2}+\dfrac{n^2}{b^2}\right)^2 + \pi^2 N_x\dfrac{m^2}{a^2}} & (m,\ n = 1,\ 3,\ 5,\ \cdots) \\ 0 & (\text{其余}) \end{cases}$$

(4) 代入挠度函数。

代入假设的挠度函数得

$$w(x,\ y) = \sum_{m=1}^{\infty}\sum_{n=1}^{\infty}\frac{\dfrac{16q_0}{mn\pi^2}}{\pi^4 D\left(\dfrac{m^2}{a^2}+\dfrac{n^2}{b^2}\right)^2 + \pi^2 N_x\dfrac{m^2}{a^2}}\sin\frac{m\pi x}{a}\sin\frac{n\pi y}{b} \quad (m,\ n = 1,\ 3,\ 5,\ \cdots)$$

挠度最大值发生在板的中点,为

$$w_{\max} = \sum_{m=1}^{\infty} \sum_{n=1}^{\infty} \frac{\frac{16q_0}{mn\pi^2}(-1)^{\frac{m+n}{2}-1}}{\pi^4 D\left(\frac{m^2}{a^2} + \frac{n^2}{b^2}\right)^2 + \pi^2 N_x \frac{m^2}{a^2}} \quad (m,\ n = 1,\ 3,\ 5,\ \cdots)$$

取一项得

$$w'_{\max} = \frac{16q_0}{\pi^6 D\left(\frac{1}{a^2} + \frac{1}{b^2}\right)^2 + \pi^4 N_x \frac{1}{a^2}}$$

6.3.2　矩形板的稳定性

前述讨论了薄板小挠度弯曲的基本微分方程,并对四边简支矩形板进行了小挠度弯曲挠度分析,给出了薄板在外载荷作用下达到线性理论求得的某一弹性平衡状态,属于稳定平衡。下面对矩形板的稳定性进行分析,给出求解其临界载荷的方法。

假设矩形薄板仅承受板中面内单位宽度的力 F_x、F_y、F_{xy},则由式(6-21)可知,其平衡方程可写为

$$D\left(\frac{\partial^4 w}{\partial x^4} + 2\frac{\partial^4 w}{\partial x^2 \partial y^2} + \frac{\partial^4 w}{\partial y^4}\right) = F_x \frac{\partial^2 w}{\partial x^2} + F_y \frac{\partial^2 w}{\partial y^2} + 2F_{xy}\frac{\partial^2 w}{\partial x \partial y} \tag{6-47}$$

为了便于分析,假设薄板仅受到 x 方向的轴向载荷 F_x 的作用,如图 6-9 所示,则式(6-47)进一步简化为

$$D\left(\frac{\partial^4 w}{\partial x^4} + 2\frac{\partial^4 w}{\partial x^2 \partial y^2} + \frac{\partial^4 w}{\partial y^4}\right) = F_x \frac{\partial^2 w}{\partial x^2} \tag{6-48}$$

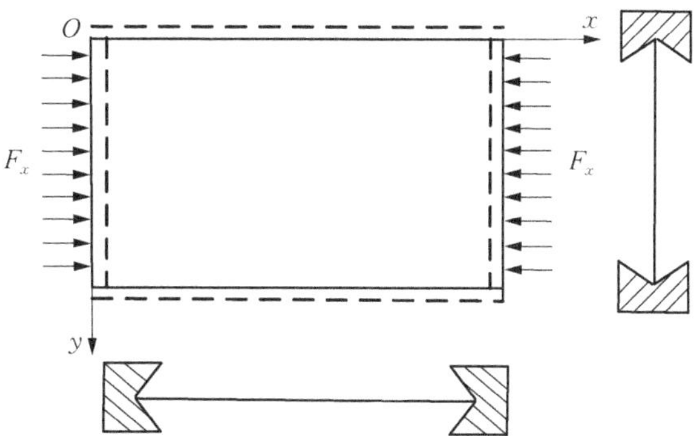

图 6-9　仅受到 x 方向轴向载荷的矩形板

参考材料力学中杆件的平衡,如果 F_x 是正值,则表示薄板承受单向拉伸载荷;反之,如果 F_x 是负值,则表示薄板承受单向压缩载荷,此时板内应力为 $\sigma_x = -F_x/t$(t 为板的厚度)。σ_x 未达到受压失稳的临界值时,薄板不产生挠度,即 $w = 0$,由此可得到薄板受单向

压缩作用下的失稳临界载荷。

简支矩形板边界条件可表示如下：当 $y=0$，$y=b$ 时为

$$w=0,\quad \frac{\partial^2 w}{\partial y^2}=0 \tag{6-49}$$

由于 x 方向可能屈曲成许多个半波，满足矩形薄板平衡方程(6-48)和以上边界条件的 w 可表示为

$$w=w_{mn}\sin\frac{m\pi x}{a}\sin\frac{n\pi y}{b}\quad (m,\ n=1,\ 2,\ 3,\ \cdots) \tag{6-50}$$

代入平衡方程可得

$$F_x=\frac{\pi^2 D}{b^2}\left(\frac{mb}{a}+\frac{n^2 a}{mb}\right)^2 \tag{6-51}$$

为了得到薄板受压稳定平衡的临界载荷的最小值，必须使得 $n=1$，此时 y 方向只有一个半波，而沿 x 方向可能有多个半波，即

$$F_x=\frac{\pi^2 D}{b^2}\left(\frac{mb}{a}+\frac{a}{mb}\right)^2=k_\sigma\frac{\pi^2 D}{b^2}\quad (m=1,\ 2,\ 3,\ \cdots) \tag{6-52}$$

式中，$D=\dfrac{Et^3}{12(1-\mu^2)}$，表示板的弯曲刚度；$k_\sigma=\left(\dfrac{mb}{a}+\dfrac{a}{mb}\right)^2$，称为临界正应力系数，其值随 a/b 的大小和整数 m 的数值而变化，且易知当 $m=a/b$ 时，k_σ 和 F_x 取得最小值，但此结果只有在 $m=a/b$ 为整数时成立，如果 $m=a/b$ 不是整数，仍取 $n=1$，需要分析 k_σ 随 a/b 和 m 的变化规律。

依次令 $m=1,\ 2,\ 3\cdots$，可求得不同 a/b 条件下 k_σ 的取值，得到如图 6-10(a)所示的一组曲线，其中 $m=m_0$ 所对应的曲线和相邻的 $m=m_0+1$ 所对应的曲线的交点 $(a/b,\ k_\sigma)$ 可由式(6-53)求得

$$\begin{cases}\dfrac{m_0 b}{a}+\dfrac{a}{m_0 b}=\dfrac{(m_0+1)b}{a}+\dfrac{a}{(m_0+1)b}\\[2ex] k_\sigma=\left(\dfrac{m_0 b}{a}+\dfrac{a}{m_0 b}\right)^2\end{cases} \tag{6-53}$$

取图 6-10(a)中每条曲线的下半部分实线，此部分实线所给出的 k_σ 值小于曲线所给出的取值。例如，对于 $m=1$ 所对应的曲线和相邻的 $m=2$ 所对应的曲线的交点为 $(\sqrt{2},\ 4.5)$。此时在 $a/b<\sqrt{2}$ 的范围内，取 $m=1$；在 $a/b>\sqrt{2}$ 的范围内，取 $m=2$；当 $a/b=\sqrt{2}$ 时，$m=1$ 和 $m=2$ 的临界载荷相等，这种在同一临界载荷下有多个屈曲波形的现象称为多模态屈曲或多重屈曲。

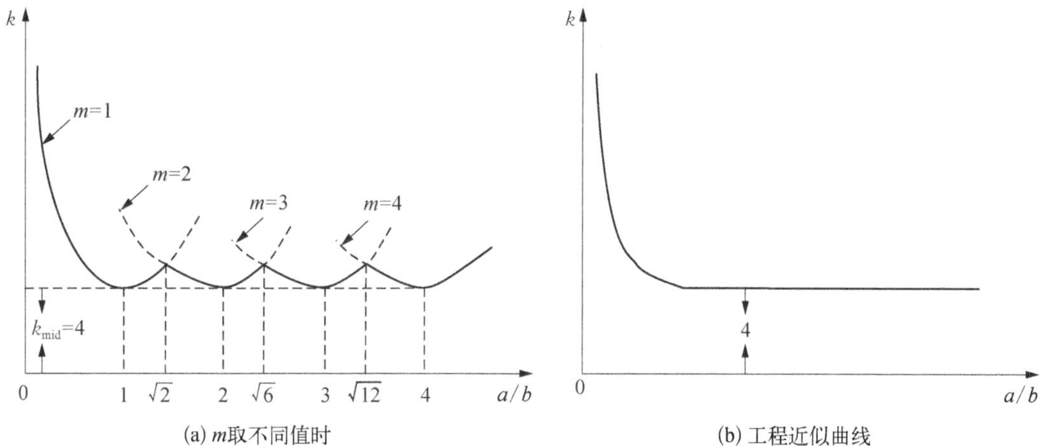

图 6-10　k 与 a/b 的关系曲线

以上是两边简支单向受压矩形板的临界载荷的求解方法，对于两边存在其他的边界条件的情况下，同样可得到如图 6-11 所示的 a/b 与 k_σ 的关系曲线，图中利用系数 ε 表示夹持边的弹性程度。当 $\varepsilon=0$ 时，夹持边退化为简支边；当 $\varepsilon=\infty$ 时，夹持边相当于固支边。

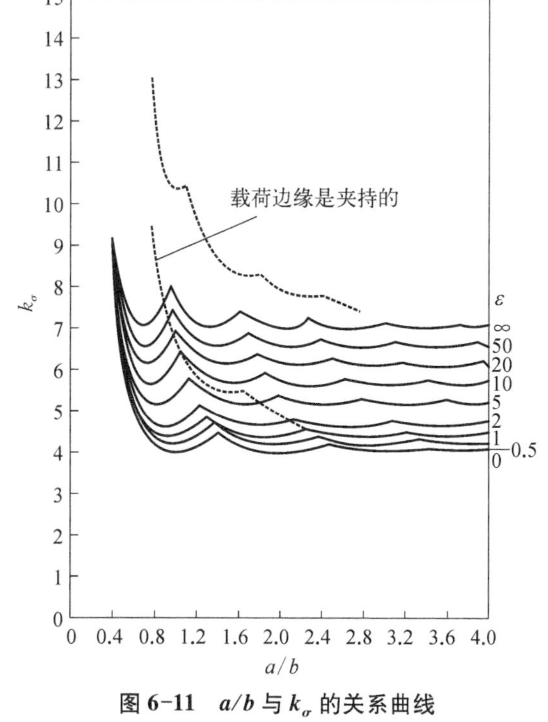

图 6-11　a/b 与 k_σ 的关系曲线

如果矩形薄板不仅有 F_x 的作用，同时还有 F_y 的作用，则满足边界条件的平衡方程为

$$\pi^4 D\left(\frac{m^2}{a^2}+\frac{n^2}{b^2}\right)w=\pi^2\left(\frac{m^2}{a^2}F_x+\frac{n^2}{b^2}F_y\right)w \tag{6-54}$$

或者

$$m^2\frac{b^2}{\pi^2 D}F_x+n^2\frac{a^2}{\pi^2 D}F_y=\left(\frac{b}{a}m^2+\frac{a}{b}n^2\right) \tag{6-55}$$

此时，除了需要使得 $n=1$ 外，还需要知道 F_x 和 F_y 的关系式，才能按照上述方法进一步求得临界载荷。

如果矩形薄板单独承受 $F_{xy}=\tau_{xy}t$ 的作用，则同理可将临界剪切力写成

$$F_{xy}=k_s\frac{\pi^2 D}{b^2} \tag{6-56}$$

式中，$D=\dfrac{Et^3}{12(1-\mu^2)}$，表示板的弯曲刚度；$k_s$ 为剪切临界应力系数，与边界条件、薄板长

宽比 a/b，以及失稳屈曲时长边的半波数有关。

根据以上临界载荷，可进一步得到临界应力为

$$\sigma_{cr} = \frac{F_{cr}}{t} = k\frac{\pi^2 D}{b^2 t} \tag{6-57}$$

式中，t 为板厚；b 为受压板宽度。

对于常见的金属材料，泊松比取 $\mu = 0.3$，则临界应力可表示为

$$\sigma_{cr} = k\frac{\pi^2 D}{b^2 t} = k\frac{\pi^2}{b^2 t}\frac{Et^3}{12(1-0.3^2)} = 0.9\frac{kE}{(b/t)^2} \tag{6-58}$$

综上可知，对于其他的受载情况和边界条件，也均可以写成式(6-52)和式(6-56)的形式，只是系数 k 有所差别。此时系数 k 与下列因素有关：① 载荷的形式，如受压或者受剪；② 板四边的支持情况；③ 边长之比 a/b。

为了便于应用，将不同边界条件下，不同受载形式的矩形板系数 k 的取值列于表 6-1。

表 6-1　在典型情况下的矩形板系数

受载情况	边界条件	系数 k 取值
单向均布压力 $\sigma_{cr} = 0.9\frac{kE}{(b/t)^2}$	四边简支	当 $a/b < 1$ 时，$k = \left(\frac{a}{b}+\frac{b}{a}\right)^2$ 当 $a/b \geqslant 1$ 时，$k = 4$
	四边固支	当 $a/b = 1$ 时，$k = 9.5$ 当 $a/b > 3$ 时，$k = 7.5$
	$x=0$ 和 $x=a$ 两边固支，$y=0$ 和 $y=b$ 两边简支	当 $a/b > 2$ 时，$k = 4.5$ 当 $a/b = 0.6$ 时，$k = 13.4$
	$x=0$ 和 $x=a$ 两边简支，$y=0$ 和 $y=b$ 两边固支	当 $a/b = 0.4$ 时，$k = 9.5$ 当 $0.5 \leqslant a/b \leqslant 1$ 时，$k = 7.7$
	$x=0$、$x=a$ 和 $y=0$ 三边简支，$y=b$ 一边自由	$k = 0.425 + \frac{1}{(a/b)^2}$
	$x=0$ 和 $x=a$ 两边简支，$y=0$ 一边固支，$y=b$ 一边自由	当 $a/b > 1.64$ 时，$k = 1.33$
单向均布压力 $\sigma_{cr} = 0.9\frac{kE}{(b/t)^2}$	四边简支	$k = 5.6 + \frac{3.78}{(a/b)^2}$
	四边固支	当 $a/b > 1$ 时，$k = 15.8$ 当 $a/b = 2$ 时，$k = 11.7$ 当 $a/b = 3$ 或 $a/b > 3$ 时，$k = 9.3$

6.4　薄壁杆的稳定性

飞行器结构中很多地方采用桁条或者桁梁，大多属于薄壁杆件，其截面形状有各种不同的形式，此类薄壁杆通常属于挤压型材，如图 6-12(a)所示；另外一种常见的截面为板弯型材，如图 6-12(b)所示。其中，挤压型材各壁板的连接处比板弯型材刚硬，因此在同样条件下，挤压型材的临界应力比板弯型材高。

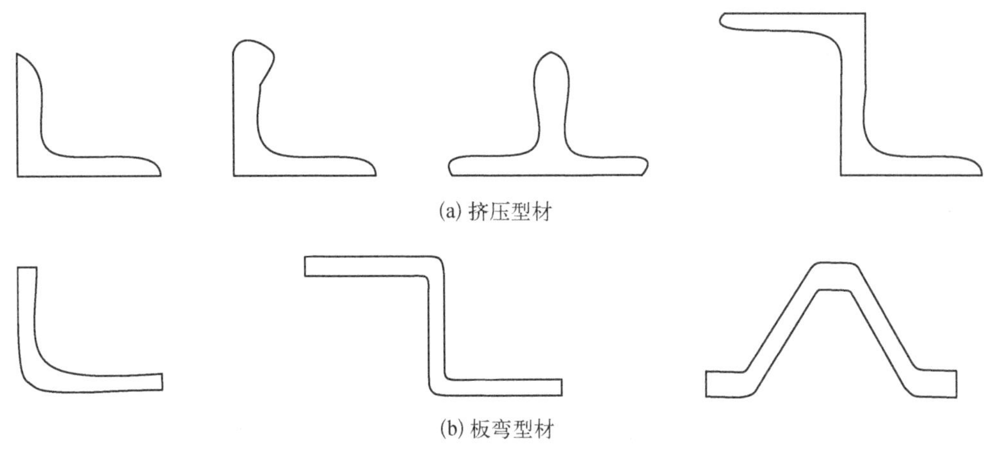

(a) 挤压型材

(b) 板弯型材

图 6-12　常见薄壁杆截面示意图

此类薄壁杆受压失稳，通常存在两种失稳形式，当薄壁杆长度较短时，在受压条件下，其薄壁可能失去稳定而引起破坏，此时杆轴仍然是直的，称为局部失稳[图 6-13(a)]；当薄壁杆长度较长时，其杆轴弯曲，导致整体失去稳定性，此时称为总体失稳[图 6-13(b)]。

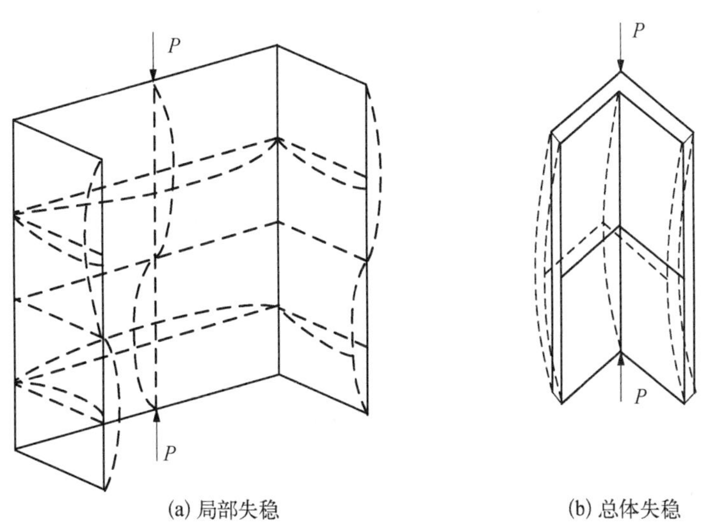

(a) 局部失稳　　(b) 总体失稳

图 6-13　薄壁杆受压的两种典型失稳形式

对于薄壁杆结构，无论是总体失稳还是局部失稳，都意味着飞行器结构构件的破坏，但由于总体失稳和局部失稳状态的临界载荷有所不同，进行飞行器结构性能分析时，需要分别对两种失效状态进行考虑，取二者中的较小者作为薄壁杆的临界载荷。

6.4.1　薄壁杆的总体失稳

飞行器结构分析与设计中，对于薄壁杆结构，其失稳临界应力的计算最好按照试验曲线求取。如果计算的薄壁杆结构没有试验曲线，则总体失稳临界应力可参考材料力学中用来判断压杆稳定性的欧拉公式来求取：

$$\sigma_{cr} = C\frac{\pi^2 E}{\left(\dfrac{L}{r}\right)^2} \tag{6-59}$$

式中，E 为薄壁杆材料的弹性系数；L 为薄壁杆的长度；r 为截面的惯性半径；C 为支持系数，两端简支条件下 $C=1$，两端固支条件下 $C=4$，两端支撑条件对位移的约束越严格，C 值就越大，临界应力 σ_{cr} 就越大，也就越不容易发生失稳。

由压杆的欧拉公式可知，决定较长的薄壁杆总体失稳的临界应力的大小取决于两方面的因素：① 薄壁杆本身的材料属性（E 值的大小）和几何形状与尺寸（I、A、L）；② 薄壁杆两端的约束条件（C 值的大小）。

6.4.2　薄壁杆的局部失稳

薄壁杆的局部失稳状态与 6.3 节中所研究的矩形板失稳类似，可近似认为薄壁杆由一个板系在棱角处连接而成，按照受压板的临界应力计算公式得到每个板元素的临界应力，取其中的最小者作为该薄壁杆的局部失稳临界应力。

由于薄壁杆的截面形状有所差异，计算不同板元素的临界应力时，需根据板元素所处位置和相邻板元素的状态简化其边界约束条件。飞行器结构设计与分析的工程实际中，常用的简化基本原则如下：

（1）当某一个板元素的两边有两个相邻的板元素与之相连时，则认为该板元素是四边简支的，矩形板系数 k 取值为 4；

（2）当某一个板元素只有一边与另一板元素相连，另一边是自由边时，则认为此板元素是三边简支、一边自由，此时矩形板系数 k 取值为 0.45；

（3）当某一个板元素一边与另外两个板元素相连，另一边是自由边时，如图 6-14 所示的 T 形剖面型材的凸缘板，可认为与两个板元素同时相连的板元素的边为固支，另一边自由，其余两个加载边为简支，此时矩形板系数 k 取值为 1.33。

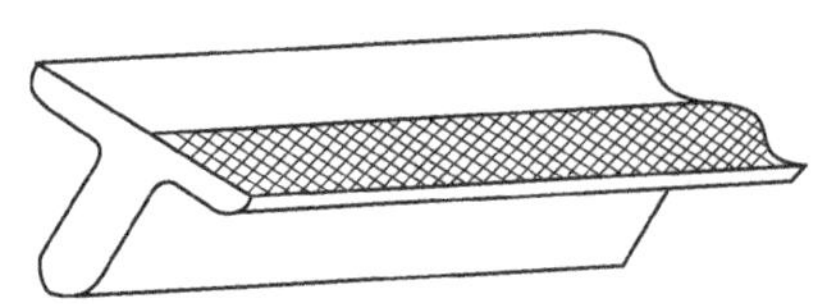

图 6-14　T 形剖面型材的凸缘板

事实上，薄壁杆结构中不同板元素之间的支持关系非常复杂，不仅与板元素之间的相对位置有关，还与相邻的板元素的相对宽度有关，可由图 6-15 中曲线获取相对准确的 k 值。图 6-15 中，曲线 1 表示某板元素 b 两边同时与两个板元素 c 相邻，同时相邻的板元素

c 的另一边也与其他的板元素相连，由该曲线可知，相邻板元素 c 的宽度减小，将使被支持板元素 b 的 k 值增大，同时相邻板元素 c 的宽度增大，将使得被支持板元素 b 的 k 值接近于简支状态下($k=4$)。曲线 2 表示某板元素 b 两边同时与两个板元素 c 相邻，此时相邻的板元素另一边属于自由边，此时当板元素 c 的宽度较小时，板元素 b 的状态就接近于具有一个自由边的情况。曲线 3 表示某板元素 b 的其中一边为自由边的 k 值曲线，虚线区域表示 k 值的散布范围。

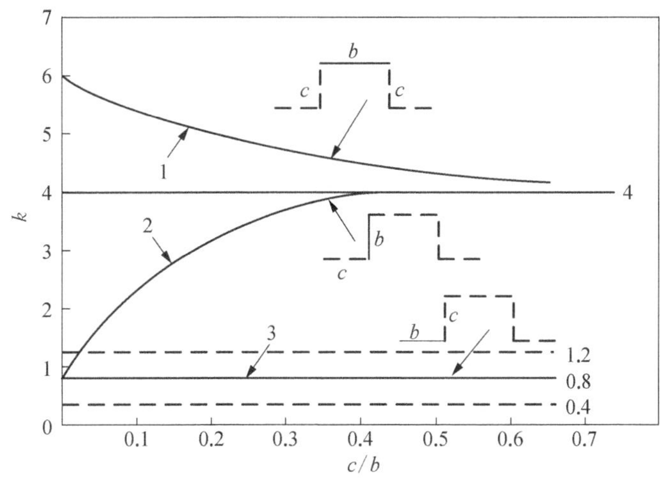

图 6-15　k 值选取示意

在实际飞行器结构设计中，通常将薄壁杆型材的截面设计为带有如图 6-16 所示的卷边形式。

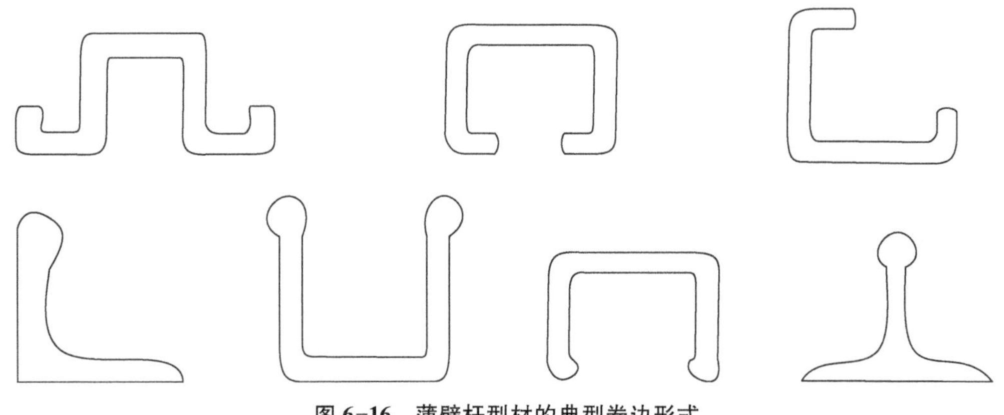

图 6-16　薄壁杆型材的典型卷边形式

由图 6-15 中的曲线 2 可知，小的卷边能够大大提高相邻的板元素的稳定性，但卷边宽度需要遵循一定的原则：一方面，若卷边太小将使板元素 b 的稳定性大大降低；另一方面，若卷边太大，无法对板元素 b 的稳定性起到较大的提高作用，反而使本身的稳定性降低，板元素卷边的最佳宽度是 $c=(0.25\sim0.3)b$。为了提高挤压型材的稳定性，通常将薄壁杆截面的自由边做成圆头，此时圆头的作用和卷边的作用类似，带有圆头的板元素可看

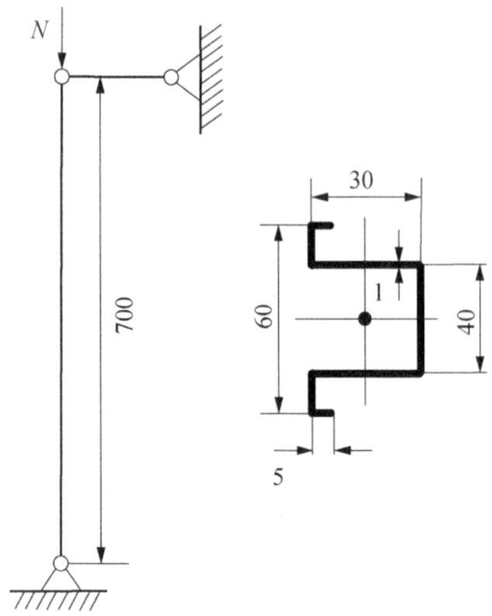

图 6-17　例题 6-3 示意图(单位: mm)

作四边简支, k 值取为 4。

例题 6-3　铝制薄壁型材的剖面尺寸如图 6-17 所示。已知: $E = 0.72 \times 10^5$ MPa, $\sigma_p = 240$ Mpa, 横截面积 $A = 1.3\ \text{cm}^2$, 剖面最小惯性半径 $r_x = 1.16$ cm。求铝制薄壁型材的极限载荷。

解: (1) 局部失稳临界应力 σ_{cr1}。

薄壁型材所用材料为铝,则泊松比取 $\mu = 0.3$, 则由式(6-58)可得其临界应力为

$$\sigma_{cr} = 0.9\frac{kE}{(b/t)^2}$$

除卷边外,所有杆壁板元素都可认为是四边简支的,取 $k = 4$。最宽的板元素的临界应力最小,其值为

$$\sigma_{cr} = \frac{0.9 \times 4 \times 0.72 \times 10^5}{\left(\frac{40}{1}\right)^2} = 162(\text{MPa})$$

为了计算卷边的临界应力,可取 $k = 0.5$, 其临界应力为

$$\sigma_{cr} = \frac{0.9 \times 0.5 \times 0.72 \times 10^5}{\left(\frac{5}{1}\right)^2} = 1\,296(\text{MPa})$$

薄壁型材的局部失稳临界应力为二者中的较小者,即

$$\sigma_{cr1} = 162(\text{MPa})$$

(2) 总体失稳临界应力 σ_{cr2}。

$$\frac{l}{r_x} = \frac{70}{1.16} = 60.3$$

$$\sigma_{cr2} = \frac{\pi^2 \times 0.72 \times 10^5}{60.3^2} = 195(\text{MPa})$$

(3) 计算铝制薄壁型材的极限载荷 P_{cr}。

由于局部失稳临界应力较小,极限载荷应按局部失稳临界应力计算,即

$$P_{cr} = \sigma_{cr1}A = 162 \times 1.3 \times 10^{-4} = 21.1(\text{kN})$$

6.5　圆柱壳的弯曲微分方程

壳体结构是指结构外表面具有两个曲面,且曲面间的距离远小于结构其他的尺寸的

结构。与板结构类似,两曲面间的距离称为壳的厚度 h, 与两曲面等距离平分壳厚的曲面称为壳的中面。一般来说,厚度 h 是可变的,但在实际工程中经常采用等厚度壳,这也是本章讨论的重点。当壳体结构的厚度远小于其另一较小尺寸时,称为薄壳,通常,工程中把厚度与中面曲率半径的比值不大于 1/20($h/R\leqslant 1/20$)的壳体称为薄壳。

类似于直梁理论和薄板理论中引入的假设,为了建立薄壳相关的理论,也引入了如下的基本假设。

(1) 直法线假设: 薄壳结构中变形前正交于中面的直线,变形后仍是正交于变形后中面的直线,且长度保持不变。

(2) 切平面应力假设: 沿中面法线方向(即薄壳厚度方向)的应力 σ_z 可忽略不计。

(3) 壳体挠度较小,其法线方向应变 ε_z 也可忽略不计。

如果壳体结构厚度很薄,上述假设是符合实际情况的,工程和理论研究表明,上述假设所引起的相对误差属于 h/R 量级。

薄壳理论即研究薄壳结构在已知载荷作用下的内力和变形。与薄板结构类似,薄壳结构在外载荷作用下将产生弯曲应力和薄膜应力,此类问题的研究称为薄壳的一般理论或者有矩理论。对于大多数情况,薄壳结构中的弯矩和扭矩实际上只存在于边界附近、薄壳内部集中力作用处或载荷突然变化处的附近局部区域。而在薄壳的大部分区域,弯曲应力相对于薄膜应力小得多,足以将其忽略,即认为外部载荷均由薄膜应力(拉应力和切应力)承担,此类仅考虑薄膜应力的理论称为薄膜理论或者无矩理论。

通常情况下,可将利用无矩壳体理论的问题分为两类: 一类问题是,如果薄壳结构的抗弯刚度非常小,即可得到绝对柔软的薄膜结构,如飞艇和热气球等的气囊,此类结构无法承受弯曲和压应力;第二类是具有一定有限的抗弯刚度的壳体结构,在中面曲率和扭率改变很小时的无矩应力状态下,此类问题是本章主要讨论的无矩理论问题。此时,具有有限抗弯刚度的薄壳结构在同时具有拉伸内力和压缩内力的条件下处于无矩应力状态,但必须满足下列条件:

(1) 在薄壳结构的边界上不存在弯矩和横向力的作用;

(2) 薄壳结构边界上的法向位移和转角不应受到限制;

(3) 薄壳结构的几何形状及其表面载荷都必须是光滑的。

若上述条件中任何一条不成立,均无法使得薄壳结构满足无矩理论,但同时,并非完全满足了这三个条件,就一定属于无矩应力状态,此类问题将在后续章节内容中进行阐述。在薄壳结构的实际工程应用中,总是尽力实现其无矩应力状态,但是其结果除了与薄壳的设计有关,还与加工工艺和具体的应用条件有关,因此通常无法在整个薄壳结构中完全实现无矩应力状态。在现阶段的大量薄壳结构力学理论分析中,通常利用有矩理论补充无矩理论,通过将无矩理论和有矩理论相互叠加实现对问题的求解。

6.5.1　圆柱壳的平衡方程

圆柱壳在火箭和导弹的外壳等结构处有较多的应用,属于相对简单的薄壳结构,其中

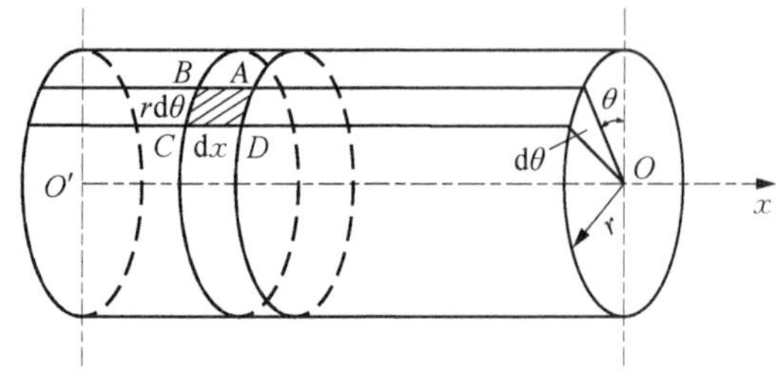

图 6-18　圆柱壳结构示意

面是一个圆柱面。对于圆柱壳的研究可选用如图 6-18 所示的 $x-\theta$ 坐标,即圆柱壳中面上任一点 B 的位置可通过沿圆柱壳的轴线方向坐标 x 和 B 所在的径向平面与参考径向平面的夹角 θ 表示。

为了获取圆柱壳的平衡方程,利用垂直于 x 轴的两个平行平面和通过 x 轴的两个相交平面,将其切出一个微小单元体 $BADC$,如图 6-19 所示,考虑在单位面积上外载荷 X、Y 和 Z 的作用下,该单元体上作用的内力如下:侧边单位长度纵向力 N_x 和圆周力 N_θ,侧边剪力 $N_{x\theta}$ 和 $N_{\theta x}$,弯矩 M_x 和 M_θ,剪力 Q_x 和 Q_θ,扭矩 $M_{x\theta}$ 和 $M_{\theta x}$(扭矩未在图中标出)。

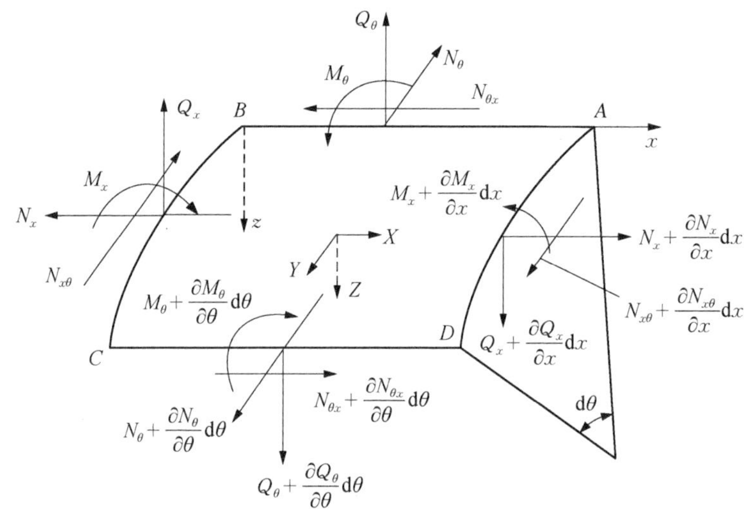

图 6-19　圆柱壳微小单元体

此时,该单元体的 6 个平衡方程如下:

由 $\sum F_x = 0$, 可得

$$\frac{\partial N_x}{\partial x} + \frac{1}{r}\frac{\partial N_{\theta x}}{\partial \theta} + X = 0 \tag{6-60}$$

由 $\sum F_y = 0$, 可得

$$\frac{1}{r}\frac{\partial N_\theta}{\partial \theta} + \frac{\partial N_{x\theta}}{\partial x} - Q_\theta + Y = 0 \tag{6-61}$$

由 $\sum F_z = 0$, 可得

$$\frac{1}{r}\frac{\partial Q_\theta}{\partial \theta} + \frac{\partial Q_x}{\partial x} + \frac{1}{r}N_\theta + Z = 0 \tag{6-62}$$

同理,分别由 x、y、z 三个方向的力矩平衡方程可得

$$\frac{1}{r}\frac{\partial M_{\theta}}{\partial \theta}+\frac{\partial M_{x\theta}}{\partial x}-Q_{\theta}=0 \tag{6-63}$$

$$\frac{\partial M_{x}}{\partial x}+\frac{1}{r}\frac{\partial M_{\theta x}}{\partial \theta}-Q_{x}=0 \tag{6-64}$$

$$N_{x\theta}-N_{\theta x}+\frac{1}{r}M_{\theta x}=0 \tag{6-65}$$

由于 $N_{x\theta}=N_{\theta x}$ 和 $M_{x\theta}=M_{\theta x}$，同时由式(6-63)和式(6-64)求出 Q_x 和 Q_θ 的表达式并代入式(6-61)和式(6-62)可消去 Q_x 和 Q_θ，最终得到 4 个平衡方程：

$$\begin{cases} r\dfrac{\partial N_{x}}{\partial x}+\dfrac{\partial N_{\theta x}}{\partial \theta}+rX=0 \\ \dfrac{\partial N_{\theta}}{\partial \theta}+r\dfrac{\partial N_{x\theta}}{\partial x}-\dfrac{\partial M_{x\theta}}{\partial x}-\dfrac{1}{r}\dfrac{\partial M_{\theta}}{\partial \theta}+rY=0 \\ r\dfrac{\partial^{2} M_{x}}{\partial x^{2}}+\dfrac{\partial^{2} M_{x\theta}}{\partial x\partial \theta}+\dfrac{\partial^{2} M_{\theta x}}{\partial \theta\partial x}+\dfrac{1}{r}\dfrac{\partial^{2} M_{\theta}}{\partial \theta^{2}}+N_{\theta}+rZ=0 \\ rN_{x\theta}-rN_{\theta x}+M_{\theta x}=0 \end{cases} \tag{6-66}$$

以上 4 个平衡方程中共有 6 个未知量 N_x、N_θ、$N_{x\theta}$、M_x、M_θ 和 $M_{x\theta}$，即圆柱壳的有矩理论所得结果属于静不定问题,需要进一步研究圆柱壳的变形协调条件。

当圆柱壳体满足无矩应力的条件时,可认为不考虑其弯矩和扭矩对变形的影响,此时薄壳结构沿中面的内力仅有薄膜内力,即纵向力 N_x、环向力 N_θ，以及剪力 $N_{x\theta}$ 和 $N_{\theta x}$，且两个剪力大小相等。圆柱壳的内力与外力的平衡微分方程(6-66)可简化为

$$\begin{cases} \dfrac{\partial N_{x}}{\partial x}+\dfrac{1}{r}\dfrac{\partial N_{\theta x}}{\partial \theta}+X=0 \\ \dfrac{1}{r}\dfrac{\partial N_{\theta}}{\partial \theta}+\dfrac{\partial N_{x\theta}}{\partial x}+Y=0 \\ N_{\theta}+Zr=0 \end{cases} \tag{6-67}$$

由于剪力 $N_{x\theta}=N_{\theta x}$，以上方程共存在 3 个未知数,可直接进行求解,并由边界条件确定微分方程求解过程中的特解,因此圆柱壳无矩应力问题属于静定问题。

内力求解完成之后,可通过物理方程求出各个应力,以上内力均为单位宽度上的大小,因此可得

$$\begin{cases} \sigma_{x}=\dfrac{N_{x}}{h} \\ \sigma_{\theta}=\dfrac{N_{\theta}}{h} \\ \tau_{x\theta}=\tau_{\theta x}=\dfrac{N_{x\theta}}{h} \end{cases} \tag{6-68}$$

6.5.2 圆柱壳的变形

为了研究圆柱壳的变形,分别利用 u、v、w 表示圆柱壳中面沿纵向、环向和法向三个方向的位移分量,同时分别用 ε_{x0}、$\varepsilon_{\theta 0}$ 和 $\gamma_{x\theta 0}$ 表示中面两个方向的正应变和切应变。沿纵向的正应变由位移 u 引起,因此可直接表示为

$$\varepsilon_{x0}=\frac{\partial u}{\partial x} \tag{6-69}$$

沿环向和法向的位移 v 和 w 均可引起沿圆周方向的正应变 $\varepsilon_{\theta 0}$。其中,由位移 v 引起的部分可从图 6-20(a)中得到,由图可知,壳体中面沿环向的位移 v 使得某一段圆弧微段 BC 变为 $B'C'$,则此时产生的应变可表示为

$$\frac{B'C'-BC}{BC}=\frac{(r\mathrm{d}\theta-v)+\left(v+\dfrac{\partial v}{\partial\theta}\mathrm{d}\theta\right)-r\mathrm{d}\theta}{r\mathrm{d}\theta}=\frac{\partial v}{r\partial\theta} \tag{6-70}$$

由位移 w 引起的环向应变如图 6-20(b)所示,由图可知,壳体中面沿法向的位移 w 使得某一段圆弧微段 BC 变为 $B'C'$,则此时产生的应变可表示为

$$\frac{B'C'-BC}{BC}=\frac{(r-w)\mathrm{d}\theta-r\mathrm{d}\theta}{r\mathrm{d}\theta}=-\frac{w}{r} \tag{6-71}$$

因此,沿圆周方向的正应变 $\varepsilon_{\theta 0}$ 可表示为

$$\varepsilon_{\theta 0}=\frac{\partial v}{r\partial\theta}-\frac{w}{r}=\frac{1}{r}\left(\frac{\partial v}{\partial\theta}-w\right) \tag{6-72}$$

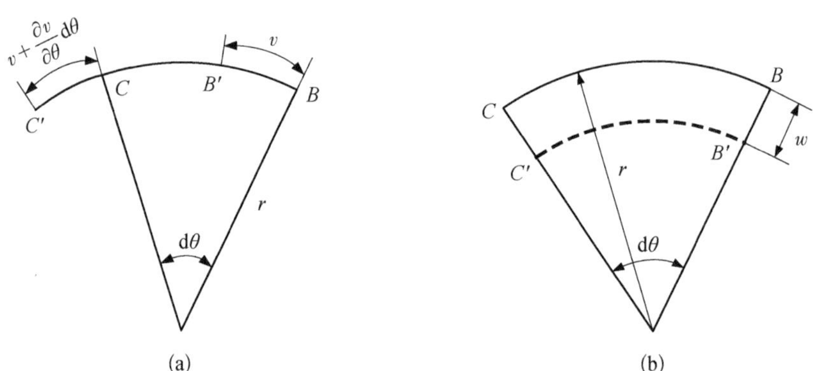

图 6-20 沿环向和法向位移引起的应变示意

为了得到剪应变的表达式,取壳体单元 $ABCD$,如图 6-21 所示,其中 AB 和 CD 为轴线方向(纵向),AD 和 BC 为圆周方向(环向),$\angle BAD$ 发生变形前为直角,假设点 A 产生位移 u,则沿环向的相邻点 D 将产生位移 $u+(\partial u/\partial\theta)\mathrm{d}\theta$,至点 D' 处,此时由点 A 和点 D 位移引起的 $\angle BAD$ 的变化可近似求解为

$$\frac{DD'}{AD}=\frac{(\partial u/\partial\theta)\mathrm{d}\theta}{r\mathrm{d}\theta}=\frac{\partial u}{r\partial\theta} \tag{6-73}$$

同理，沿纵向与点 A 相邻的点 B 产生位移 $u+(\partial v/\partial x)\mathrm{d}x$，至 B' 处，此时引起的角度 $\angle BAD$ 的变化为

$$\frac{BB'}{AB}=\frac{(\partial v/\partial x)\mathrm{d}x}{\mathrm{d}x}=\frac{\partial v}{\partial x} \tag{6-74}$$

则 u 和 v 共同变形导致的 $\angle BAD$ 的变化可表示为

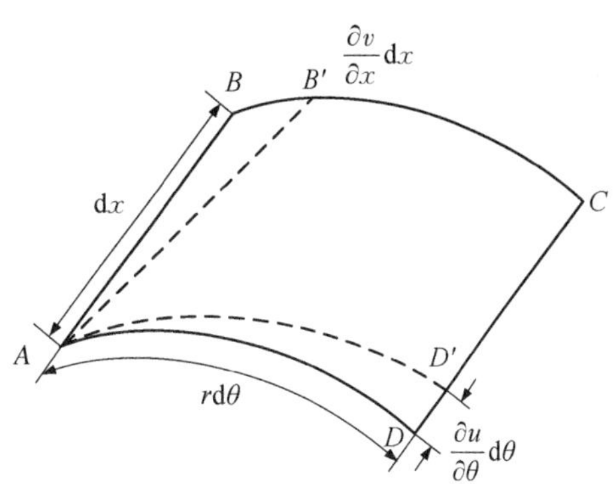

图 6-21　壳体单元变形示意

$$\gamma_{x\theta 0}=\frac{\partial u}{r\partial\theta}+\frac{\partial v}{\partial x} \tag{6-75}$$

接下来求解扭转变形引起的剪应变，由于弯曲和扭转的作用，圆柱壳体中面的曲率将发生变化，同样利用三个位移分量 u、v、w 表示。

首先求解中面曲率沿母线方向（即轴向）的变化，可由曲率的定义求得

$$\chi_x=\frac{1}{\rho}=\frac{\dfrac{\mathrm{d}^2w}{\mathrm{d}x^2}}{\left[1+\left(\dfrac{\mathrm{d}w}{\mathrm{d}x}\right)^2\right]^{3/2}}\approx\frac{\mathrm{d}^2w}{\mathrm{d}x^2} \tag{6-76}$$

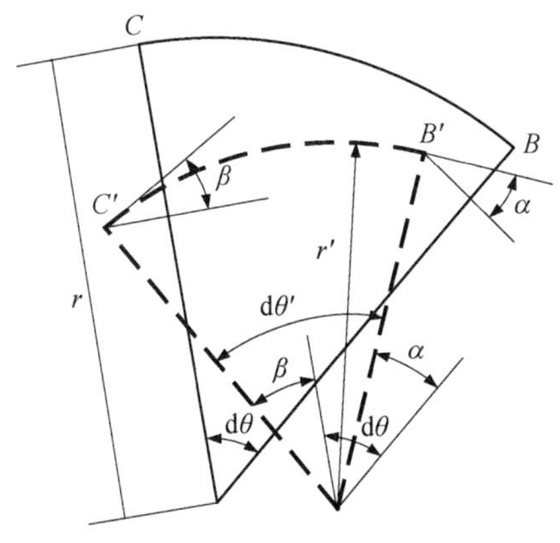

图 6-22　壳体单元沿轴向视图

接下来，求解中面曲率沿圆周方向（即环向）的变化。对于壳体单元 $ABCD$，沿轴向的视图如图 6-22 所示。由图可知，假设圆柱壳 BC 变形后至 $B'C'$ 位置，曲率半径从 r 变为 r'。

为了研究方便，对于位移 v 和 w 产生的影响分开考虑。首先，如图 6-23(a) 所示，考虑单纯由位移 v 产生的影响，假设点 B 产生大小为 v 的环向位移，圆弧 BC 变形至 $B'C'$ 位置。此时，点 B 处的切线方向将产生角度为 δ_1 的变化，由几何关系近似可得

$$\delta_1\approx\frac{v}{r} \tag{6-77}$$

同理，如图 6-23(b) 所示，考虑单纯由位移 w 产生的影响，假设点 B 产生大小为 w 的法向位移，则点 C 将产生 $w+(\partial w/\partial\theta)\mathrm{d}\theta$ 的位移，圆弧 BC 变形至 $B'C'$ 位置。此时，点 B 处的切线方向将产生角度为 δ_2 的变化，由图中几何关系可得

$$\delta_2\approx\tan\delta_2=\frac{\overline{EC'}}{\overline{EB'}}=\frac{\overline{EC'}}{\overline{BC}}=\frac{[w+(\partial w/\partial\theta)\mathrm{d}\theta]-w}{r\mathrm{d}\theta}=\frac{\partial w}{r\partial\theta} \tag{6-78}$$

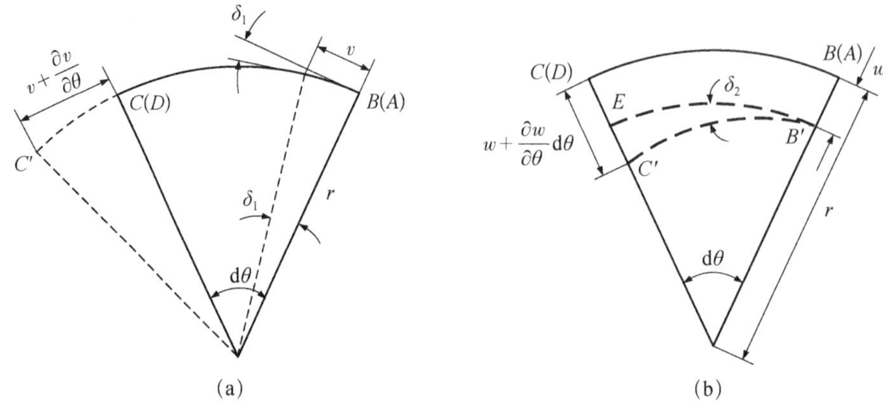

图 6-23　由位移引起的变形示意

因此，对于圆弧 BC，点 B 处的切线由于位移 v 和 w 产生的角度变化为

$$\alpha=\delta_1+\delta_2=\frac{v}{r}+\frac{\partial w}{r\partial\theta} \tag{6-79}$$

此时，如图 6-22 所示，点 C 处的切线方向转角可表示为

$$\beta=\alpha+\frac{\partial\alpha}{\partial\theta}d\theta=\left(\frac{v}{r}+\frac{\partial w}{r\partial\theta}\right)+\frac{\partial}{\partial\theta}\left(\frac{v}{r}+\frac{\partial w}{r\partial\theta}\right)d\theta \tag{6-80}$$

由图 6-22 中的几何关系可知，由位移 v 和 w 共同作用产生的影响，圆弧 $B'C'$ 对应的夹角可表示为 $d\theta'=d\theta+\beta-\alpha$。另外，假设圆弧长度不发生变化，即 $\overline{BC}=\overline{B'C'}$，因此可得

$$rd\theta=r'(d\theta+\beta-\alpha) \tag{6-81}$$

圆柱壳单元沿圆周方向（即环向）的变化可表示为

$$\chi_\theta=\frac{1}{r'}-\frac{1}{r}=\frac{\beta-\alpha}{rd\theta}=\frac{\frac{\partial}{\partial\theta}\left(\frac{v}{r}+\frac{\partial w}{r\partial\theta}\right)d\theta}{rd\theta}=\frac{\partial}{r\partial\theta}\left(\frac{v}{r}+\frac{\partial w}{r\partial\theta}\right) \tag{6-82}$$

最后求解圆柱壳体单元由于扭转引起的扭率的变化，即对于图 6-19 中的壳体单元 $ABCD$，求解圆弧段 BC 和 AD 之间的相对转角，同样分别考虑位移 v 和 w 造成的影响。参考图 6-23(a)，由于位移 v 的影响，微弧段 BC 对 x 轴的转动角度为 $\delta_1=v/r$，对于与圆柱壳单元 $ABCD$ 相距 dx 的另一微弧段 AD，其相对于 x 轴产生的转动角度为

$$\frac{v}{r}+\frac{\partial\left(\frac{v}{r}\right)}{\partial x}dx=\frac{1}{r}\left(v+\frac{\partial v}{\partial x}dx\right) \tag{6-83}$$

因此，由于位移 v 的影响，弧段 BC 和 AD 之间产生的相对转角为

$$\frac{1}{r}\left(v+\frac{\partial v}{\partial x}\mathrm{d}x\right)-\frac{v}{r}=\frac{\partial v}{r\partial x}\mathrm{d}x \tag{6-84}$$

参考图 6-23(b)，由于位移 w 的作用，微弧段 BC 对 x 轴产生的转动角度为 $\delta_2=\dfrac{\partial w}{r\partial\theta}$，同理可得到 AD 对 x 轴产生的转动角度为

$$\frac{\partial w}{r\partial\theta}+\frac{\partial}{\partial x}\left(\frac{\partial w}{r\partial\theta}\right)\mathrm{d}x=\frac{1}{r}\left(\frac{\partial w}{\partial\theta}+\frac{\partial^2 w}{\partial x\partial\theta}\mathrm{d}x\right) \tag{6-85}$$

因此，由于位移 w 的影响，弧段 BC 和 AD 之间产生的相对转角为

$$\frac{1}{r}\left(\frac{\partial w}{\partial\theta}+\frac{\partial^2 w}{\partial x\partial\theta}\mathrm{d}x\right)-\frac{\partial w}{r\partial\theta}=\frac{1}{r}\frac{\partial^2 w}{\partial x\partial\theta}\mathrm{d}x \tag{6-86}$$

综上可知，同时考虑位移 v 和 w 的影响，可得到弧段 BC 和 AD 之间的相对转角为

$$\frac{\partial v}{r\partial x}\mathrm{d}x+\frac{1}{r}\frac{\partial^2 w}{\partial x\partial\theta}\mathrm{d}x=\frac{1}{r}\left(\frac{\partial v}{\partial x}+\frac{\partial^2 w}{\partial x\partial\theta}\right)\mathrm{d}x\triangleq\chi_{x\theta}\mathrm{d}x \tag{6-87}$$

如式(6-87)，将距离为 $\mathrm{d}x$ 的弧段 BC 和 AD 之间的相对转角定义为 $\chi_{x\theta}\mathrm{d}x$，则 $\chi_{x\theta}$ 表示圆柱壳单元因扭转产生的沿轴向单位长度的角度变化量，称为扭率，其表达式为

$$\chi_{x\theta}=\frac{1}{r}\left(\frac{\partial v}{\partial x}+\frac{\partial^2 w}{\partial x\partial\theta}\right) \tag{6-88}$$

同理可得，沿环向分布的两个微段 AB 和 DC 之间的扭率与弧段 BC 和 AD 之间的扭率相等。

进一步由中面的剪应变求出圆柱壳体单元中任一点处的剪应变。与中面相距为 z 的任一点 E，研究过点 E 与圆柱薄壳微段 $ABCD$ 上表面平行的截面 $EFGH$。由上述推导可知，BC 相对于 AD 的总扭转角为 $\chi_{x\theta}\mathrm{d}x$。同时，由直法线假设可知，变形前垂直于中面 $ABCD$ 的线段 AE 和 BF 在变形后应该仍垂直于中面，且长度保持不变，因此 AE 和 BF 绕 x 轴旋转的相对角度也为 $\chi_{x\theta}\mathrm{d}x$，可求得点 F 将产生一个大小为 $z\chi_{x\theta}\mathrm{d}x$ 的位移，至点 F'，则与此位移相对应的剪切角 $\angle FEF'=-z\chi_{x\theta}$，同理可知，剪切角 $\angle HEH'=-z\chi_{x\theta}$，因此由扭转变形而引起的剪应变为

$$\angle F'EH'-\angle FEH=\angle FEF'+\angle HEH'=-2z\chi_{x\theta} \tag{6-89}$$

由此可得与中面相距 z 的点 E 的总剪应变应为中面剪应变与扭转引起的剪应变之和，即

$$\gamma_{x\theta}=\gamma_{x\theta 0}-2z\chi_{x\theta} \tag{6-90}$$

6.5.3　圆柱壳内力与中面位移之间的关系

对于圆柱薄壳，中面位移和应变与其曲率变化存在一定的关系，可作为平衡方程的辅助协调方程。对于壳体中距离中面为 z 的任意一点，其应变可分为薄膜应变和弯曲应变两部分。用 u、v、w 表示圆柱壳单元沿 x、y 和 z 三个方向的位移，由于外载荷是轴对称的，圆柱壳沿圆周 y 方向的位移为 0。由位移 u 引起的薄膜应变 ε_{x0} 为

$$\varepsilon_{x0} = \frac{\mathrm{d}u}{\mathrm{d}x} \tag{6-91}$$

沿着 x 方向的曲率的变化,即圆柱壳的母线的曲率的变化可由曲率的定义求得

$$\chi_x = \frac{1}{\rho_x} = \frac{\dfrac{\mathrm{d}^2 w}{\mathrm{d}x^2}}{\left[1 + \left(\dfrac{\mathrm{d}w}{\mathrm{d}x}\right)^2\right]^{3/2}} \approx \frac{\mathrm{d}^2 w}{\mathrm{d}x^2} \tag{6-92}$$

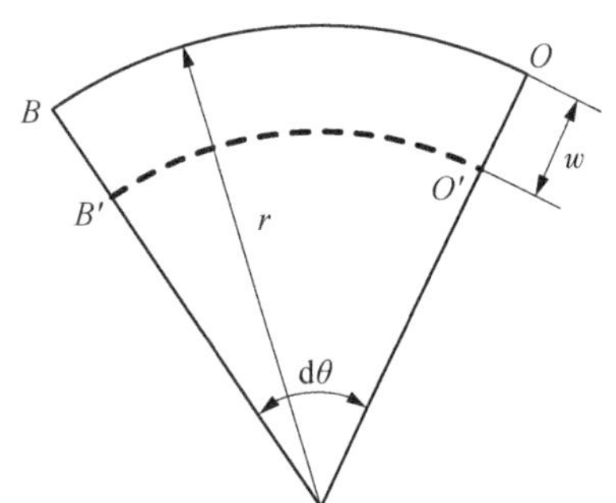

图 6-24　圆柱壳微小单元中面变化

另外,由位移 w 引起的圆周方向的薄膜应变 $\varepsilon_{\theta0}$ 可通过几何关系的变化得到,如图 6-24 可知,圆柱壳微小单元中面上沿圆周方向的弧长 BO 变为 $B'O'$, 由此引起的薄膜应变为

$$\varepsilon_{\theta0} = \frac{(r - w)\mathrm{d}\theta - r\mathrm{d}\theta}{r\mathrm{d}\theta} = -\frac{w}{r} \tag{6-93}$$

同时,沿圆周方向的曲率也会产生变化,曲率半径从 r 变为 $r - w$, 则曲率变化为

$$\chi_\theta = \frac{1}{\rho_\theta} = \frac{1}{r - w} - \frac{1}{r} = \frac{w}{r(r - w)} \approx \frac{w}{r^2} \tag{6-94}$$

由于假设圆柱薄壳为小变形,则 w/r^2 为二阶小量,实际计算中可忽略因曲率变化引起的挠度,即 $\chi_\theta = 0$。

由广义胡克定律可知

$$\begin{cases} \sigma_{x0} = \dfrac{E}{1 - \mu^2}(\varepsilon_{x0} + \mu\varepsilon_{\theta0}) \\ \sigma_{\theta0} = \dfrac{E}{1 - \mu^2}(\varepsilon_{\theta0} + \mu\varepsilon_{x0}) \end{cases} \tag{6-95}$$

如果不考虑弯矩的作用,应力(σ_{x0}, $\sigma_{\theta0}$)和应变(ε_{x0}, $\varepsilon_{\theta0}$)沿厚度的方向不变,则可求出内力:

$$\begin{cases} N_x = \sigma_{x0}t = \dfrac{Eh}{1 - \mu^2}(\varepsilon_{x0} + \mu\varepsilon_{\theta0}) = \dfrac{Eh}{1 - \mu^2}\left(\dfrac{\mathrm{d}u}{\mathrm{d}x} - \mu\dfrac{w}{r}\right) \\ N_\theta = \sigma_{\theta0}t = \dfrac{Eh}{1 - \mu^2}(\varepsilon_{\theta0} + \mu\varepsilon_{x0}) = \dfrac{Eh}{1 - \mu^2}\left(-\dfrac{w}{r} + \mu\dfrac{\mathrm{d}u}{\mathrm{d}x}\right) \end{cases} \tag{6-96}$$

参考硬板弯曲微分方程推导可得力矩与曲率变化的物理关系:

$$\begin{cases} M_x = -D(\chi_x + \mu\chi_\theta) = -D\dfrac{\mathrm{d}^2 w}{\mathrm{d}x^2} \\ M_\theta = -D(\chi_\theta + \mu\chi_x) = -\mu D\dfrac{\mathrm{d}^2 w}{\mathrm{d}x^2} = \mu M_x \end{cases} \tag{6-97}$$

因此,圆柱壳在普遍载荷作用下的纵向力 N_x、圆周力 N_θ、弯矩 M_x 和 M_θ 与变形之间的关系为

$$\begin{cases} N_x = \dfrac{Eh}{1-\mu^2}(\varepsilon_{x0} + \mu\varepsilon_{\theta 0}) \\ N_\theta = \dfrac{Eh}{1-\mu^2}(\varepsilon_{\theta 0} + \mu\varepsilon_{x0}) \\ M_x = -D(\chi_x + \mu\chi_\theta) \\ M_\theta = -D(\chi_\theta + \mu\chi_x) \end{cases} \tag{6-98}$$

同时,还包括侧边薄膜剪力 $N_{x\theta}$、$N_{\theta x}$,以及扭矩 $M_{x\theta}$ 和 $M_{\theta x}$,由内力和变形的关系可知

$$\begin{cases} N_{x\theta} = N_{\theta x} = \displaystyle\int_{-\frac{h}{2}}^{\frac{h}{2}} \tau_{x\theta}\mathrm{d}z \\ M_{x\theta} = M_{\theta x} = \displaystyle\int_{-\frac{h}{2}}^{\frac{h}{2}} \tau_{x\theta}z\mathrm{d}z \end{cases} \tag{6-99}$$

由胡克定律可得剪应变与剪应力之间的关系为

$$\tau_{x\theta} = \frac{E}{2(1+\mu)}\gamma_{x\theta} = \frac{E}{2(1+\mu)}(\gamma_{x\theta 0} - 2z\chi_{x\theta}) \tag{6-100}$$

由式(6-99)和式(6-100)可得薄膜剪力和扭矩的表达式为

$$\begin{cases} N_{x\theta} = N_{\theta x} = \dfrac{Eh\gamma_{x\theta 0}}{2(1+\mu)} \\ M_{x\theta} = M_{\theta x} = -D(1-\mu)\chi_{x\theta} \end{cases} \tag{6-101}$$

将式(6-69)、式(6-72)、式(6-75)、式(6-76)、式(6-82)和式(6-88)代入式(6-98)和式(6-101),得到圆柱壳在普遍载荷作用下的内力与中面位移之间的关系:

$$\begin{cases} N_x = \dfrac{Eh}{1-\mu^2}\left[\dfrac{\partial u}{\partial x} + \dfrac{\mu}{r}\left(\dfrac{\partial v}{\partial \theta} - w\right)\right] \\ N_\theta = \dfrac{Eh}{1-\mu^2}\left[\dfrac{1}{r}\left(\dfrac{\partial v}{\partial \theta} - w\right) + \mu\dfrac{\partial u}{\partial x}\right] \\ N_{x\theta} = N_{\theta x} = \dfrac{Eh}{2(1+\mu)}\left(\dfrac{\partial v}{\partial x} + \dfrac{1}{r}\dfrac{\partial u}{\partial \theta}\right) \\ M_x = -D\left[\dfrac{\partial^2 w}{\partial x^2} + \dfrac{\mu}{r^2}\left(\dfrac{\partial v}{\partial \theta} + \dfrac{\partial^2 w}{\partial \theta^2}\right)\right] \\ M_\theta = -D\left[\dfrac{1}{r^2}\left(\dfrac{\partial v}{\partial \theta} + \dfrac{\partial^2 w}{\partial \theta^2}\right) + \mu\dfrac{\partial^2 w}{\partial x^2}\right] \\ M_{x\theta} = M_{\theta x} = -\dfrac{D(1-\mu)}{r}\left(\dfrac{\partial v}{\partial x} + \dfrac{\partial^2 w}{\partial x\partial \theta}\right) \end{cases} \tag{6-102}$$

6.5.4 圆柱壳的弯曲微分方程

将式(6-102)代入式(6-66)中的前3个方程,忽略高阶小量,即可得到利用圆柱壳体中面表示的3个平衡方程:

$$\begin{cases}\dfrac{\partial^2 u}{\partial x^2}+\dfrac{1-\mu}{2r^2}\dfrac{\partial^2 u}{\partial\theta^2}+\dfrac{1+\mu}{2r}\dfrac{\partial^2 v}{\partial x\partial\theta}-\dfrac{\mu}{r}\dfrac{\partial w}{\partial x}+\dfrac{1-\mu^2}{Eh}X=0\\ \dfrac{1+\mu}{2r}\dfrac{\partial^2 u}{\partial x\partial\theta}+\dfrac{1-\mu}{2}\dfrac{\partial^2 v}{\partial x^2}+\dfrac{1}{r^2}\dfrac{\partial^2 v}{\partial\theta^2}-\dfrac{1}{r^2}\dfrac{\partial w}{\partial\theta}+\dfrac{1-\mu^2}{Eh}Y=0\\ \dfrac{\mu}{r}\dfrac{\partial u}{\partial x}+\dfrac{1}{r^2}\dfrac{\partial u}{\partial\theta}-\dfrac{w}{r^2}-\dfrac{h^2}{12r^2}\left(r^2\dfrac{\partial^4 w}{\partial x^4}+2\dfrac{\partial^4 w}{\partial x^2\partial\theta^2}+\dfrac{1}{r^2}\dfrac{\partial^4 w}{\partial\theta^4}\right)+\dfrac{1-\mu^2}{Eh}Z=0\end{cases} \tag{6-103}$$

利用拉普拉斯算子 $\nabla^2=\dfrac{\partial^2}{\partial x^2}+\dfrac{\partial^2}{r^2\partial\theta^2}$,将式(6-103)消去位移 u 和 v,可得到仅含有 w 的微分方程:

$$Eh\frac{\partial^4 w}{\partial x^4}+r^2D\,\nabla^8 w=\left\{r^2\,\nabla^4 Z-\frac{\partial}{\partial\theta}\left[(2+\mu)\frac{\partial^2}{\partial x^2}+\frac{1}{r^2}\frac{\partial^2}{\partial\theta^2}\right]Y-\frac{\partial}{\partial x}\left(\mu r\frac{\partial^2}{\partial x^2}-\frac{1}{r}\frac{\partial^2}{\partial\theta^2}\right)X\right\} \tag{6-104}$$

此8阶微分方程即为圆柱壳体的弯曲微分方程,称为唐奈尔(Donnell)方程。

6.6 圆柱壳的稳定性

在飞行器结构设计与分析过程中,导弹弹身和运载火箭外壳等属于典型的圆柱壳结构,通常在轴向压力、弯矩、扭矩或者外压作用下容易出现稳定性问题,在工程实践中人们已经进行过大量的理论和试验研究工作。一般来说,对于扭矩和外压作用下的圆柱壳结构,经典的小挠度理论分析所得结果与试验结果较为一致;对于轴压和弯矩作用下的圆柱壳稳定性问题,小挠度理论分析结果与试验结果存在一定的差别,但整体趋势一致。因此,目前关于圆柱壳结构的工程设计中,通常采用以大量试验数据为基础的统计设计曲线,同时参考小挠度理论得到的分析曲线的整体趋势,采用数理统计的方法对设计曲线进行处理,获取最终的具有一定可靠性的曲线。因此,对于圆柱壳稳定性问题的研究,需要首先了解小挠度理论的相关方法。

对于圆柱壳稳定性问题中采用的小挠度理论,其成立具有一定的前提假设条件:

(1) 圆柱壳属于理想的圆柱壳;

(2) 圆柱壳壁厚远小于壳体结构的曲率半径;

(3) 圆柱壳体的挠度远小于其壁厚。

由于小挠度假设(3)的存在,圆柱壳失稳后的应力、应变均可表示为位移的线性函数。此时,考虑普遍载荷作用,假设圆柱壳承受轴向压力 P、均布外压 p 和均布扭矩 m 的作用,由唐奈尔方程(6-104),可以得到圆柱壳体单元失稳后在 z 方向上的平衡方程为

$$\frac{Eh}{r^2}\frac{\partial^4 w}{\partial x^4}+D\nabla^8 w+\nabla^4\left(N_x^0\frac{\partial^2 w}{\partial x^2}+2N_{x\theta}^0\frac{\partial^2 w}{r\partial x\partial\theta}+N_\theta^0\frac{\partial^2 w}{r^2\partial\theta^2}+p\right)=0 \tag{6-105}$$

式中，N_x^0、$N_{x\theta}^0$ 和 N_θ^0 分别表示圆柱壳结构失稳前所产生的薄膜内力，括号内前三项分别表示此三个薄膜内力对于失稳后的圆柱薄壳微单元在 z 方向平衡的贡献，通常也将式(6-105)称为唐奈尔方程。

6.6.1　圆柱壳在轴压作用下的稳定性

假设圆柱壳承受均匀轴向压力 N_x（图 6-25），两端简支，此时方程(6-105)变化为

$$\frac{Eh}{r}\frac{\partial^4 w}{\partial x^4}+D\nabla^8 w+N_x\nabla^4\left(\frac{\partial^2 w}{\partial x^2}\right)=0 \tag{6-106}$$

为了满足边界条件 $x=0$ 和 $x=l$ 时，$w=0$，同时 $\frac{\partial^2 w}{\partial x^2}=0$，将圆柱壳体失稳后的挠度函数表示为级数的形式：

$$w=A\sin\frac{m\pi x}{l}\sin\frac{ns}{r} \tag{6-107}$$

式中，m 表示壳体失稳后沿轴向的半波数；n 表示沿周向的半波数；s 为沿周向的坐标。

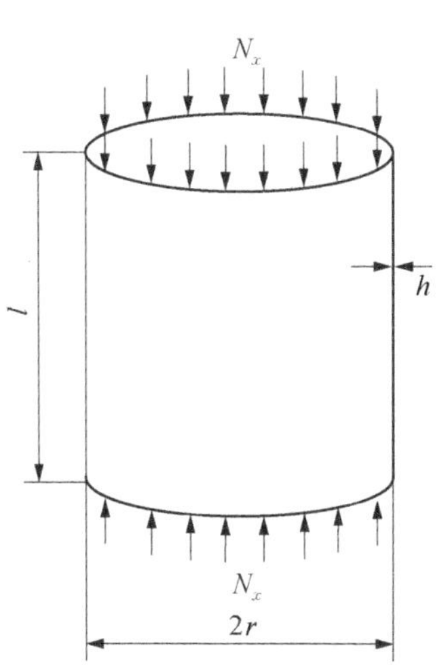

图 6-25　承受均匀轴向压力的圆柱壳结构

将挠度的表达式(6-107)代入方程(6-106)可得

$$D\left(\frac{m^2\pi^2}{l^2}+\frac{n^2}{r^2}\right)^4+\frac{Eh}{r^2}\frac{m^4\pi^4}{l^4}-N_x\left(\frac{m^2\pi^2}{l^2}+\frac{n^2}{r^2}\right)^2\frac{m^2\pi^2}{l^2}=0 \tag{6-108}$$

进一步可求得轴向临界应力为

$$\sigma_{\mathrm{cr}}=\frac{N_x}{h}=\frac{K_N\pi^2 E}{12(1-\mu)}\left(\frac{h}{l}\right)^2 \tag{6-109}$$

其中，

$$K_N=\frac{(m^2+\beta^2)^2}{m^2}+\frac{12\alpha^2}{\pi^4}\frac{m^2}{(m^2+\beta^2)^2},\quad \beta=\frac{nl}{\pi r},\quad \alpha=\sqrt{1-\mu^2}\left(\frac{l}{r}\right)^2\left(\frac{r}{h}\right)$$

分别对 m 和 n 取极小值，可得到 $K_N=\frac{4\sqrt{3}\alpha}{\pi^2}=0.702\alpha$，并将其代入式(6-109)可得

$$\sigma_{\mathrm{cr}}=kE\frac{h}{r} \tag{6-110}$$

式中，$k=\frac{1}{\sqrt{3(1-\mu^2)}}$，对于常用金属，$\mu=0.3$，$k=0.6$。但工程试验证明，实际结果中

的 k 值比该值小很多。同时,对于中长度的圆柱形壳体($\alpha \geqslant 30$),k 值与壳体长度无关,只是 r/h 的函数,其函数关系如图 6-26 所示。

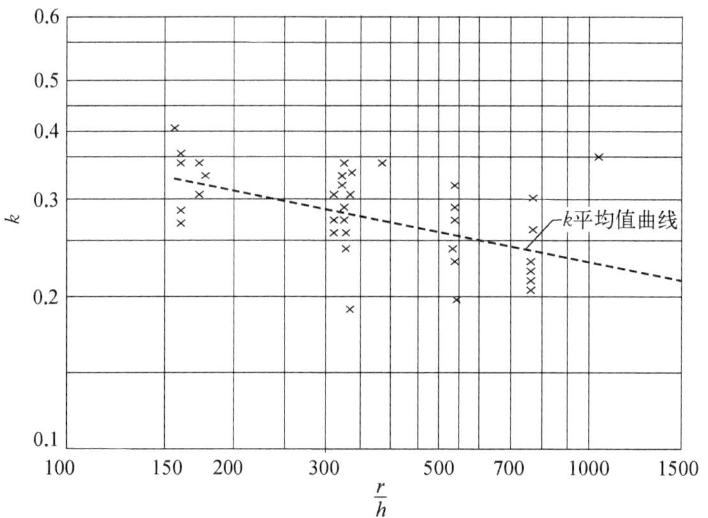

图 6-26　k 值与壳体 r/h 的函数关系

6.6.2　圆柱壳在轴压-内压-弯矩联合作用下的稳定性

火箭等飞行器在主动段飞行过程中,其贮箱壳体不仅承受轴向压力作用,同时还承受内压和弯矩的作用,在进行结构分析与设计过程中,需要考虑这些载荷作用对于轴压临界应力的影响。

首先,考虑圆柱壳结构受轴压和内压联合作用的情况。大量试验表明,圆柱壳结构承受轴压和内压联合作用时,内压 P_i 与 k 值的关系曲线如图 6-27 所示。从图中可以看出,

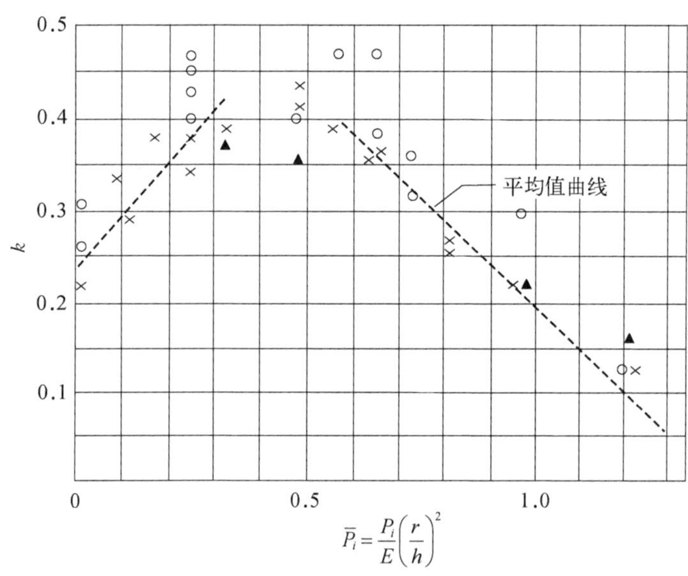

图 6-27　内压与 k 值的关系曲线

内压与轴压的临界值的关系大致分为三部分：第一部分，在内压较小时，随着内压的增加，轴压的临界值迅速呈直线上升，这是因为内压使壳体产生均匀的膨胀，在内压不大的条件下反而能够消除壳体的某些初始缺陷；第二部分，随着内压持续提高，轴压临界应力不再增加，近似保持为一常值；第三部分，随着内压的增加，临界应力反而下降，这是因为当内压增加至一定程度时，壳体中间段向外凸出为腰鼓状，导致第二次缺陷，进而使得临界应力下降。

其次，考虑圆柱壳结构受轴压和弯矩的联合作用的情况。此时为了保证圆柱壳不发生失稳，轴压应力 σ_1 和弯曲应力 σ_2 应满足经验公式：

$$\frac{\sigma_1}{\sigma_{cr,\,zy}} + \frac{\sigma_2}{\sigma_{cr,\,w}} \leqslant 1 \tag{6-111}$$

式中，$\sigma_{cr,\,zy}$ 是轴压单独作用时的临界应力；$\sigma_{cr,\,w}$ 是弯矩单独作用时的临界应力，可按照式(6-112)求出：

$$\sigma_{cr,\,w} = k_w \frac{E}{\left(\frac{r}{h}\right)} \tag{6-112}$$

式中，系数 k_w 按照图 6-28 所示的试验曲线确定。试验结果表明，如同内压作用使得轴压临界应力的影响增大，内压作用也使得弯曲临界应力提高，提高值可由系数 k_w 的增量 Δk_w 表示，大小可由图 6-29 中内压 P_i 与增量 Δk_w 的关系曲线确定。

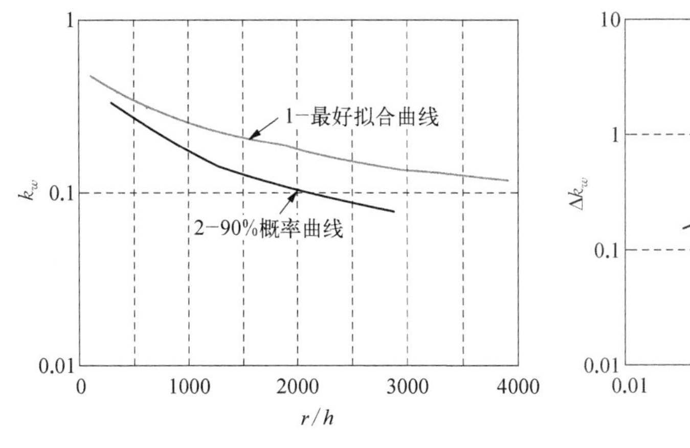

图 6-28　系数 k_w 试验曲线

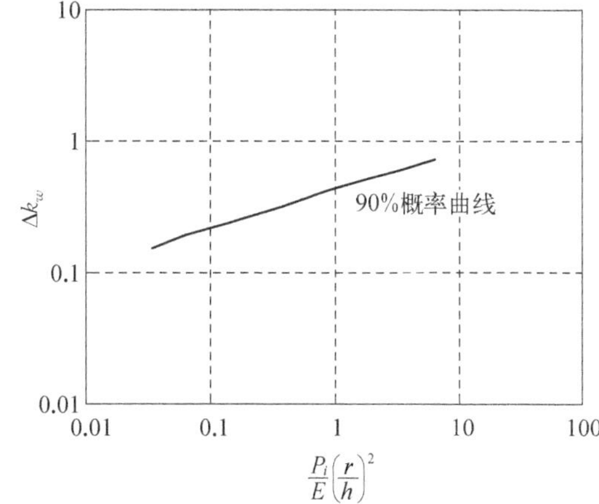

图 6-29　内压 P_i 与增量 Δk_w 的关系曲线

最终，考虑圆柱壳结构受轴压、内压和弯矩的联合作用下的情况。此时为了保证圆柱壳的稳定性，轴压应力 σ_1 和弯曲应力 σ_2 应满足如下条件：

$$\frac{\sigma_1}{\sigma_{zy,\,P}} + \frac{\sigma_2}{\sigma_{w,\,P}} \leqslant 1 \tag{6-113}$$

式中，$\sigma_{zy,\,P}$ 为考虑内压影响的轴压临界应力；$\sigma_{w,\,P}$ 为考虑内压影响的弯曲临界应力。

6.6.3 圆柱壳在均匀外压作用下的稳定性

现在研究圆柱壳在均布外压 P_o 作用下的临界应力问题，对于机身、弹体等可近似为圆柱壳的结构，其在飞行过程中所承受的均布气动载荷可等效为此类问题。假设圆柱壳的半径、厚度和长度分别表示为 r、h 和 l，并假设壳体两端为简支边界条件，如图 6-30 所示。

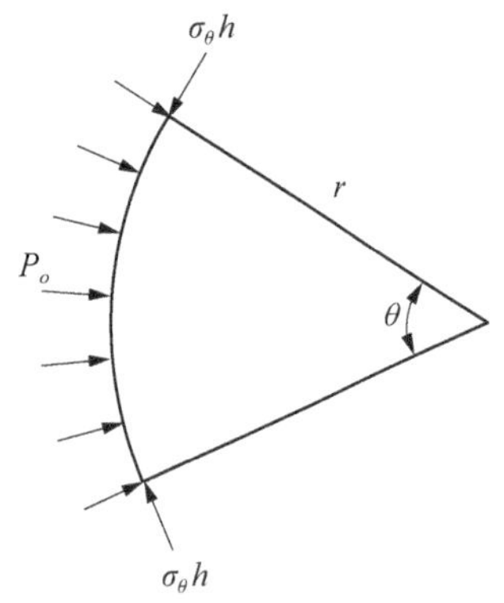

图 6-30 承受均匀外压的圆柱壳

由于外压 P_o 是一个常值，即 $\nabla^4 P_o = 0$，又由图 6-30 可知

$$N_\theta^0 = \sigma_\theta h = P_o r \tag{6-114}$$

因此，方程(6-105)可简化为

$$\frac{Eh}{r^2}\frac{\partial^4 w}{\partial x^4} + D\nabla^8 w + \sigma_\theta h \nabla^4\left(\frac{\partial^2 w}{r^2 \partial\theta^2}\right) = 0 \tag{6-115}$$

由于圆柱壳体两端简支，可假设挠度函数仍为式(6-107)，即

$$w = A\sin\frac{m\pi x}{l}\sin\frac{ns}{r}$$

将上式代入式(6-115)中，可得

$$\frac{D}{h}\left[m^2\left(\frac{\pi}{l}\right)^2 + \left(\frac{n}{a}\right)^2\right]^4 + \frac{E}{a^2}m^4\left(\frac{\pi}{l}\right)^4 - \sigma_\theta\left[m^2\left(\frac{\pi}{l}\right)^2 + \left(\frac{n}{a}\right)^2\right]^2\left(\frac{n}{a}\right)^2 = 0 \tag{6-116}$$

由式(6-116)可得

$$\sigma_\theta = \frac{Eh}{a}K_{P_o} \tag{6-117}$$

式中，

$$K_{P_o} = \frac{1}{12(1-\mu^2)}(1+\alpha^2)^2\beta + \frac{\alpha^4}{(1+\alpha^2)^2\beta} \tag{6-118}$$

式中，$\alpha = \dfrac{m\pi r}{nl}$；$\beta = \dfrac{n^2 h}{r}$。

分析 K_{P_o} 的表达式可知，当圆柱壳的 α 减小时，右端两项都减小，所以对于临界应力，必须取 α 的最小可能值，因此必须取 $m = 1$。这表明当圆柱壳在外压失稳时，纵向只形成半个波。

当取 $m = 1$ 时，还应当选取波数 n，使得 σ_θ 为最小值。对于中等长度的圆柱壳体，通常可得到 $n \geq 4$。

(1) 对于较长的壳体，当 $\alpha \ll 1$ 时，则由 K_{P_o} 的表达式可知，$K_{P_o} = \dfrac{\beta}{12(1-\mu^2)} + \dfrac{\alpha^4}{\beta}$。

同时，由于 $m = 1$，可将式(6-118)化为

$$K_{P_o} = \frac{n^2}{12(1-\mu^2)}\frac{h}{r} + \frac{\pi^4 r^5}{n^6 l^4 h} \tag{6-119}$$

对式(6-119)关于 n 取导数并令其为 0，可得 $\dfrac{2n}{12(1-\mu^2)}\dfrac{h}{r} - \dfrac{6\pi^4 r^5}{n^7 l^4 h} = 0$，由此解得

$$n^2 = \frac{\sqrt{6}\pi(1-\mu^2)^{\frac{1}{4}} r}{l}\sqrt{\frac{r}{h}} \tag{6-120}$$

将式(6-120)代入式(6-119)可得

$$K_{P_o} = \frac{\sqrt{2}}{3\sqrt{3}}\frac{\pi}{(1-\mu^2)^{\frac{3}{4}}}\frac{r}{l}\sqrt{\frac{h}{r}} \tag{6-121}$$

对于常用的材料，取 $\mu = 0.3$，则式(6-121)转化为 $K_{P_o} = 0.92\dfrac{r}{l}\sqrt{\dfrac{h}{r}}$。

(2) 对于很长的圆柱壳体结构，当 $\alpha \to 0$ 时，式(6-118)可转化为

$$K_{P_o} = \frac{1}{12(1-\mu^2)}\beta = \frac{n^2 h}{12(1-\mu^2) r} \tag{6-122}$$

为了使 K_{P_o} 取得最小值，n 只能取 2，此时

$$K_{P_o} = \frac{1}{3(1-\mu^2)}\frac{h}{r} \tag{6-123}$$

在外压作用下，由线性理论所得的圆柱壳体结构结果与试验结果比较接近，其符合程度要比轴压情况好，这也说明受外压作用的圆柱壳对初始缺陷的敏感程度低于轴压壳体。

习　题

习题 6-1　飞行器结构设计中，对于局部薄弱区域经常需要进行补强设计。如习题 6-1 图所示，假设某补强区域为垂直平面内的正方形薄板，边长为 $2a$，四边由铆钉固定，只承受重力 ρg 作用。为了便于计算，假设材料泊松比 $\mu=0$，并取位移分量的表达式为

$$u = \left(1-\frac{x^2}{a^2}\right)\left(1-\frac{y^2}{a^2}\right)\frac{x}{a}\frac{y}{a}\left(A_1 + A_2\frac{x^2}{a^2} + A_3\frac{y^2}{a^2} + \cdots\right)$$

$$v = \left(1-\frac{x^2}{a^2}\right)\left(1-\frac{y^2}{a^2}\right)\left(B_1 + B_2\frac{x^2}{a^2} + B_3\frac{y^2}{a^2} + \cdots\right)$$

试用瑞利-里兹法或伽辽金法求解板的挠度。

习题 6-2 设有盛满液体的圆筒，如习题 6-2 图所示，下端支撑、上端自由。液体比重为 γ，试求圆筒应力分布。

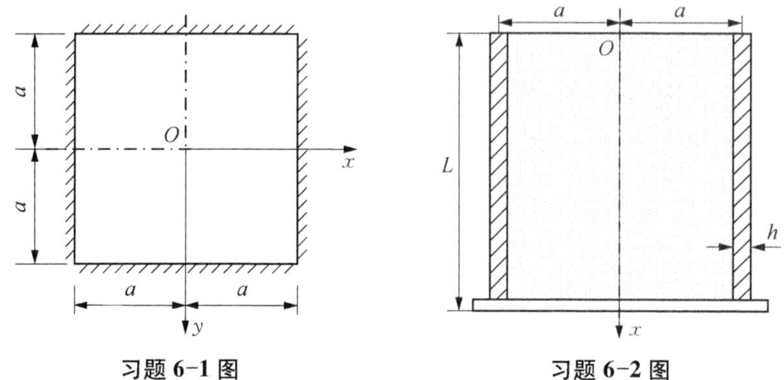

习题 6-1 图　　　　习题 6-2 图

习题 6-3 对于例题 6-2 中的铝制薄壁型材的剖面，若不影响极限载荷的大小，其卷边最长可以做到多少？

第 7 章
有限元法简介

学习要点

(1) 掌握有限元法的基本含义,了解其发展的相关历程。

(2) 掌握有限元法的基本步骤,了解位移函数收敛性准则。

(3) 掌握有限元法中的基本单元类型及选择准则。

7.1 引　　言

有限单元法(finite element method, FEM)也称有限元法,是求解工程和数学物理方程的一种数值计算方法,其发源于固体力学,后来迅速扩展到流体力学、传热学、电磁学、声学等其他物理领域。有限元法是指人为地将连续体划分成有限个有限大小的单元,在单元上建立平衡和变形方程,并在此基础上,建立起整个结构的平衡和变形方程,最终求解该结构的内力和变形。采用有限元法求解结构问题时,通常是指确定每个节点的位移和构成承载结构的每个单元内的应力;在采用有限元法求解其他问题时,节点未知量可以是热流或流体流动产生的温度或流体压力等。随着计算机技术和 CAD 技术的发展,基于有限元法开发的有限元软件已经广泛应用于航空航天、船舶、汽车、建筑、桥梁等领域。

本章主要对结构力学计算涉及的有限元法进行初步的介绍,使大家对有限单元法有个初步的认识和了解,补充结构力学问题的求解方法,为进一步掌握有限元法奠定基础。

7.2 有限单元法及发展历程

对于结构力学中的相关问题,由数学表达式给出的解析形式可给出结构任意位置所要求的未知量的数值,但通常需要求解常微分方程或偏微分方程,由于涉及复杂的几何形状、载荷和材料特性,得到解析解往往是非常困难的。在寻找连续系统求解方法的过程中,工程师和数学家从两个不同的路线得到了相同的结果,即有限元法。有限元法的形成可以回顾到 20 世纪 50 年代甚至更早,基本思路来源于固体力学中矩阵位移法的发展和工程师对结构相似性的直觉判断。在结构分析与设计中,把实际的连续结构用有限尺寸单元构成的数学模型所代替,单元的弹性和惯性特性可采用矩阵形式表达。对于不同杆系的结构、不同的载荷,用矩阵位移法求解都可以得到统一的矩阵公式。因此,早期的有限元法也称为矩阵分析方法。从固体力学的角度来看,桁架结构等标准离散系统与人为地分割成有限个分区后的连续系统在结构上存在相似性,可以把矩阵分析方法推广到非杆系结构的求解。

1954~1955 年,工程师阿吉里斯(Argyris)在航空工程杂志上发表了一系列论文,详细介绍了利用矩阵的方法,通过能量原理推导出平面应力板的单元刚度矩阵。1956 年,特纳(Turner)和克劳夫(Clough)等在纽约举行的航空学会年会上介绍了一种新的计算方法,将矩阵位移法推广到求解平面应力问题,他们把结构划分成一个个三角形和矩形的"单元",利用单元中的近似位移函数,求得单元节点力与节点位移关系的单元刚度矩阵。1960 年,克劳夫在"The finite element in plane stress analysis"论文中首次提出了有限元(finite element)这一术语。数学家们则发展了微分方程的近似解法,包括有限差分法、加权余量法等方法。在 1963 年前后,贝赛林(Besseling)等通过研究认识到有限元法就是对变分原理中 Ritz 近似法的一种变形,进而发展了用不同变分原理导出的有限元计算公式。1965 年,辛克维奇(Zienkiewicz)和张佑启研究发现,能写成变分形式的所有场问题都可以用与固体力学有限元法相同的步骤求解。

有限元法发展至今,其应用已经由弹性力学平面问题扩展到空间问题,由静力学问题扩展到稳定性、动力学问题,分析对象也从弹性材料扩展到塑性、黏弹性、黏塑性和复合材料,从固体力学扩展到流体力学、传热学等连续介质力学领域,在工程分析领域也从单纯的分析和校核扩展到优化设计。对于受到外加载荷的工程结构,通过求解结构力学问题,确定在平衡状态下整个结构中的位移和应力。由于工程结构的复杂性,通常难以用常规的方法确定结构中力场的分布,而有限元法成为解决此问题的一个有效选择。

7.3 有限元法的基本思路和步骤

采用有限元法求解结构问题时,根据所取的基本未知量,可以将其分为三种:以位移作为基本未知量的位移法(或称为刚度法)、以应力作为基本未知量的力法(或柔度法)、以力和位移作为基本未知量的混合法。不管是位移法、力法还是混合法,均是在分析中根据基本方程得到不同的矩阵(柔度矩阵或刚度矩阵),求解得出不同的未知量(位移或力)。对于大多数结构分析问题,由于位移法的公式比较简单,在计算机求解中,位移法(或刚度法)应用更加广泛,本章重点介绍位移法。

有限元法的一般分析步骤主要包括:① 结构离散化及单元类型选择;② 单元位移函数确定;③ 单元特性分析;④ 结构总体刚度矩阵组装;⑤ 整体结构平衡方程求解。

7.3.1 结构离散化及单元类型选择

有限元法的第一步即根据实际结构或连续体的载荷及结构特点,采用适当单元类型来对结构或连续体进行离散化,尽可能表达出实际结构和连续体的物理行为。工程师的主要任务是确定单元的类型、数量(大小)和分布形式(疏密程度)。

1. 基本单元类型

针对特定的结构力学问题选择最合适的单元是结构设计和力学性能分析人员需要完成的主要任务之一。单元类型的选择取决于实际受载条件下结构的物理和几何构成，同时也取决于分析人员所期望的实际力学行为的近似程度，主要涉及一维、二维或三维单元的选取，以下分别进行简单介绍。

当结构几何形状、材料性质和其他参数（如应力、位移）仅需要用一个空间坐标描述时，通常采用一维单元（图 7-1）。常用的一维单元（又称为线单元）主要包括杆单元和梁单元，这类单元虽然有横截面积，但通常用线段表示，此类单元通常用于模拟桁架和刚架结构。最简单的线单元在两端有两个节点，单元内的横截面积可以变化也可保持不变。

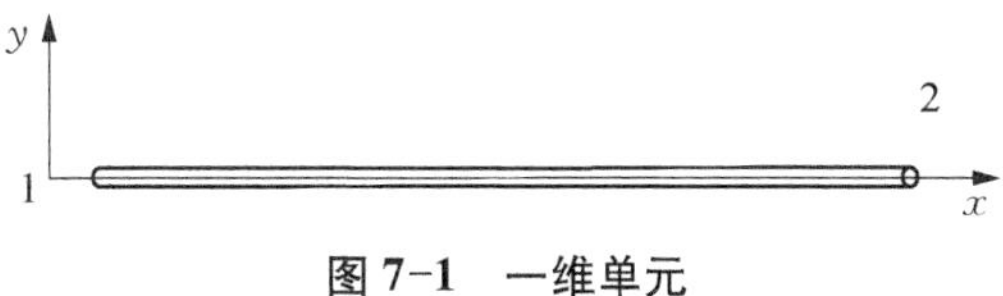

图 7-1　一维单元

常用的二维单元（又称为平面单元）是平面应力状态或平面应变状态常用的单元类型，主要包括三角形单元和四边形单元（图 7-2）。最简单的二维单元仅有角节点和直边或直边界，称为线性平面单元，其余含有边中节点和曲线边界的称为高阶单元。二维单元可以是变厚度的，也可以是等厚度的。

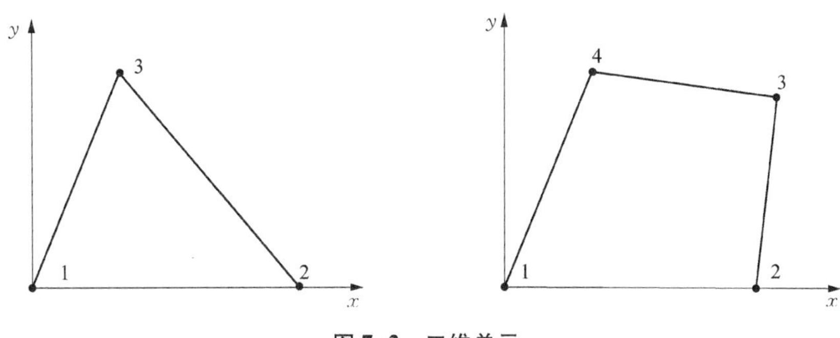

图 7-2　二维单元

常用的三维单元是四面体单元和六面体单元，通常在必须进行三维分析时使用此类单元（图 7-3）。基本的三维单元只有角点和直边，而高阶单元有边中节点，也可以是面中节点，或者将曲面作为侧面。

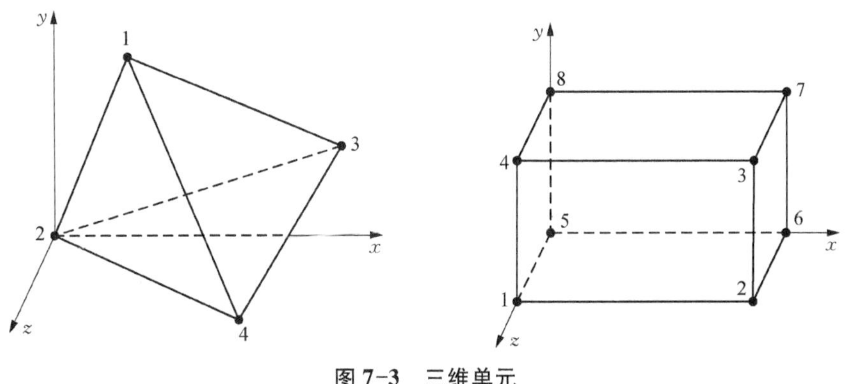

图 7-3　三维单元

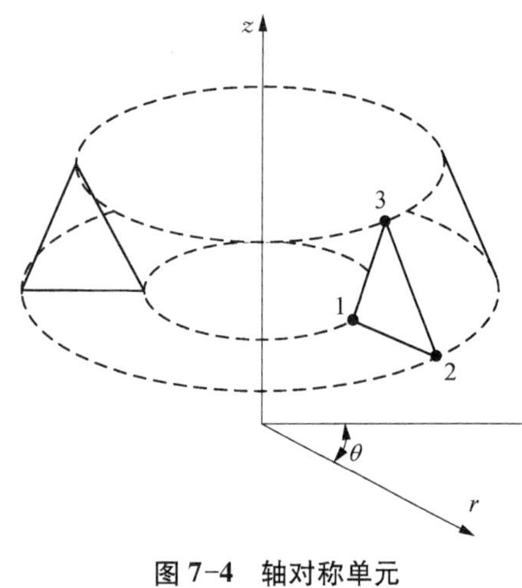

图 7-4 轴对称单元

另外一种特殊的轴对称单元是通过绕单元平面内的固定轴转动一个三角形或四边形得到的，如图 7-4 所示，此类单元用于几何形状和载荷都是轴对称的情况。

2. 结构离散化过程

1）单元类型选择

单元的类型通常是根据工程结构问题本身的特点进行选择。对于如图 7-5 所示的桁架结构，如果需要分析其在给定载荷条件下的内力和变形，可以将所有杆件等效为单独的一维杆单元进行分析。而对于如图 7-6 所示的短梁结构，采用一维的梁单元分析其力学性能就不太恰当了，此时宜采用三维实体单元对其进行简化。

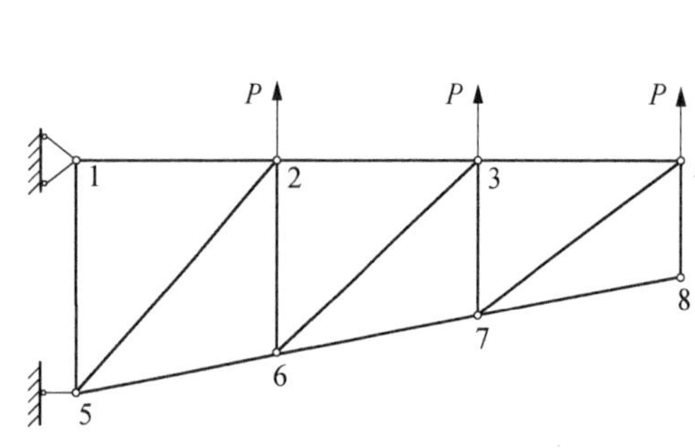

图 7-5 杆单元理想化桁架结构

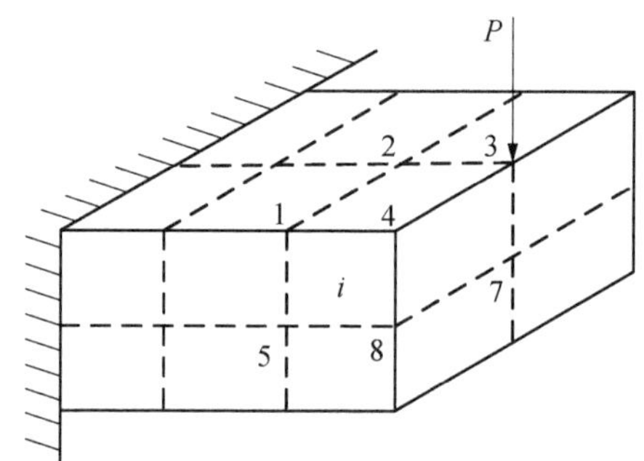

图 7-6 三维实体单元理想化短梁结构

另外，在某些工程结构问题中，不能仅用一类单元进行简化。例如，分析飞机机翼结构（图 7-7）时，由于结构中包含上下蒙皮、梁、桁条、腹板和凸缘等部分，需要同时使用三角形板单元（用于蒙皮）、三维梁单元（用于梁）、矩形剪切板（用于腹板和翼肋）和刚架单元（用于凸缘）等。

2）单元的尺寸确定

单元的尺寸直接影响着有限元问题求解的收敛性和计算效率。通常对于形状规则或者连续单一的结构，可以采用相同尺寸的单元；而对于某些结构，需要在不同区域选择不同尺寸大小的单元，如图 7-8 所示带孔的薄板结构，在孔洞附近通常具有应力集中区域，单元尺寸应小于远离孔洞的区域的单元尺寸，既可以保证计算精度，也可以减少计算耗时。

3）单元节点的设置

通常情况下，如果结构在几何形状、材料性质和外部条件（如载荷、温度等）方面连续无突变时，可将其单元设置为尺寸相等、节点间距均匀的状态。否则，如果所研究的工程结构问题在以上方面有间断的话，需在这些间断处设置节点（图 7-9）。

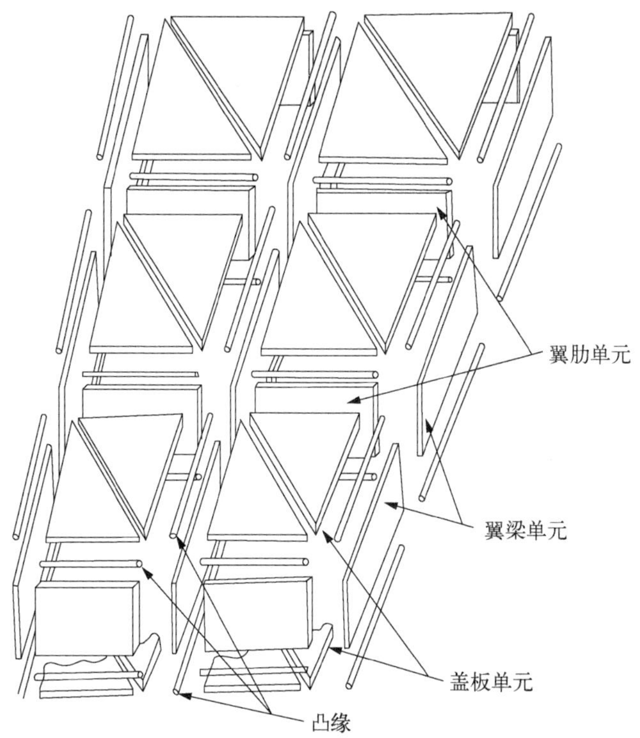

图 7-7　多种单元理想化简化机翼结构

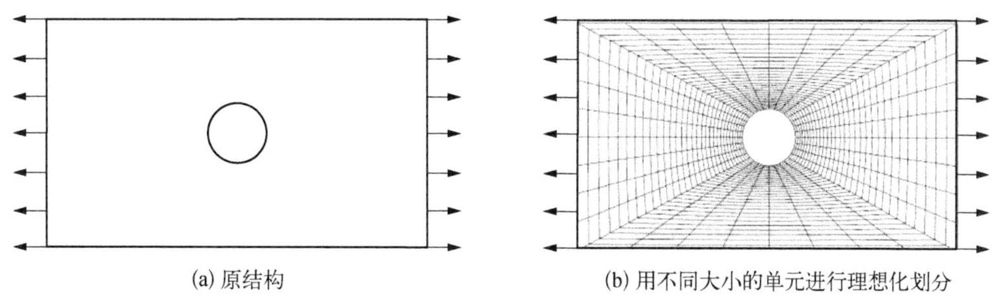

(a) 原结构　　(b) 用不同大小的单元进行理想化划分

图 7-8　带孔的薄板结构单元划分示意

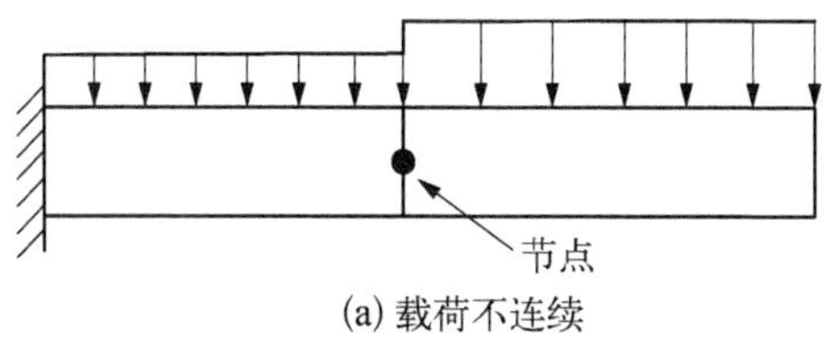

(a) 载荷不连续

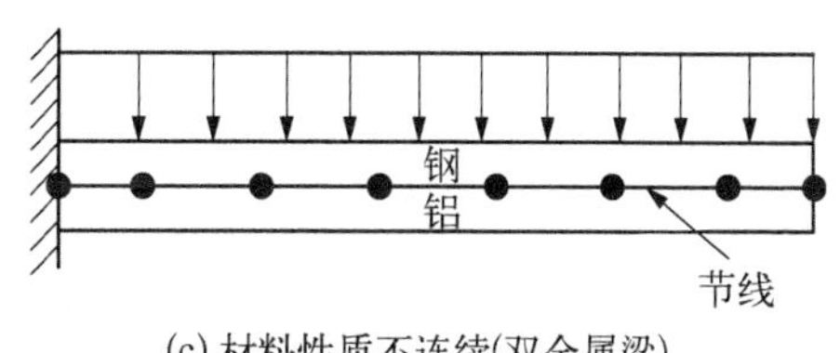

(c) 材料性质不连续(双金属梁)

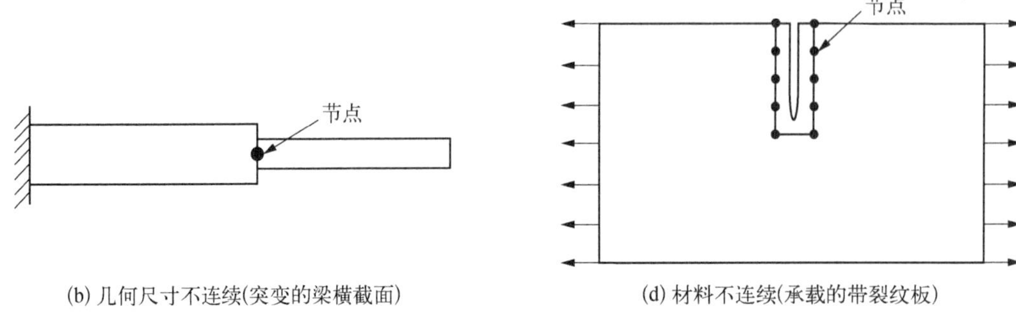

(b) 几何尺寸不连续(突变的梁横截面)　　(d) 材料不连续(承载的带裂纹板)

图 7-9　几种设置单元节点的典型情况

4）单元数量的设置

只通过逐步加密有限元网格来提高计算精度的方法称为“h 方法”。虽然减小单元的尺寸,增加单元的数量通常可以提高计算的精度,但对于某一个特定的问题,也会存在某个特定的单元数 N_0,当单元数目超过这个特定的数值时,所研究问题的求解精度就基本不再发生变化,如果继续增加单元的数量,会导致自由度数增大,进而给计算机内存存放大量的矩阵带来压力。

5）根据实际问题特点进行适当简化

针对实际工程结构问题,还可根据结构的实际特点,对有限元模型进行适当简化。例如,很多实际工程结构具有对称性,如果结构的形状和加载条件都是对称的,则在有限元建模过程中只需考虑结构的一半即可(但在求解过程中必须加入对称条件)。下面介绍几个典型的例子。

如图 7-10 所示的典型弹体结构模型,由图中可以看出,其结构和载荷均以 A-A 对称。因此,在分析该问题时,可以采用一半的结构进行分析,但是,在求解过程中需加入在对称线上横向位移 $u=0$ 这一条件。

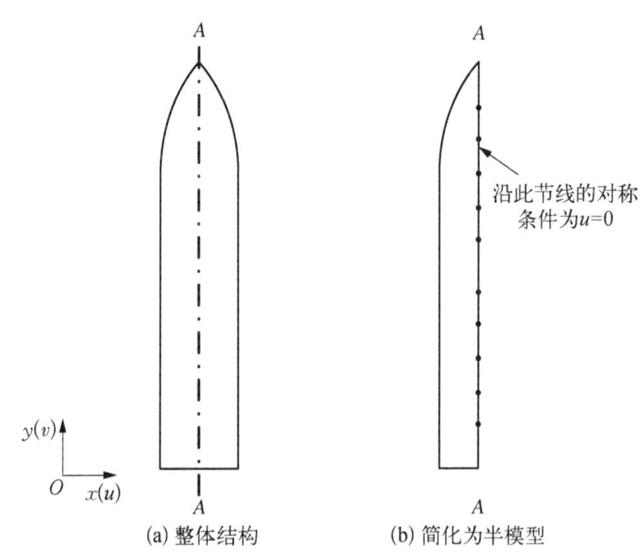

(a) 整体结构　　(b) 简化为半模型

图 7-10　典型弹体结构模型示意图

如图 7-11(a)所示的刚架结构,全结构由三个梁构成。由图可知,梁结构对称,且加载于 1 节点(中点)的集中载荷 P 也是对称的,由于在对称线上的节点 1 的横向位移是反对称的,必等于 0,也就是相当于在节点 1 的横向加上刚性支座,则原问题可简化为如图 7-11(b)所示的结构。

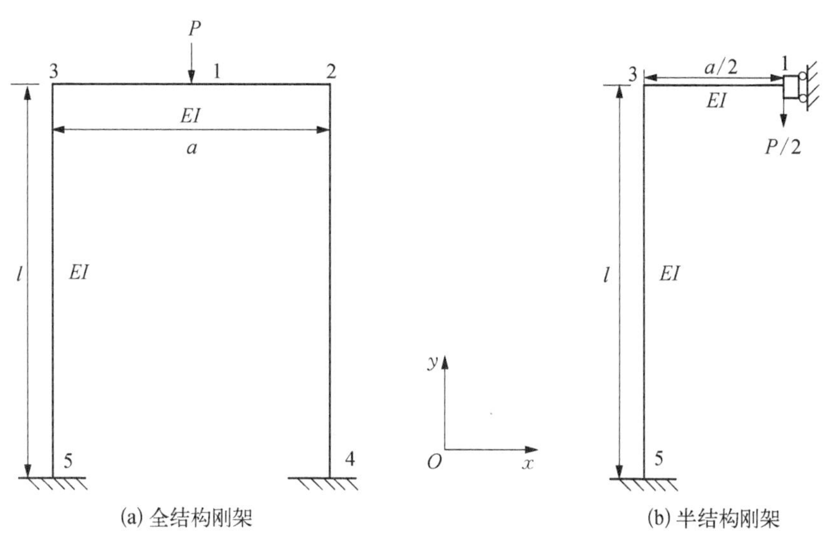

图 7-11 对称问题的半结构简化

6) 节点编号方案

有限元法的优势在于可以利用一系列的离散的、具有简单几何形状的单元对一个外形比较复杂的工程结构进行建模,而各个单元的建模方法是相同的,这也是为什么采用有限元法能够很容易地利用计算机来实现的原因之一。但是,要使得计算更加简单方便,还必须对模型采取有序的编号方案。

单元节点编号包括局部节点编号和整体节点编号,局部节点编号是指某个单元内部的编号,通常用节点数加一横线表示,而按照结构整体节点顺序排列的节点编号为整体编号。

7.3.2 单元位移函数确定

有限元法的基本思路是分段逼近,即把所研究的复杂工程结构划分为许多小的单元,再对每个单元用简单函数近似求解,最后得到复杂问题的解。每个单元节点在节点力作用下产生位移,但是如果仅知道节点位移,无法直接求出单元内的应力和应变。因此,采用节点位移表示单元的应力和应变时,需要假设单元内任一点的位移分量是坐标的某种函数。因此,最必要的步骤是为每一个单元的解选择一个简单的函数,用于表示单元内位移的形状,称为位移函数。位移函数通常可表示为平面坐标的函数,对于二维单元,如在 x-y 平面内,位移函数用节点未知量表示,即利用节点坐标 x 分量和 y 分量表示。

采用多项式形式的位移函数的建立和有限元方程的计算都比较简单,特别是易于进行微分和积分。

1）位移函数的多项式形式

一维单元中，位移函数的多项式形式可表示为

$$u(x) = a_1 + a_2 x + a_3 x^2 + \cdots + a_{n+1} x^n \tag{7-1}$$

二维单元中，位移函数的多项式形式可表示为

$$u(x, y) = a_1 + a_2 x + a_3 y + a_4 x^2 + a_5 y^2 + a_6 xy + \cdots + a_m y^n \tag{7-2}$$

三维单元中，位移函数的多项式形式可表示为

$$\begin{aligned} u(x, y, z) = a_1 &+ a_2 x + a_3 y + a_4 z + a_5 x^2 + a_6 y^2 \\ &+ a_7 z^2 + a_8 xy + a_9 yz + a_{10} zx + \cdots + a_m y^n \end{aligned} \tag{7-3}$$

虽然多项式阶数越高，工程问题的计算精度也越高，但同时也会带来巨大的计算量，因此常用的位移函数包括一次、二次或三次多项式。

2）位移函数多项式阶次的选择

以上所假设的单元位移函数实质是将单元内任一点的位移量用此点的坐标表示，坐标前的系数 a_i 需要通过将单元节点的位移量代入位移函数求出，因此 a_i 的数目应等于单元节点自由度的数目。同时，多项式描述的位移形式应与单元的局部坐标系无关，即在不同单元的局部坐标系中，位移函数的表达式保持不变。增加多项式的阶数还可以改善结果的精度，保持有限元网格固定不变，增加各单元上位移函数的阶次来提升计算精度的方法称为“p 方法”。

3）收敛性要求

由于有限元法属于数值计算方法，所得结果通常为近似解，如果位移函数满足收敛性要求，当单元的尺寸逐渐缩小时，此近似解就能够逐渐收敛于精确解。位移函数收敛准则归纳起来包括以下三条。

（1）位移函数中必须含有反应刚体运动的项。每个单元的位移一般总是包含两部分：一部分是本单元形变引起的，另一部分是与单元形变无关的，即刚体位移。刚体位移是由其他单元发生形变而连带引起的，例如，悬臂梁自由端本身形变很小，位移主要是连带引起的，多项式位移函数中的常数项即可体现这一刚体位移。

（2）位移函数应反映单元的常应变。当单元尺寸无限缩小时，单元应变将趋于常量。因此，单元位移函数中应包括常应变项。由于应变是位移的一阶导数，常应变即要求位移函数含有一次项。

（3）位移函数必须保证在相邻单元的接触面上，应变是有限的。在平面应力和空间应力问题中，应变是位移的一阶导数，接触面上的应变有限即意味着位移连续；在板壳问题中，应变是位移的二阶导数，因此要求位移及其一阶导数都连续。此条件保证两相连单元不会发生互相脱离或互相侵入的现象。

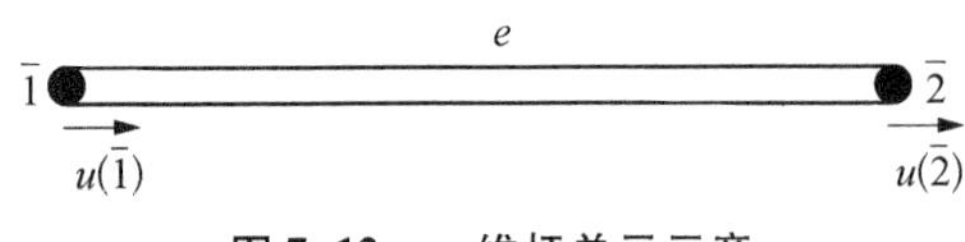

图 7-12　一维杆单元示意

例题 7-1　如图 7-12 所示的一维杆单元 e，已知单元长度为 l，杆端 $\bar{1}$ 节点和 $\bar{2}$ 节点的位移分别是 $u(\bar{1}) = \bar{\delta}_1$ 和 $u(\bar{2}) = \bar{\delta}_2$，试推导其单元函数。

解： 单元位移函数确定。

在局部坐标系下，杆上任意一点 X 的坐标为 x，由于仅有杆端部 $\bar{1}$ 节点和 $\bar{2}$ 节点存在位移边界条件，即每个节点有一个自由度，整个杆单元共有两个自由度，因此假设杆单元中点 X 的位移含有两个未知系数，可表示为

$$u(x) = a_1 + a_2 x \tag{7-4}$$

式中，a_1 和 a_2 为待定系数，又称为广义坐标，利用杆单元端部节点的边界条件可求得

$$a_1 = \bar{\delta}_1, \quad a_2 = \frac{\bar{\delta}_2 - \bar{\delta}_1}{l} \tag{7-5}$$

由此可得到杆单元任意一点 X 的位移可表示为

$$u(x) = \bar{\delta}_1 + \frac{\bar{\delta}_2 - \bar{\delta}_1}{l}x = \left(1 - \frac{x}{l}\right)\bar{\delta}_1 + \frac{x}{l}\bar{\delta}_2 \tag{7-6}$$

为了求解方便，引入量纲为 1 的自然坐标 $\xi = \dfrac{x}{l}$，将式(7-6)改写为

$$u(x) = N_1\bar{\delta}_1 + N_2\bar{\delta}_2 = [N_1 \quad N_2]^{\mathrm{T}}\begin{Bmatrix}\bar{\delta}_1 \\ \bar{\delta}_2\end{Bmatrix} = \boldsymbol{N}\bar{\boldsymbol{\delta}}_e \tag{7-7}$$

式中，$N_1 = 1 - \xi$、$N_2 = \xi$ 是仅发生单位杆端位移时所引起的单元变形形式，即形状函数或插值函数，矩阵 N 是形函数矩阵，它把单元的节点位移与单元内任一点的位移联系起来。

有限元法中的单元节点将结构离散化为有限元的集合，实现了结构模型的离散化，形状函数则完成了数学模型的离散化，把孤立的节点位移化为连续的位移函数 $u(x)$。结构模型离散化和数学模型的离散化步骤构成了有限元法的理论基础。

例题 7-2 图 7-13 中表示一个典型的三角形单元 e，3 个节点按照逆时针排列分别为 i、j、k，试推导常应变三角形单元的位移函数。

解： 3 个节点 i、j、k 允许在 $\pm x$ 和 $\pm y$ 方向上有位移，即每个节点均有 2 个自由度，节点的位移分量可表示为

$$\bar{\boldsymbol{\delta}}_i = \begin{Bmatrix}u_i \\ v_i\end{Bmatrix}, \quad \bar{\boldsymbol{\delta}}_j = \begin{Bmatrix}u_j \\ v_j\end{Bmatrix}, \quad \bar{\boldsymbol{\delta}}_m = \begin{Bmatrix}u_m \\ v_m\end{Bmatrix} \tag{7-8}$$

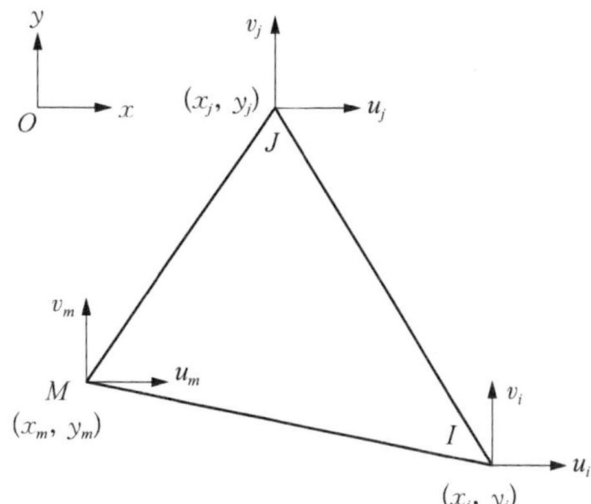

图 7-13 典型三角形单元示意

三角形单元 e 的 6 个位移分量可统一表示为

$$\bar{\boldsymbol{\delta}}_e = \begin{Bmatrix}\bar{\boldsymbol{\delta}}_i \\ \bar{\boldsymbol{\delta}}_j \\ \bar{\boldsymbol{\delta}}_m\end{Bmatrix} = [u_i, \quad v_i, \quad u_j, \quad v_j, \quad u_m, \quad v_m]^{\mathrm{T}} \tag{7-9}$$

由于单元的节点位移有 6 个自由度,位移函数中广义位移也应有 6 项,只有取多项式的前 3 项,即选取

$$\begin{cases} u = \alpha_1 + \alpha_2 x + \alpha_3 y \\ v = \alpha'_1 + \alpha'_2 x + \alpha'_3 y \end{cases} \tag{7-10}$$

由此,可将位移假设为坐标的线性函数,从而使问题大大简化。虽然结构内部各点的位移变化情况非常复杂,但有限元法中将整个结构离散成多个小单元,对每个单元而言,位移函数即可用线性函数近似表示。由此可利用 3 个节点 i、j、k 的 6 个位移量求解出式(7-10)的 6 个系数。首先,将节点 x 方向的位移表示为坐标的形式:

$$\begin{cases} u_i = \alpha_1 + \alpha_2 x_i + \alpha_3 y_i \\ u_j = \alpha_1 + \alpha_2 x_j + \alpha_3 y_j \\ u_m = \alpha_m + \alpha_2 x_m + \alpha_3 y_m \end{cases} \tag{7-11}$$

由此求得

$$\begin{cases} \alpha_1 = \dfrac{1}{2\Delta}(a_i u_i + a_j u_j + a_m u_m) \\ \alpha_2 = \dfrac{1}{2\Delta}(b_i u_i + b_j u_j + b_m u_m) \\ \alpha_3 = \dfrac{1}{2\Delta}(c_i u_i + c_j u_j + c_m u_m) \end{cases} \tag{7-12}$$

式中,$a_i = x_j y_m - x_m y_j$;$a_j = x_m y_i - x_i y_m$;$a_m = x_i y_j - x_j y_i$;$b_i = y_j - y_m$;$b_j = y_m - y_i$;$b_m = y_i - y_j$;$c_i = x_m - x_j$;$c_j = x_i - x_m$;$c_m = x_j - x_i$;$\Delta = \dfrac{1}{2}\begin{vmatrix} 1 & x_i & y_i \\ 1 & x_j & y_j \\ 1 & x_m & y_m \end{vmatrix} = \dfrac{1}{2}(b_i c_j - b_j c_i)$。

将式(7-12)代入式(7-10)中,整理可得位移分量 u 的表达式为

$$u = \frac{1}{2\Delta}[(a_i + b_i x + c_i y)u_i + (a_j + b_j x + c_j y)u_j + (a_m + b_m x + c_m y)u_m] \tag{7-13}$$

同理可得

$$v = \frac{1}{2\Delta}[(a_i + b_i x + c_i y)v_i + (a_j + b_j x + c_j y)v_j + (a_m + b_m x + c_m y)v_m] \tag{7-14}$$

将式(7-13)和式(7-14)写成矩阵的形式为

$$\begin{Bmatrix} u(x,\ y) \\ v(x,\ y) \end{Bmatrix} = \begin{bmatrix} N_i & 0 & N_j & 0 & N_m & 0 \\ 0 & N_i & 0 & N_j & 0 & N_m \end{bmatrix} \begin{Bmatrix} u_i \\ v_i \\ u_j \\ v_j \\ u_m \\ v_m \end{Bmatrix} = \boldsymbol{N}\bar{\boldsymbol{\delta}}_e \tag{7-15}$$

即

$$d = N\bar{\boldsymbol{\delta}}_e \tag{7-16}$$

式中，$\boldsymbol{N}$ 即为形状函数矩阵或简称形函数矩阵，其元素 N_i、N_j、N_m 为形函数，是坐标的函数，即三角形单元 e 内任意一点的位移矩阵 $\boldsymbol{d}$ 均可用该单元节点位移排列成的矩阵（称为单元节点位移矩阵）$\bar{\boldsymbol{\delta}}_e$ 来表示。

7.3.3　单元特性分析

确定了单元位移函数之后，就可以对单元特性进行分析了，单元特性分析主要包括求解单元内任一点的应变、应力及单元的刚度矩阵。

首先利用几何方程可将单元中任意一点的应变 $\boldsymbol{\varepsilon}_e$ 用待定的单元节点位移 $\bar{\boldsymbol{\delta}}_e$ 来表示，即建立如下矩阵方程：

$$\boldsymbol{\varepsilon}_e = \boldsymbol{B}\bar{\boldsymbol{\delta}}_e \tag{7-17}$$

式中，$\boldsymbol{B}$ 为应变矩阵，也称为变形矩阵，其元素是坐标的函数。

另外，利用应力-应变关系可推导出用单元节点位移 $\bar{\boldsymbol{\delta}}_e$ 表示的单元任一点应力 $\boldsymbol{\sigma}_e$ 的矩阵方程：

$$\boldsymbol{\sigma}_e = \boldsymbol{DB}\bar{\boldsymbol{\delta}}_e = \boldsymbol{S}\bar{\boldsymbol{\delta}}_e \tag{7-18}$$

式中，$\boldsymbol{D}$ 是由材料本构关系确定的本构矩阵；$\boldsymbol{S} = \boldsymbol{DB}$，称为应力矩阵，其元素一般也是坐标的函数。

其次，利用虚位移原理或最小势能原理建立单元刚度矩阵方程，以虚位移原理为例，设单元节点虚位移为 $\delta\boldsymbol{a}^e$，则单元内任意一处的虚应变为

$$\delta\boldsymbol{\varepsilon} = \boldsymbol{B}\delta\boldsymbol{a}^e \tag{7-19}$$

不考虑体积力的情况下，单元内力虚功和外力虚功可分别表示为

$$\begin{aligned}\delta W_\sigma^e &= -\int_{\Omega_e}\delta\boldsymbol{\varepsilon}^{\mathrm{T}}\boldsymbol{\sigma}\mathrm{d}\Omega \\ &= -\int_{\Omega_e}(\boldsymbol{B}\delta\boldsymbol{a}^e)^{\mathrm{T}}(\boldsymbol{DB}\bar{\boldsymbol{\delta}}_e)\mathrm{d}\Omega \\ &= -\delta(\boldsymbol{a}^e)^{\mathrm{T}}\left(\int_{\Omega_e}\boldsymbol{B}^{\mathrm{T}}\boldsymbol{DB}\mathrm{d}\Omega\right)\bar{\boldsymbol{\delta}}_e\end{aligned} \tag{7-20}$$

式中，Ω 表示积分常变量；Ω_e 表示单元体积。

$$\delta W = (\delta\boldsymbol{a}^e)^{\mathrm{T}}(\bar{\boldsymbol{F}}_e + \bar{\boldsymbol{F}}_E^e) \tag{7-21}$$

式中，$\bar{\boldsymbol{F}}_e$ 为单元节点力矩阵，表示所研究单元的相邻单元的作用力；$\bar{\boldsymbol{F}}_E^e$ 为表示局部坐标系下所研究单元的外载荷转换为作用于节点上的单元等效载荷矩阵。

由虚功原理 $\delta W_\sigma^e + \delta W = 0$ 得

$$-\delta(\boldsymbol{a}^e)^{\mathrm{T}}\left(\int_{\Omega_e}\boldsymbol{B}^{\mathrm{T}}\boldsymbol{DB}\mathrm{d}\Omega\right)\bar{\boldsymbol{\delta}}_e + (\delta\boldsymbol{a}^e)^{\mathrm{T}}(\bar{\boldsymbol{F}}_e + \bar{\boldsymbol{F}}_E^e) = 0 \tag{7-22}$$

由虚位移 $\delta \boldsymbol{a}^e$ 的任意性可得

$$\bar{\boldsymbol{k}}_e \bar{\boldsymbol{\delta}}_e = \bar{\boldsymbol{F}}_e + \bar{\boldsymbol{F}}_E^e \tag{7-23}$$

式中，$\bar{\boldsymbol{k}}_e$ 由虚位移原理或最小势能原理推导所得，是将单元节点位移和单元节点力、单元等效节点载荷联系起来的单元刚度矩阵，一般的计算公式为

$$\bar{\boldsymbol{k}}_e = \int_{\Omega_e} \boldsymbol{B}^{\mathrm{T}} \boldsymbol{D} \boldsymbol{B} \mathrm{d}\Omega \tag{7-24}$$

例题 7-3 取例题 7-2 中的一维杆单元，假设单元横截面积为 A，材料弹性模量为 E，受轴向分布载荷 $p(\bar{x})$，杆端部 $\bar{1}$ 节点和 $\bar{2}$ 节点的集中载荷分别为 $\bar{F}_{\bar{1}}$ 和 $\bar{F}_{\bar{2}}$，试对其进行单元特性分析。

解：(1) 单元位移函数确定。

由例题 7-2 可知单元位移函数为

$$u(x) = N_1\bar{\delta}_1 + N_2\bar{\delta}_2 = [N_1 \quad N_2]\begin{pmatrix}\bar{\delta}_1 \\ \bar{\delta}_2\end{pmatrix} = \boldsymbol{N}\bar{\boldsymbol{\delta}}_e \tag{7-25}$$

(2) 应变分析。

将式(7-25)代入杆件轴向拉压的几何方程可得

$$\boldsymbol{\varepsilon}_e = \frac{\mathrm{d}u(x)}{\mathrm{d}x} = \frac{\mathrm{d}N}{\mathrm{d}x}\bar{\boldsymbol{\delta}}_e = \left(-\frac{1}{l} \quad \frac{1}{l}\right)\bar{\boldsymbol{\delta}}_e = [B_1 \quad B_2]\bar{\boldsymbol{\delta}}_e = \boldsymbol{B}\bar{\boldsymbol{\delta}}_e \tag{7-26}$$

式中，$\boldsymbol{B}$ 为应变矩阵，用于将应变和单元节点位移关联起来。

(3) 应力分析。

由应力-应变关系可知

$$\boldsymbol{\sigma}_e = E\boldsymbol{\varepsilon}_e = E\boldsymbol{B}\bar{\boldsymbol{\delta}}_e = E\left(-\frac{1}{l} \quad \frac{1}{l}\right)\bar{\boldsymbol{\delta}}_e = \boldsymbol{S}\bar{\boldsymbol{\delta}}_e \tag{7-27}$$

式中，$\boldsymbol{S}$ 为应力矩阵，用于将应力和单元节点位移关联起来，由此进一步得到单元的应变能为

$$V = \frac{1}{2}\int_0^l \boldsymbol{\sigma}_e \boldsymbol{\varepsilon}_e A\mathrm{d}x = \frac{1}{2}\int_0^l \bar{\boldsymbol{\delta}}_e^{\mathrm{T}} \boldsymbol{B}^{\mathrm{T}} EA\boldsymbol{B}\bar{\boldsymbol{\delta}}_e \mathrm{d}x \tag{7-28}$$

(4) 建立单元刚度矩阵方程。

考虑采用最小势能原理构建杆单元端部载荷和位移之间的关系，即建立单元刚度矩阵方程。单元的外力势能为

$$E_p^* = -\left[\bar{\boldsymbol{F}}_e^{\mathrm{T}}\bar{\boldsymbol{\delta}}_e + \int_0^l p(x)u(x)\mathrm{d}x\right] = -\left[\bar{\boldsymbol{F}}_e^{\mathrm{T}} + \int_0^l p(x)\boldsymbol{N}\mathrm{d}x\right]\bar{\boldsymbol{\delta}}_e \tag{7-29}$$

式中，$\bar{\boldsymbol{F}}_e$ 为单元节点力矩阵，表示杆单元相邻的单元的作用力。单元的总势能为

$$E_p = V + E_p^* = \frac{1}{2}\int_0^l \bar{\boldsymbol{\delta}}_e^{\mathrm{T}}\boldsymbol{B}^{\mathrm{T}}EA\boldsymbol{B}\bar{\boldsymbol{\delta}}_e \mathrm{d}x - \left[\bar{\boldsymbol{F}}_e^{\mathrm{T}} + \int_0^l p(x)\boldsymbol{N}\mathrm{d}x\right]\bar{\boldsymbol{\delta}}_e \tag{7-30}$$

记局部坐标单元刚度矩阵为 $\bar{\boldsymbol{k}}_e$，单元等效节点载荷矩阵为 $\bar{\boldsymbol{F}}_E^e$，因此可得

$$\int_0^l \boldsymbol{B}^{\mathrm{T}} EA\boldsymbol{B}\mathrm{d}x = \bar{\boldsymbol{k}}_e, \quad \int_0^l p(x)\boldsymbol{N}^{\mathrm{T}}\mathrm{d}x = \bar{\boldsymbol{F}}_E^e \tag{7-31}$$

则式(7-30)可转化为

$$E_p = \frac{1}{2}\bar{\boldsymbol{\delta}}_e^{\mathrm{T}}\bar{\boldsymbol{k}}_e\bar{\boldsymbol{\delta}}_e - (\bar{\boldsymbol{F}}_e + \bar{\boldsymbol{F}}_E^e)^{\mathrm{T}}\bar{\boldsymbol{\delta}}_e \tag{7-32}$$

由最小势能原理可知，总势能一阶变分等于0，即对于 $\bar{\boldsymbol{\delta}}_e$ 的偏导数等于0，可得到单元刚度方程为

$$\bar{\boldsymbol{k}}_e\bar{\boldsymbol{\delta}}_e = \bar{\boldsymbol{F}}_e + \bar{\boldsymbol{F}}_E^e \tag{7-33}$$

由式(7-26)知，此处杆单元的应变矩阵 $\boldsymbol{B} = \frac{1}{l}[-1 \quad 1]$，则代入式(7-31)中可求解出

$$\bar{\boldsymbol{k}}_e = \int_0^l \boldsymbol{B}^{\mathrm{T}} EA\boldsymbol{B}\mathrm{d}x = \frac{EA}{l}\begin{bmatrix} 1 & -1 \\ -1 & 1 \end{bmatrix} \tag{7-34}$$

当单元上承受均布轴向载荷 p 时，$\bar{\boldsymbol{F}}_E^e = \begin{bmatrix} \frac{1}{2}pl & \frac{1}{2}pl \end{bmatrix}^{\mathrm{T}}$；当单元上距 $\bar{1}$ 节点 x_i 处承受集中轴向载荷 F_p 时，$p(x) = F_p\delta(x - x_i)$，则

$$\bar{\boldsymbol{F}}_E^e = \int_0^l p(x)\boldsymbol{N}^{\mathrm{T}}\mathrm{d}x = \int_0^l F_p\delta(x - x_i)\boldsymbol{N}^{\mathrm{T}}\mathrm{d}x = \begin{bmatrix} F_p\left(1 - \frac{x_i}{l}\right) & F_p\frac{x_i}{l} \end{bmatrix}^{\mathrm{T}} \tag{7-35}$$

对 7.3.2 节和 7.3.3 节总结可知，单元分析的关键是确定用单元节点位移表达的单元内部位移场，将位移场的确定转化为形函数及形函数矩阵的确定问题，形函数的确定通常采用试凑法和广义坐标法。上述介绍的方法均为广义坐标法，即将位移场设为坐标的多项式函数，多项式函数的项数取决于节点位移的个数，利用所设位移场在节点处的取值确定广义坐标，进一步代入级数表达式即可求出形函数。试凑法则是根据形函数的性质，直接试凑自动满足形函数性质的单元位移场。

7.3.4　结构总体刚度矩阵组装

根据结构整体的平衡方程 $\boldsymbol{k\delta} = \boldsymbol{F}$ 可知，结构总体刚度矩阵是由单元刚度矩阵集合而成的。如果利用有限元法将一个复杂结构离散为 n 个单元，则总体刚度矩阵 $\boldsymbol{k}$ 可由各个单元的刚度矩阵 $\boldsymbol{k}_e$ 组装而成，即

$$\boldsymbol{k} = \sum_i^n \boldsymbol{k}_e \tag{7-36}$$

式(7-36)中，$\boldsymbol{k}$ 是由每个单元的刚度矩阵 $\boldsymbol{k}_e$ 的各个系数按其编号对号入座叠加而成的。需要注意的是，这种叠加要求在同一总体坐标系下进行，如果各单元的刚度矩阵是在单元局部坐标下建立的，就必须通过坐标变换将其转换到统一的总体坐标系，即

$$\boldsymbol{\delta}_e = \boldsymbol{T}\bar{\boldsymbol{\delta}}_e \tag{7-37}$$

式中，$\boldsymbol{\delta}_e$ 和 $\bar{\boldsymbol{\delta}}_e$ 分别表示总体坐标系和局部坐标系下的单元节点位移矩阵；$\boldsymbol{T}$ 为坐标转换矩阵，仅与两个坐标系的夹角有关，由此可进一步得到

$$\boldsymbol{k}_e = \boldsymbol{T}^{\mathrm{T}}\bar{\boldsymbol{k}}_e\boldsymbol{T} \tag{7-38}$$

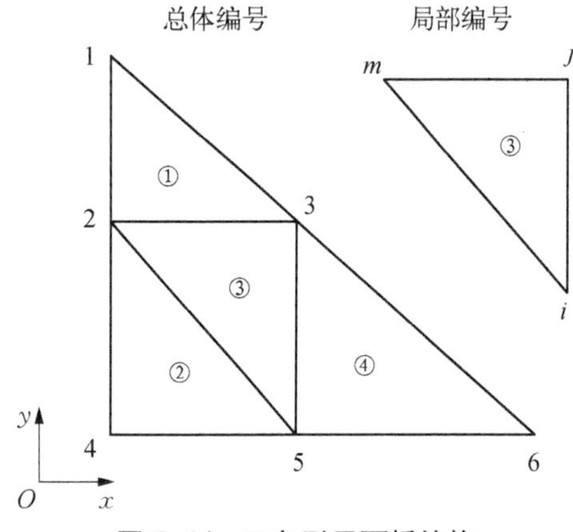

图 7-14　三角形平面板结构

接下来通过简单的例子来说明如何通过单元刚度矩阵组装成总体刚度矩阵。假设某三角形平面板结构，采用有限元法求解，利用 6 个节点将其离散为如图 7-14 所示的 4 个单元，每个节点有 x 和 y 两个方向的自由度。总体刚度矩阵的组装过程可以分为以下步骤。

（1）按照单元局部编号顺序形成单元刚度矩阵。如图 7-14 所示的单元③，局部编号顺序为 i、j、m，形成的单元矩阵以子矩阵的形式给出：

$$\begin{array}{c} \quad\quad\; i \quad\;\; j \quad\;\; m \\ \boldsymbol{k}_3 = \begin{bmatrix} \boldsymbol{k}_{ii} & \boldsymbol{k}_{ij} & \boldsymbol{k}_{im} \\ \boldsymbol{k}_{ji} & \boldsymbol{k}_{jj} & \boldsymbol{k}_{jm} \\ \boldsymbol{k}_{mi} & \boldsymbol{k}_{mj} & \boldsymbol{k}_{mm} \end{bmatrix} \begin{array}{c} i \\ j \\ m \end{array} \end{array} \tag{7-39}$$

（2）将单元的局部编号（i, j, m）换成总体编号，相应地把单元刚度矩阵中子矩阵的下标也换成总体编号。对图 7-14 中单元③的刚度矩阵换成总体编号后得

$$\begin{array}{c} \quad\quad i(5) \;\; j(3) \;\; m(2) \\ \boldsymbol{k}_3 = \begin{bmatrix} \boldsymbol{k}_{55} & \boldsymbol{k}_{53} & \boldsymbol{k}_{52} \\ \boldsymbol{k}_{35} & \boldsymbol{k}_{33} & \boldsymbol{k}_{32} \\ \boldsymbol{k}_{25} & \boldsymbol{k}_{23} & \boldsymbol{k}_{22} \end{bmatrix} \begin{array}{c} i(5) \\ j(3) \\ m(2) \end{array} \end{array} \tag{7-40}$$

（3）将转换后的单元刚度矩阵的各子矩阵，投放到总体刚度矩阵的对应位置上，单元③中各子矩阵投放后的情况如下：

$$\begin{array}{c} 1 \quad 2 \quad 3 \quad 4 \quad 5 \quad 6 \\ \begin{bmatrix} & & & \\ \boldsymbol{k}_{22} & \boldsymbol{k}_{23} & \cdots & \boldsymbol{k}_{25} \\ \boldsymbol{k}_{32} & \boldsymbol{k}_{33} & \cdots & \boldsymbol{k}_{35} \\ \vdots & \vdots & \ddots & \vdots \\ \boldsymbol{k}_{52} & \boldsymbol{k}_{53} & \cdots & \boldsymbol{k}_{55} \\ & & & \end{bmatrix} \begin{array}{c} 1 \\ 2 \\ 3 \\ 4 \\ 5 \\ 6 \end{array} \end{array} \tag{7-41}$$

（4）将所有的单元都执行上述的（1）～（3）步，便可得到总体刚度矩阵：

$$
\boldsymbol{k}=\begin{bmatrix}
\boldsymbol{k}_{11}^{1} & \boldsymbol{k}_{12}^{1} & \boldsymbol{k}_{13}^{1} & & & \\
\boldsymbol{k}_{21}^{1} & \boldsymbol{k}_{22}^{1+2+3} & \boldsymbol{k}_{23}^{1+3} & \boldsymbol{k}_{24}^{2} & \boldsymbol{k}_{25}^{2+3} & \\
\boldsymbol{k}_{31}^{1} & \boldsymbol{k}_{32}^{1+3} & \boldsymbol{k}_{33}^{1+3+4} & & \boldsymbol{k}_{35}^{3+4} & \boldsymbol{k}_{36}^{4} \\
 & \boldsymbol{k}_{42}^{2} & & \boldsymbol{k}_{44}^{2} & \boldsymbol{k}_{45}^{2} & \\
 & \boldsymbol{k}_{52}^{2+3} & \boldsymbol{k}_{53}^{3+4} & \boldsymbol{k}_{54}^{2} & \boldsymbol{k}_{55}^{2+3+4} & \boldsymbol{k}_{56}^{4} \\
 & & \boldsymbol{k}_{63}^{4} & & \boldsymbol{k}_{65}^{4} & \boldsymbol{k}_{66}^{4}
\end{bmatrix} \tag{7-42}
$$

式中，子矩阵 $\boldsymbol{k}_{ij}^{s}$ 的上标 s 表示第 s 个单元所累加的子矩阵。

（5）从式(7-42)可知，总体刚度矩阵中的子矩阵 $\boldsymbol{k}_{ij}$ 是单元刚度矩阵的子矩阵转换成总体编号后具有相同的下标 i、j 的子矩阵的累加。总体刚度矩阵中第 i 行非零子矩阵是由与节点 i 相连的单元的子矩阵向这行投放所构成的。

7.3.5　整体结构平衡方程求解

1. 节点平衡方程集成

由单元特性分析可知，单元刚度方程为

$$
\bar{\boldsymbol{k}}_{e}\bar{\boldsymbol{\delta}}_{e}=\bar{\boldsymbol{F}}_{e}+\bar{\boldsymbol{F}}_{E}^{e} \tag{7-43}
$$

式中，$\bar{\boldsymbol{F}}_{e}$ 为单元节点力矩阵，表示所研究单元的相邻单元的作用力；$\bar{\boldsymbol{F}}_{E}^{e}$ 为表示局部坐标系下所研究单元的外载荷转换为作用于节点上的单元等效载荷矩阵。

考虑到载荷向量是在单元局部坐标系下建立的，在合成为全结构平衡方程之前，需要将其转换为统一的总体坐标系下，即

$$
\boldsymbol{F}_{E}^{e}=\boldsymbol{\lambda}\bar{\boldsymbol{F}}_{E}^{e} \tag{7-44}
$$

式中，$\boldsymbol{F}_{E}^{e}$ 为总体坐标系下的单元等效载荷矩阵；$\boldsymbol{\lambda}$ 为坐标转换矩阵。

同时，将单元刚度方程集成为总体平衡方程的过程中，相邻单元的作用力 $\bar{\boldsymbol{F}}_{e}$ 互相抵消，得

$$
\boldsymbol{k}\boldsymbol{\delta}=\boldsymbol{F}_{E} \tag{7-45}
$$

式中，F_{E} 为等效载荷矩阵。

2. 位移边界条件

在采用有限元法对结构进行整体分析时，组装成整体刚度矩阵 $\boldsymbol{k}$，同时也得到了结构整体的刚度平衡方程(7-45)。但对结构进行整体分析时，结构处于自由状态，在等效载荷 $\boldsymbol{F}_{E}$ 作用下，结构将产生任意的刚体位移，即此时尚未考虑位移边界条件的约束。从数学的观点，结构总体刚度方程的求解即是对方程中矩阵 $\boldsymbol{k}$ 求逆的过程，而未经处理的总体刚度矩阵是对称的、半正定的奇异矩阵，其行列式值为 0，无法立即求逆解出位移矩阵 $\boldsymbol{\delta}$。因此，需要通过位移边界条件对总体刚度矩阵进行适当处理，以增加足够的约束。首先需要通过边界条件消除结构的刚体位移，再根据问题要求设定其他已知位移。

位移边界条件的约束种类包括使某些自由度上位移为 0，即 $\delta_{i}=0$ 或为指定值，即 $\delta_{i}=\delta^{*}$，以及给定支撑刚度等。常用的处理约束的方法有删行删列法、分块法、置大数法和置

“1”法等。

(1) 删行删列法是指若结构的某些节点位移值为0(如与刚性支座连接点的位移),可将总体刚度矩阵中相应的行和列划掉,然后将矩阵压缩,即可求解。此类方法适用于人工计算,但删行和删列带来的下标变化会给计算机编程带来麻烦,因此计算机编程中较少使用此方法。

(2) 分块法是将位移矩阵 $\boldsymbol{\delta}$ 拆分为自由节点位移 $\boldsymbol{\delta}_1$ 和指定节点位移 $\boldsymbol{\delta}_2$,而平衡方程中对应的刚度矩阵也将分为多个子矩阵,如

$$\begin{bmatrix} \boldsymbol{k}_{11} & \boldsymbol{k}_{12} \\ \boldsymbol{k}_{21} & \boldsymbol{k}_{22} \end{bmatrix} \begin{bmatrix} \boldsymbol{\delta}_1 \\ \boldsymbol{\delta}_2 \end{bmatrix} = \begin{bmatrix} \boldsymbol{F}_{E1} \\ \boldsymbol{F}_{E2} \end{bmatrix} \tag{7-46}$$

此时,$\boldsymbol{k}_{11}\boldsymbol{\delta}_1 + \boldsymbol{k}_{12}\boldsymbol{\delta}_2 = \boldsymbol{F}_{E1}$,即 $\boldsymbol{k}_{11}\boldsymbol{\delta}_1 = \boldsymbol{F}_{E1} - \boldsymbol{k}_{12}\boldsymbol{\delta}_2$,此时 $\boldsymbol{k}_{11}$ 不是奇异的,因而可解出 $\boldsymbol{\delta}_1 = \boldsymbol{k}_{11}^{-1}(\boldsymbol{F}_{E1} - \boldsymbol{k}_{12}\boldsymbol{\delta}_2)$。在剩余全部节点自由度都等于0的特殊情况下,可以删除对应于 $\boldsymbol{\delta}_2$ 的各行各列,进一步完成求解。

(3) 另外,由于指定节点位移,且 $\boldsymbol{k}_{11}\boldsymbol{\delta}_1 = \boldsymbol{F}_{E1} - \boldsymbol{k}_{12}\boldsymbol{\delta}_2$,则方程(7-46)可转化为

$$\begin{bmatrix} \boldsymbol{k}_{11} & 0 \\ 0 & \boldsymbol{I} \end{bmatrix} \begin{bmatrix} \boldsymbol{\delta}_1 \\ \boldsymbol{\delta}_2 \end{bmatrix} = \begin{bmatrix} \boldsymbol{F}_{E1} - \boldsymbol{k}_{12}\boldsymbol{\delta}_2 \\ \boldsymbol{\delta}^* \end{bmatrix} \tag{7-47}$$

指定位移 $\boldsymbol{\delta}_2 = \boldsymbol{\delta}^*$ 对应的行和列中除了对角元素外均为0,对角元素为1,此过程即为置“1”法。

(4) 置大数法的思路是在总体刚度矩阵中,把指定位移对应的行和列的对角元素 k_{ij} 乘上一个很大的数,如 10^{20},此行其他元素保持不变,同时把该行对应的载荷项也相应地用 $10^{20}k_{ij}\delta_i^*$ 来代替,这样在求解过程中可略去其他小量,用近似方程组代替原方程组求解。

3) 总体平衡方程求解

有限元法最终归结为总体平衡方程的求解,而总体平衡方程是以总体刚度矩阵为系数的大型线性代数方程组。通过对结构施加位移边界条件,消除了结构的刚度位移,从而消除总体刚度矩阵的奇异性,进而求解线性代数方程组得到位移 $\boldsymbol{\delta}$。总体刚度矩阵具有大型、对称、稀疏、带状分布、正定、主元占优的特点,求解过程中需要根据其特点采用相对应的方法,才能提高效率。

由总体刚度平衡方程求出位移 $\boldsymbol{\delta}$ 后,从中分离出各单元的节点位移 $\boldsymbol{\delta}_e$,进而求解出应变 $\boldsymbol{\varepsilon}_e$、应力 $\boldsymbol{\sigma}_e$ 和节点力等内力。

7.4 结构有限元分析举例

例题 7-4 如图 7-15 所示的四杆桁架结构,杆的主要参数给定,弹性模量 $E = 29.5 \times 10^6$ Pa,横截面积 $A = 1\ \mathrm{m}^2$。利用有限元法完成以下计算:

(1) 确定每个单元的刚度矩阵;

(2) 组装得到整个桁架结构的刚度矩阵;

(3) 使用删行删列法,求解节点位移值;

（4）每个单元的应力值；

（5）支座反作用力。

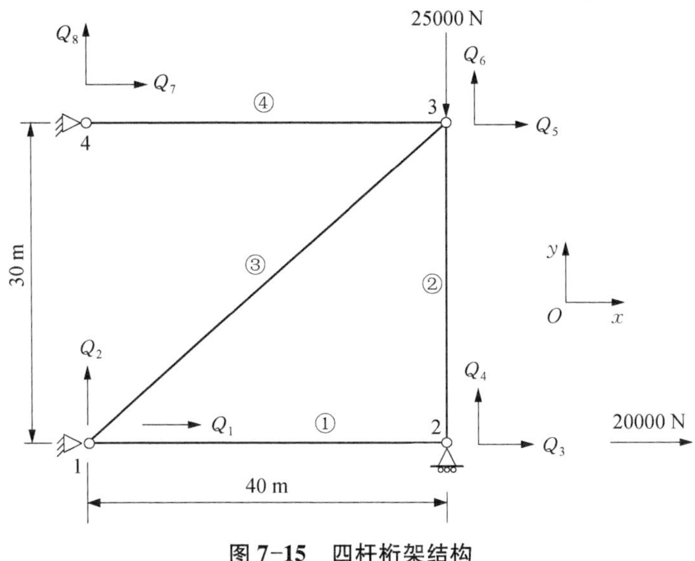

图 7-15　四杆桁架结构

解：（1）首先对桁架结构离散化，通过四个节点将其离散化为四个单元，四个节点在整体坐标系下的 x 方向和 y 方向的位移分别为 Q_{2i-1} 和 $Q_{2i}(i=1, 2, 3, 4)$。

建议以表格的形式给出节点坐标值及单元信息，节点坐标值如表 7.1 所示。

表 7.1　四杆桁架结构节点坐标值

节　点	x	y
1	0	0
2	40	0
3	40	30
4	0	30

进一步可得单元的连接关系，如表 7.2 所示。

表 7.2　四杆桁架结构的单元连接关系

单　元	$\overline{1}$	$\overline{2}$
①	1	2
②	3	2
③	1	3
④	4	3

需要指出的是，单元连接关系可根据需要自行定义，如单元②的连接关系可定义为 2-3，而非 3-2，但局部坐标与整体坐标的转换矩阵也应与之保持一致。

接下来推导将单元局部坐标系下的位移矩阵转换为结构整体坐标系下的总体位移矩阵的转换矩阵。如图 7-16 所示，对于某单元局部坐标系 x' 下的节点 $\bar{1}$ 和 $\bar{2}$ 的位移分别记为 $q_{\bar{1}}$ 和 $q_{\bar{2}}$，单元长度为 l_e，则局部坐标系下单元节点的位移矢量可表示为

$$\bar{\boldsymbol{q}}_e = [q_{\bar{1}} \quad q_{\bar{2}}]^{\mathrm{T}} \tag{7-48}$$

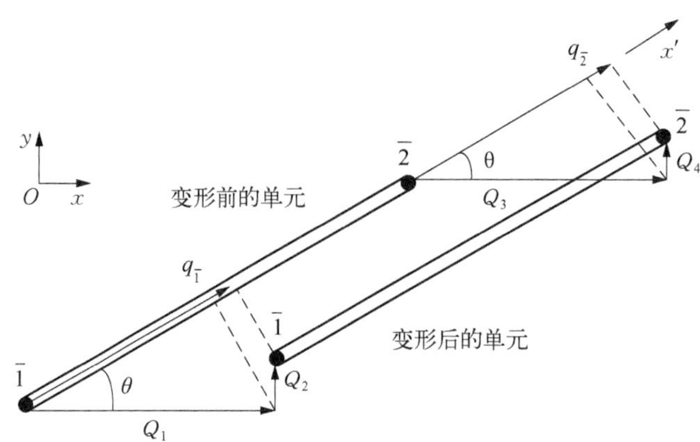

图 7-16　某单元在局部坐标系下的变形示意

而此单元的两个节点分别有两个自由度，在整体坐标系 xOy 下，单元节点位移是一个 4×1 的阵列：

$$\boldsymbol{Q}_e = [Q_1, \quad Q_2, \quad Q_3, \quad Q_4]^{\mathrm{T}} \tag{7-49}$$

由图 7-16 中的关系可知，为了推导 $\bar{\boldsymbol{q}}_e$ 和 $\boldsymbol{Q}_e$ 之间的关系，分别将 $\boldsymbol{Q}_e$ 中的位移元素投影到杆单元上，再分别求和，即

$$\begin{cases} q_{\bar{1}} = Q_1\cos\theta + Q_2\sin\theta \\ q_{\bar{2}} = Q_3\cos\theta + Q_4\sin\theta \end{cases} \tag{7-50}$$

接着引入方向余弦 $l = \cos\theta$ 和 $m = \sin\theta$，则式(7-50)可写为

$$\bar{\boldsymbol{q}}_e = \boldsymbol{T}\boldsymbol{Q}_e \tag{7-51}$$

式中，$\boldsymbol{T}$ 为转换矩阵，并表示为

$$\boldsymbol{T} = \begin{bmatrix} l & m & 0 & 0 \\ 0 & 0 & l & m \end{bmatrix} \tag{7-52}$$

方向余弦和单元长度 l_e 可通过节点 $\bar{1}$ 和 $\bar{2}$ 在整体坐标系下的坐标 x_1、y_1 和 x_2、y_2 表示：

$$l = \frac{x_2 - x_1}{l_e}, \quad m = \frac{y_2 - y_1}{l_e}, \quad l_e = \sqrt{(x_2 - x_1)^2 + (y_2 - y_1)^2} \tag{7-53}$$

由以上分析可列出桁架结构各单元长度和方向余弦，如表 7.3 所示。

表 7.3　四杆桁架结构各单元长度和方向余弦

单　元	l_e	l	m
①	40	1	0
②	30	0	-1
③	50	0.8	0.6
④	40	1	0

由式(7-34)可知,局部坐标系下杆单元的单元刚度矩阵为

$$\bar{\boldsymbol{k}}_e = \frac{EA}{l_e}\begin{bmatrix} 1 & -1 \\ -1 & 1 \end{bmatrix} \tag{7-54}$$

再由式(7-38)可知,单元刚度矩阵在整体坐标系下可写为

$$\boldsymbol{k}_e = \boldsymbol{T}^{\mathrm{T}}\bar{\boldsymbol{k}}_e\boldsymbol{T} = \frac{EA}{l_e}\begin{bmatrix} l^2 & lm & -l^2 & -lm \\ lm & m^2 & -lm & -m^2 \\ -l^2 & -lm & l^2 & lm \\ -lm & -m^2 & lm & m^2 \end{bmatrix} \tag{7-55}$$

将各单元的方向余弦代入式(7-55)即可得每个单元的刚度矩阵:

$$\boldsymbol{k}_1 = \frac{29.5\times10^6\times1}{40}\begin{array}{c} \begin{array}{cccc} 1 & 2 & 3 & 4 \end{array} \\ \begin{bmatrix} 1 & 0 & -1 & 0 \\ 0 & 0 & 0 & 0 \\ -1 & 0 & 1 & 0 \\ 0 & 0 & 0 & 0 \end{bmatrix} \end{array} \begin{array}{c} 1 \\ 2 \\ 3 \\ 4 \end{array} \tag{7-56}$$

$$\boldsymbol{k}_2 = \frac{29.5\times10^6\times1}{40}\begin{array}{c} \begin{array}{cccc} 5 & 6 & 3 & 4 \end{array} \\ \begin{bmatrix} 0 & 0 & 0 & 0 \\ 0 & 1 & 0 & -1 \\ 0 & 0 & 0 & 0 \\ 0 & -1 & 0 & 1 \end{bmatrix} \end{array} \begin{array}{c} 5 \\ 6 \\ 3 \\ 4 \end{array} \tag{7-57}$$

$$\boldsymbol{k}_3 = \frac{29.5\times10^6\times1}{40}\begin{array}{c} \begin{array}{cccc} 1 & 2 & 5 & 6 \end{array} \\ \begin{bmatrix} 0.64 & 0.48 & -0.64 & -0.48 \\ 0.48 & 0.36 & -0.48 & -0.36 \\ -0.64 & -0.48 & -0.64 & 0.48 \\ 0.48 & -0.36 & 0.48 & 0.36 \end{bmatrix} \end{array} \begin{array}{c} 1 \\ 2 \\ 5 \\ 6 \end{array} \tag{7-58}$$

$$\boldsymbol{k}_4 = \frac{29.5\times10^6\times1}{40}\begin{array}{c} \begin{array}{cccc} 7 & 8 & 5 & 6 \end{array} \\ \begin{bmatrix} 1 & 0 & -1 & 0 \\ 0 & 0 & 0 & 0 \\ -1 & 0 & 1 & 0 \\ 0 & 0 & 0 & 0 \end{bmatrix} \end{array} \begin{array}{c} 7 \\ 8 \\ 5 \\ 6 \end{array} \tag{7-59}$$

以上单元矩阵中同时标出了该单元所连接的节点的整体自由度，例如 $\boldsymbol{k}_2$ 表达式中标出了单元②的连接关系，即 3-2 中节点 3 和节点 2 的自由度 Q_5、Q_6 和 Q_3、Q_4，将用于组装单元的刚度矩阵。

（2）整体的刚度矩阵 $\boldsymbol{k}$ 可由式(7-56)~式(7-59)所得的单元刚度矩阵组装得到，注意需要把编号一致的单元刚度矩阵进行叠加，并注意连接关系，可以得到

$$\boldsymbol{k}=\frac{29.5\times10^{6}\times1}{600}\begin{array}{c}\begin{matrix}1 & 2 & 3 & 4 & 5 & 6 & 7 & 8\end{matrix}\\ \begin{bmatrix}22.68 & 5.76 & -15 & 0 & -7.68 & -5.76 & 0 & 0\\ 5.76 & 4.32 & 0 & 0 & -5.76 & -4.32 & 0 & 0\\ -15 & 0 & 15 & 0 & 0 & 0 & 0 & 0\\ 0 & 0 & 0 & 20 & 0 & -20 & 0 & 0\\ -7.68 & -5.76 & 0 & 0 & 22.68 & 5.76 & -15 & 0\\ -5.76 & -4.32 & 0 & -20 & 5.76 & 24.32 & 0 & 0\\ 0 & 0 & 0 & 0 & -15 & 0 & 15 & 0\\ 0 & 0 & 0 & 0 & 0 & 0 & 0 & 0\end{bmatrix}\end{array}\begin{matrix}1\\2\\3\\4\\5\\6\\7\\8\end{matrix} \tag{7-60}$$

（3）在处理边界条件时，需要对式(7-60)给出的结构整体刚度矩阵 $\boldsymbol{k}$ 进行处理，采用 7.3.5 节所介绍的删行删列法，由于节点 1 对应于自由度 Q_1 和 Q_2，节点 2 对应于自由度 Q_4，节点 4 对应于自由度 Q_7 和 Q_8，将矩阵 $\boldsymbol{k}$ 中所对应的相关行和列删除，缩减后的有限元方程组由式(7-61)给出：

$$\frac{29.5\times10^{6}\times1}{600}\begin{bmatrix}15 & 0 & 0\\ 0 & 22.68 & 5.76\\ 0 & 5.76 & 24.32\end{bmatrix}\begin{bmatrix}Q_3\\ Q_5\\ Q_6\end{bmatrix}=\begin{bmatrix}20\,000\\ 0\\ -25\,000\end{bmatrix} \tag{7-61}$$

求解以上线性方程组，得到位移值：

$$\begin{cases}Q_3=27.12\times10^{-3}\ \text{m}\\ Q_5=5.65\times10^{-3}\ \text{m}\\ Q_6=-22.25\times10^{-3}\ \text{m}\end{cases} \tag{7-62}$$

即，整个结构的节点位移矩阵可写成

$$\boldsymbol{Q}=[0\quad 0\quad 27.12\times10^{-3}\quad 0\quad 5.65\times10^{-3}\quad -22.25\times10^{-3}\quad 0\quad 0]^{\mathrm{T}} \tag{7-63}$$

（4）由应力-应变关系式(7-27)可知，

$$\boldsymbol{\sigma}_e=\frac{E}{l_e}[-1\quad 1]\bar{\boldsymbol{q}}_e \tag{7-64}$$

进一步联合式(7-51)将位移矩阵转换到整体坐标系内可得

$$\boldsymbol{\sigma}_e=\frac{E}{l_e}[-1,\quad 1]\bar{\boldsymbol{q}}_e=\frac{E}{l_e}[-1,\quad 1]\boldsymbol{T}\boldsymbol{Q}_e=\frac{E}{l_e}[-l,\quad -m,\quad l,\quad m]\boldsymbol{Q}_e \tag{7-65}$$

由此分别求解各个单元的应力,具体过程如下。

单元①的连接关系是 1-2,单元①的节点矩阵为 $\boldsymbol{Q}_1 = [0 \quad 0 \quad 27.12\times10^{-3} \quad 0]^{\mathrm{T}}$,则其应力为

$$\sigma_1 = \frac{29.5\times10^6\times1}{40}[-1 \quad 0 \quad 1 \quad 0]\begin{bmatrix}0\\0\\27.12\times10^{-3}\\0\end{bmatrix} = 20\,000(\mathrm{Pa}) \tag{7-66}$$

同理,单元②的应力为

$$\sigma_2 = \frac{29.5\times10^6\times1}{30}[0 \quad 1 \quad 0 \quad -1]\begin{bmatrix}5.65\times10^{-3}\\-22.25\times10^{-3}\\27.12\times10^{-3}\\0\end{bmatrix} = -21\,880(\mathrm{Pa}) \tag{7-67}$$

类似地,可以得到 $\sigma_3 = -5\,208$ Pa, $\sigma_4 = -4\,167$ Pa。

(5) 最后一步是确定支座约束力的大小,需要确定对应于固支自由度 Q_1、Q_2、Q_4、Q_7 和 Q_8 方向上的约束力,把 $\boldsymbol{Q}$ 代入有限元方程组 $\boldsymbol{R} = \boldsymbol{kQ} - \boldsymbol{F}$ 中即可求出支反力 $\boldsymbol{R}$。并且注意到,对应于这些自由度,有 $\boldsymbol{F} = 0$, 因此可得

$$\boldsymbol{R} = \frac{29.5\times10^6\times1}{600}\begin{bmatrix}22.68 & 5.76 & -15 & 0 & -7.68 & -5.76 & 0 & 0\\5.76 & 4.32 & 0 & 0 & -5.76 & -4.32 & 0 & 0\\0 & 0 & 0 & 20 & 0 & -20 & 0 & 0\\0 & 0 & 0 & 0 & -15 & 0 & 15 & 0\\0 & 0 & 0 & 0 & 0 & 0 & 0 & 0\end{bmatrix}\begin{bmatrix}0\\0\\27.12\times10^{-3}\\0\\5.65\times10^{-3}\\-22.25\times10^{-3}\\0\\0\end{bmatrix} \tag{7-68}$$

求解结果为

$$R_1 = -15\,833\ \mathrm{N},\quad R_2 = 3\,126\ \mathrm{N},\quad R_4 = 21\,879\ \mathrm{N},\quad R_7 = -4\,167\ \mathrm{N},\quad R_8 = 0\ \mathrm{N} \tag{7-69}$$

例题 7-5　如图 7-17 所示的平面静不定桁架结构,其中材料弹性模量 $E = 72$ GPa, 杆的横截面积 $A = 1\times10^{-4}\ \mathrm{m}^2$, $h = 1$ m, $P = 1\times10^3$ N。利用有限元法计算桁架的内力。

解: 首先对桁架结构离散化,通过 6 个节点将其离散化为 11 个桁架单元,每个节点在整体坐标系下的 x 方向和 y 方向的位移分别为 Q_{2i-1} 和 Q_{2i} ($i=1, 2, \cdots, 6$)。

各单元的连接关系如表 7.4 所示。

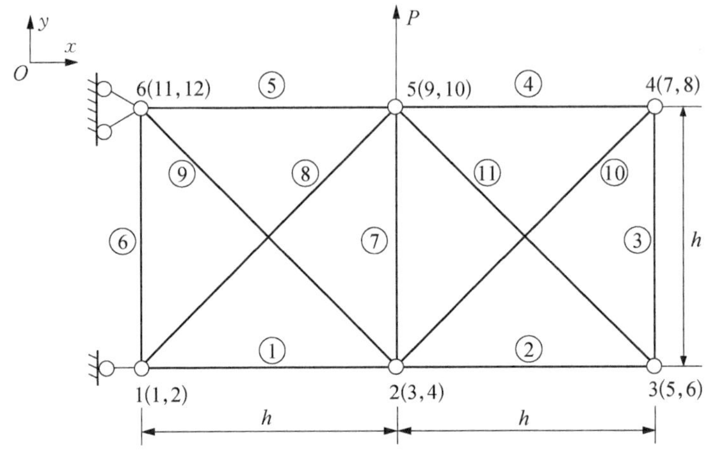

图 7-17　平面静不定桁架结构

表 7.4　平面静不定桁架结构的单元连接关系

单　元	$\bar{1}$	$\bar{2}$	θ	方向余弦 ($\cos\theta$, $\sin\theta$)
①	1	2	0	(1, 0)
②	2	3	0	(1, 0)
③	3	4	π/2	(0, 1)
④	5	4	0	(1, 0)
⑤	6	5	0	(1, 0)
⑥	1	6	π/2	(0, 1)
⑦	2	5	π/2	(0, 1)
⑧	1	5	π/4	($\sqrt{2}/2$, $\sqrt{2}/2$)
⑨	2	6	3π/4	($-\sqrt{2}/2$, $\sqrt{2}/2$)
⑩	2	4	π/4	($\sqrt{2}/2$, $\sqrt{2}/2$)
⑪	3	5	3π/4	($-\sqrt{2}/2$, $\sqrt{2}/2$)

记局部坐标系与整体坐标系的转换矩阵为

$$\boldsymbol{T}=\begin{bmatrix} l & m & 0 & 0 \\ 0 & 0 & l & m \end{bmatrix} \tag{7-70}$$

局部坐标系下杆单元的单元刚度矩阵为

$$\bar{\boldsymbol{k}}_e=\frac{EA}{l_e}\begin{bmatrix} 1 & -1 \\ -1 & 1 \end{bmatrix} \tag{7-71}$$

单元刚度矩阵在整体坐标系下可写为

$$\boldsymbol{k}_e=\boldsymbol{T}^{\mathrm{T}}\overline{\boldsymbol{k}}_eT=\frac{EA}{l_e}\begin{bmatrix} l^2 & lm & -l^2 & -lm \\ lm & m^2 & -lm & -m^2 \\ -l^2 & -lm & l^2 & lm \\ -lm & -m^2 & lm & m^2 \end{bmatrix} \tag{7-72}$$

将各单元的方向余弦代入式(7-72)即可得每个单元的在整体坐标系下的刚度矩阵，以单元①、③、⑧为例：

$$\boldsymbol{k}_1=\frac{72\times10^9\times1\times10^{-4}}{1}\begin{bmatrix} 1 & 0 & -1 & 0 \\ 0 & 0 & 0 & 0 \\ -1 & 0 & 1 & 0 \\ 0 & 0 & 0 & 0 \end{bmatrix}\begin{matrix}1\\2\\3\\4\end{matrix} \quad (\text{列号 }1\ 2\ 3\ 4) \tag{7-73}$$

$$\boldsymbol{k}_3=\frac{72\times10^9\times1\times10^{-4}}{1}\begin{bmatrix} 0 & 0 & 0 & 0 \\ 0 & 1 & 0 & -1 \\ 0 & 0 & 0 & 0 \\ 0 & -1 & 0 & 1 \end{bmatrix}\begin{matrix}5\\6\\7\\8\end{matrix} \quad (\text{列号 }5\ 6\ 7\ 8) \tag{7-74}$$

$$\boldsymbol{k}_8=\frac{72\times10^9\times1\times10^{-4}}{2\times\sqrt{2}}\begin{bmatrix} 1 & 1 & -1 & -1 \\ 1 & 1 & -1 & -1 \\ -1 & -1 & 1 & 1 \\ -1 & -1 & 1 & 1 \end{bmatrix}\begin{matrix}1\\2\\9\\10\end{matrix} \quad (\text{列号 }1\ 2\ 9\ 10) \tag{7-75}$$

整体的刚度矩阵 $\boldsymbol{k}$ 可由各单元刚度矩阵组装得到，注意需要把编号一致的单元刚度矩阵进行叠加，同时考虑边界条件节点 1 对应的自由度为 1，节点 6 对应的自由度为 11、12，采用 7.3.5 节介绍的删行删列法，可以得到缩减后的有限元方程组为

$$72\times10^5\begin{bmatrix} 1.3536 & 0 & 0 & 0 & 0 & 0 & 0 & -0.3536 & -0.3536 \\ 0 & 2.7071 & 0 & -1 & 0 & -0.3536 & -0.3536 & 0 & 0 \\ 0 & 0 & 1.7071 & 0 & 0 & -0.3536 & -0.3536 & 0 & -1 \\ 0 & -1 & 0 & 1.3536 & -0.3536 & 0 & 0 & -0.3536 & 0.3536 \\ 0 & 0 & 0 & -0.3536 & 1.3536 & 0 & -1 & 0.3536 & -0.3536 \\ 0 & -0.3536 & -0.3536 & 0 & 0 & 1.3536 & 0.3536 & -1 & 0 \\ 0 & -0.3536 & -0.3536 & 0 & -1 & 0.3536 & 1.3536 & 0 & 0 \\ -0.3536 & 0 & 0 & -0.3536 & 0.3536 & -1 & 0 & 2.7071 & 0 \\ -0.3536 & 0 & -1 & 0.3536 & -0.3536 & 0 & 0 & 0 & 1.7071 \end{bmatrix}\begin{bmatrix} Q_2 \\ Q_3 \\ Q_4 \\ Q_5 \\ Q_6 \\ Q_7 \\ Q_8 \\ Q_9 \\ Q_{10} \end{bmatrix}=\begin{bmatrix} 0 \\ 0 \\ 0 \\ 0 \\ 0 \\ 0 \\ 0 \\ 0 \\ 1000 \end{bmatrix} \tag{7-76}$$

求解以上线性方程组,得到位移值:

$$
\begin{cases}
Q_2 = 6.869\,2 \times 10^{-5}\ \text{m} \\
Q_3 = 7.019\,7 \times 10^{-5}\ \text{m} \\
Q_4 = 2.687\,4 \times 10^{-4}\ \text{m} \\
Q_5 = 6.292\,8 \times 10^{-5}\ \text{m} \\
Q_6 = 4.427\,3 \times 10^{-4}\ \text{m} \\
Q_7 = -7.596\,1 \times 10^{-5}\ \text{m} \\
Q_8 = 4.354\,6 \times 10^{-4}\ \text{m} \\
Q_9 = -6.869\,2 \times 10^{-5}\ \text{m} \\
Q_{10} = 3.316\,7 \times 10^{-4}\ \text{m}
\end{cases}
\tag{7-77}
$$

由应力-应变关系式(7-27)可知

$$\boldsymbol{\sigma}_e = \frac{E}{l_e}[-1 \quad 1]\bar{\boldsymbol{q}}_e$$

进一步联合式(7-51)将位移矩阵转换为整体坐标系内可得

$$\boldsymbol{\sigma}_e = \frac{E}{l_e}[-1, \quad 1]\bar{\boldsymbol{q}}_e = \frac{E}{l_e}[-1, \quad 1]\boldsymbol{T}\boldsymbol{Q}_e = \frac{E}{l_e}[-l, \quad -m, \quad l, \quad m]\boldsymbol{Q}_e$$

由此分别求解各个单元的应力,并进一步获取各杆的内力:

$$N_{1-2} = 505.42\ \text{N}, \quad N_{1-5} = 699.44\ \text{N}, \quad N_{1-6} = -494.58\ \text{N}, \quad N_{2-3} = -52.34\ \text{N},$$

$$N_{2-4} = -74.02\ \text{N}, \quad N_{2-5} = 53.08\ \text{N}, \quad N_{2-6} = -714.77\ \text{N}, \quad N_{3-4} = 52.34\ \text{N},$$

$$N_{3-5} = -74.02\ \text{N}, \quad N_{4-5} = 52.34\ \text{N}, \quad N_{5-6} = -494.58\ \text{N}$$

例题 7-6 如图 7-18 所示的简支梁,其中抗弯刚度 $EI = 1 \times 10^3\ \text{N} \cdot \text{m}^2$,长度 $l = 1\ \text{m}$,载荷集度 $p = 1 \times 10^3\ \text{N/m}$。利用有限元法计算简支梁中点的挠度。

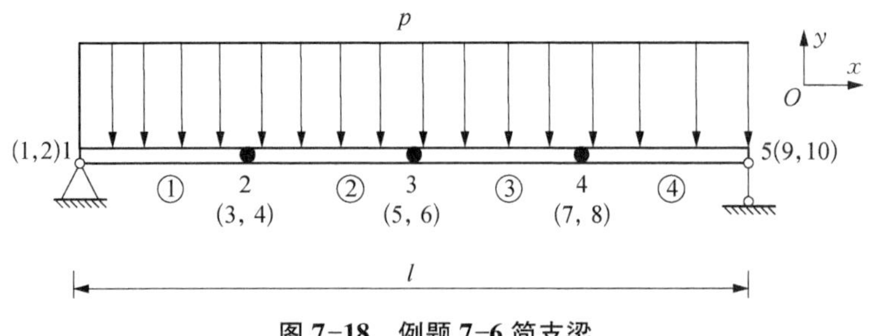

图 7-18 例题 7-6 简支梁

解: 首先对简支梁进行离散化,通过 5 个节点将其离散化为 4 个梁单元,每个节点在整体坐标系下的 y 方向的平动位移和平面内的转动位移分别为 Q_{2i-1} 和 Q_{2i} $(i=1, 2, \cdots, 5)$。

各单元的连接关系如表 7.5 所示。

表 7.5　例题 7-6 结构单元连接关系

单　元	$\bar{1}$	$\bar{2}$
①	1	2
②	2	3
③	3	4
④	4	5

局部坐标系与整体坐标系相同,转换矩阵 $\boldsymbol{T}$ 为单位阵。

梁单元的单元刚度矩阵为

$$\boldsymbol{k}_e = \frac{EI}{l_e^3}\begin{bmatrix} 12 & 6l_e & -12 & 6l_e \\ 6l_e & 4l_e^2 & -6l_e & 2l_e^2 \\ -12 & -6l_e & 12 & -6l_e \\ 6l_e & 2l_e^2 & -6l_e & 4l_e^2 \end{bmatrix} \tag{7-78}$$

以单元①为例:

$$\begin{array}{c} \\ \boldsymbol{k}_1 = \dfrac{1\times 10^3}{0.25^3} \end{array}\begin{array}{c} \begin{matrix} \quad 1 & \quad\quad 2 & \quad\quad 3 & \quad\quad 4 \end{matrix} \\ \begin{bmatrix} 12 & 1.5 & -12 & 1.5 \\ 1.5 & 0.25 & -1.5 & 0.125 \\ -12 & -1.5 & 12 & -1.5 \\ 1.5 & 0.125 & -1.5 & 0.25 \end{bmatrix}\begin{matrix} 1 \\ 2 \\ 3 \\ 4 \end{matrix} \end{array} \tag{7-79}$$

针对均布线载荷,其等效节点载荷为

$$F_e = \left[\frac{1}{2}pl_e \quad \frac{1}{12}pl_e^2 \quad \frac{1}{2}pl_e \quad -\frac{1}{12}pl_e^2\right]^{\mathrm{T}} \tag{7-80}$$

整体的刚度矩阵和载荷矩阵可由各单元刚度矩阵和载荷矩阵组装得到,同时考虑边界条件节点 1 和 5 对应的自由度为 1 和 9,采用 7.3.5 节所介绍的删行删列法,可以得到缩减后的有限元方程组:

$$\frac{1\times 10^3}{0.25^3}\begin{bmatrix} 0.25 & -1.5 & 0.125 & 0 & 0 & 0 & 0 & 0 \\ -1.5 & 24 & 0 & -12 & 1.5 & 0 & 0 & 0 \\ 0.125 & 0 & 0.5 & -1.5 & 0.125 & 0 & 0 & 0 \\ 0 & -12 & -1.5 & 24 & 0 & -12 & 1.5 & 0 \\ 0 & 1.5 & 0.125 & 0 & 0.5 & -1.5 & 0.125 & 0 \\ 0 & 0 & 0 & -12 & -1.5 & 24 & 0 & 1.5 \\ 0 & 0 & 0 & 1.5 & 0.125 & 0 & 0.5 & 0.125 \\ 0 & 0 & 0 & 0 & 0 & 1.5 & 0.125 & 0.25 \end{bmatrix}\begin{bmatrix} Q_2 \\ Q_3 \\ Q_4 \\ Q_5 \\ Q_6 \\ Q_7 \\ Q_8 \\ Q_{10} \end{bmatrix} = \begin{bmatrix} -5.2083 \\ -250 \\ 0 \\ -250 \\ 0 \\ -250 \\ 0 \\ 5.2083 \end{bmatrix} \tag{7-81}$$

求解以上线性方程组,得到位移值:

$$\begin{cases} Q_2 = -0.0417\ \text{m} \\ Q_3 = -0.0093\ \text{m} \\ Q_4 = -0.0286\ \text{m} \\ Q_5 = -0.0130\ \text{m} \\ Q_6 = -2.984 \times 10^{-17}\ \text{m} \\ Q_7 = -0.0093\ \text{m} \\ Q_8 = 0.0286\ \text{m} \\ Q_{10} = 0.0417\ \text{m} \end{cases} \tag{7-82}$$

简支梁中心节点 3 的平动位移为-0.013 0 m,与材料力学精确解吻合。

本章以结构力学静力分析问题为例介绍了有限单元法的基本原理和基本思路,并对结构力学中有限元法的分析步骤进行了简单论述,每个步骤的介绍中通过例子例题进行分析,最后通过桁架结构的例子对有限元法进行了系统的介绍,希望读者进一步加深对有限元法的了解。由于篇幅的关系,本章并没有对复杂类型单元的构建,以及在求解有限元方程中的结果收敛性等问题展开进行讨论,读者可查阅相关书籍进一步学习。

参考文献

杜庆华等,1986. 弹性理论[M]. 北京：科学出版社.

龚尧楠,2002. 结构力学[M]. 北京：北京航空航天大学出版社.

顾诵芬,2001. 飞机总体设计[M]. 北京：北京航空航天大学出版社.

胡海昌,1981. 弹性力学的变分原理及其应用[M]. 北京：科学出版社.

黄克智,1987. 板壳理论[M]. 北京：清华大学出版社.

黄其青,王生楠,2002. 结构力学基础[M]. 西安：西北工业大学出版社.

鹫津久一郎,1984. 弹性和塑性力学中的变分法[M]. 北京：科学出版社.

李名兴,1988. 导弹结构力学[M]. 北京：北京工业学院出版社.

李亚智,赵美英,万小鹏,2004. 有限元法基础与程序设计[M]. 北京：科学出版社.

郦正能,程小全,贾玉红,等,2021. 飞机部件与系统设计[M]. 2 版. 北京：北京航空航天大学出版社.

郦正能,2010. 飞行器结构学[M]. 2 版. 北京：北京航空航天大学出版社.

梁立孚,2012. 飞行器结构力学[M]. 北京：中国宇航出版社.

刘莉,喻秋利,1999. 导弹结构分析与设计[M]. 北京：北京理工大学出版社.

钱伟长,1980. 变分法及有限元[M]. 北京：科学出版社.

史治宇,丁锡洪,2013. 飞行器结构力学[M]. 北京：国防工业出版社.

陶梅贞,2001. 现代飞机结构综合设计[M]. 西安：西北工业大学出版社.

王焕定,陈少峰,边文凤,2012. 有限元方法基础及 MATLAB 编程[M]. 北京：高等教育出版社.

王敏中,王炜,武际可,2002. 弹性力学教程[M]. 北京：北京大学出版社.

王生楠,1998. 飞行器结构力学[M]. 西安：西北工业大学出版社.

王勖成,邵敏,1997. 有限单元法基本原理和数值方法[M]. 北京：清华大学出版社.

文立华,2015. 飞行器结构力学[M]. 西安：西北工业大学出版社.

武际可,2016. 说梁——力学史札记之十九[J]. 力学与实践,30(6)：106-109.

徐芝纶,2006. 弹性力学[M]. 4 版. 北京：高等教育出版社.

薛明德,向志海,2009. 飞行器结构力学基础[M]. 北京：清华大学出版社.

余旭东,徐超,郑晓亚,2010. 飞行器结构设计[M]. 西安：西北工业大学出版社.

曾森,王焕定,陈再现,2016. 有限单元法基础及 MATLAB 编程[M]. 北京：高等教育出版社.

赵育善,吴斌,2000. 导弹引论[M]. 西安：西北工业大学出版社.

Carpinteri A, 1997. Structural mechanics-a unified approach[M]. London：Taylor & Francis.

Chandrupatla T R, Belegundu A D, 2014. 工程中的有限元方法[M]. 曾攀,雷丽萍,译. 北京：机械工业出版社.

Dary L. Logan, 2014. 有限元方法基础教程[M]. 张荣华,王蓝婧,李继荣等,译. 北京：电子工业出版社.

Hearn E J, 1997. Mechanics of materials 1[M]. London：Butterworth-Heinemann.

Megson T H G, 2017. Aircraft Structures for engineering students[M]. London：Butterworth-Heinemann.

O C 监凯维奇,1985.有限元法[M].尹泽勇,江伯南,译.北京：科学出版社.

Timoshenko S P, Woinowsky-Krieger S, 1959. Theory of plates and shells[M]. New York: McGraw-hill.

Timoshenko S P, 1921. LXVI. On the correction for shear of the differential equation for transverse vibrations of prismatic bars[J]. The London, Edinburgh, and Dublin Philosophical Magazine and Journal of Science, 41(245): 744-746.

Timoshenko S P, 1922. X. On the transverse vibrations of bars of uniform cross-section[J]. The London, Edinburgh, and Dublin Philosophical Magazine and Journal of Science, 43(253): 125-131.